Misterios de las profundidades

Primera edición: junio de 2022
Título original: *The Deep*, publicado originalmente en inglés por Headline Publishing Group Limited.

© Alex Rogers, 2019
© de la traducción, Joan Eloi Roca, 2022
© de esta edición, Futurbox Project, S. L., 2022
Todos los derechos reservados.
Se declara el derecho moral de Alex Rogers a ser reconocido como el autor de esta obra.

Diseño de cubierta: Taller de los Libros
Imagen de cubierta: zhengzaishuru - iStockphoto

Publicado por Ático de los Libros
C/ Aragó, 287, 2.º 1.ª
08009, Barcelona
info@aticodeloslibros.com
www.aticodeloslibros.com

ISBN: 978-84-17743-58-1
THEMA: RBKC
Depósito Legal: B 10270-2022
Preimpresión: Taller de los Libros
Impresión y encuadernación: Liberdúplex
Impreso en España — *Printed in Spain*

ALEX ROGERS

MISTERIOS DE LAS PROFUNDIDADES

Las maravillas ocultas
de nuestros océanos
y cómo protegerlas

TRADUCCIÓN DE
JOAN ELOI ROCA

ÁTICO DE
LOS LIBROS

Barcelona - Madrid

Estas fueron las últimas palabras que Ernest Shackleton escribió en su diario el 4 de enero de 1922, a bordo del barco de expedición *Quest* en el puerto de Grytviken, en Georgia del Sur. Horas después, murió de un ataque al corazón. Su lugar de descanso, frente a la bahía, es un santuario para los exploradores de todo el mundo.

A Candida, Freya y Zoe,
mi amor por vosotras es tan infinito como el océano.

Capas del océano

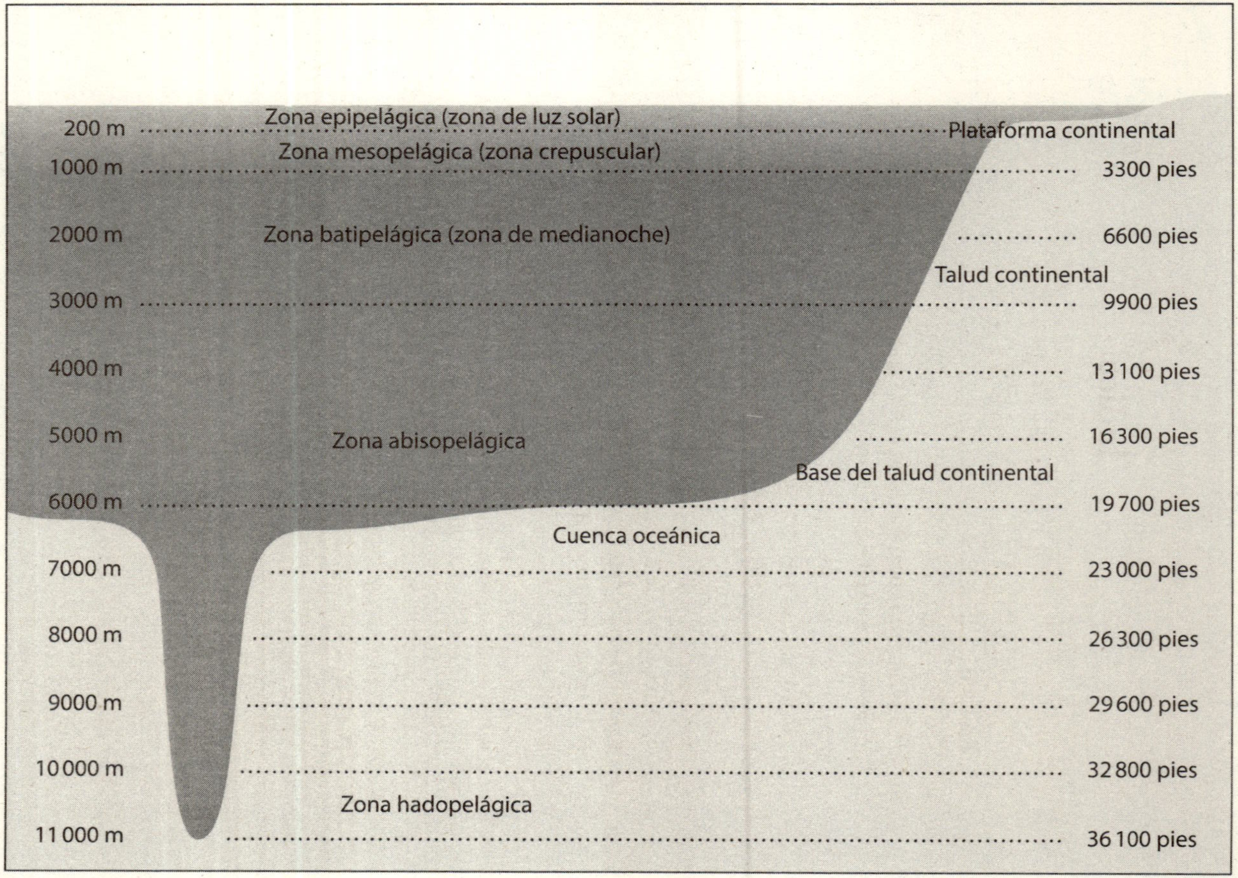

Índice

Prólogo

Hay menos personas que hayan estado en la parte más profunda del océano que en la Luna. Solo tres personas han visitado el abismo Challenger, que forma parte de la fosa de las Marianas en la zona occidental del océano Pacífico. Doce astronautas han visitado la Luna. El porqué de esta situación es complicado. La exploración del espacio siempre se ha asociado con la maravilla y el asombro. Hay algo heroico en ella que capta la imaginación; es un esfuerzo que entraña peligro. Es la humanidad cruzando la última frontera, tratando de entender su lugar en el universo. Además, la tecnología es apasionante y las imágenes, únicas: los trajes espaciales blancos y futuristas con visores de espejo, los enormes cohetes, y ahora, incluso, las naves espaciales. Fue la misión Apolo 17 en 1972, la última en llevar hombres a la Luna, la que tomó la icónica imagen de la Tierra desde el espacio, demostrando gráficamente cómo la superficie de nuestro planeta está cubierta en su mayor parte por el océano.

En la época de los exploradores navales Fernando de Magallanes, Cristóbal Colón y, más tarde, James Cook, me imagino que la exploración de los mares era tan emocionante y, ciertamente, tan desafiante, como lo son ahora los viajes espaciales. Sin embargo, de alguna manera hemos perdido de vista lo que hay bajo la superficie del océano y por qué es importante. Incluso ahora, la inmensa mayoría de esta zona salvaje —que forma el mayor ecosistema de la Tierra— nunca ha sido vista por ojos humanos, y mucho menos explorada o investigada por científicos. Cuando la mayoría de la gente se asoma al océano, quizá desde una de nuestras ciudades costeras o en un crucero, lo único que ve es su exterior. Los más aventureros pueden ir a nadar o a bucear y ver los bonitos peces que viven en unos pocos metros de agua. Algunos incluso hacen submarinismo en la capa superficial, la piel del océano. Es fácil olvidar que este tiene casi 11 000 metros de profundidad en la fosa de las Marianas y una profundidad media de 4200 metros; el Everest podría estar sumergido cómodamente en las profundidades del Challenger. Así pues, el océano nos resulta algo remoto, pero no solo pasa desapercibido, sino que incluso se ha asociado a noticias malas y aterradoras, ya sea la sobrepesca, la contaminación o los insidiosos efectos del cambio climático. Es tal la enormidad de muchos de estos problemas que algunos de nosotros, sencillamente, hacemos la vista gorda. No queremos mirar hacia abajo, hacia las profundidades, al desastre que se está produciendo en nuestras propias manos, sino hacia arriba, hacia el espacio y sus maravillas infinitas. Tal vez, como afirman algunos, el universo representa la vía de escape de nuestro arruinado planeta. Sentimos que hay otra oportunidad para establecerse en otro sitio. Pero yo, al contrario, siempre creeré que lo que debemos hacer es mirar hacia nuestro «espacio interior».

He pasado los últimos treinta años intentando comprender cómo se distribuye la vida en el océano. En 2016 me encontré buceando con la Fundación Nekton en el banco Plantagenet, un monte submarino que se encuentra a poco más de cuarenta kilómetros al sur de las Bermudas. Este volcán inactivo se eleva desde una profundidad de más de dos mil metros en su base hasta una cumbre apenas cuarenta metros por debajo de la superficie. En su momento, la loma albergó una estación de escucha de submarinos en la Guerra Fría. Los restos de una torre de acero construida en la cima yacen bajo el agua, todavía conectados a un conjunto de cables, originalmente conectados a detectores de sonido, que se abren en abanico por las escarpadas laderas del volcán. La torre se llamaba Argus, y así, el monte adquirió el nuevo nombre de banco Argus. Hoy en día es un destino para los barcos de pesca deportiva que operan en alta mar desde las Bermudas, a la caza de marlines, atunes y otras especies oceánicas.

Ese día, debo admitir, subí al sumergible con unas cuantas mariposas en el estómago. *Nemo* era un modelo Triton 1000/2, y tenía la particularidad de que todo el casco de presión era de acrílico. Imagínese que se sumerge en una pecera gigante capaz de bajar a trescientos metros de profundidad y de moverse en todas direcciones sin estar atada al barco. La visibilidad desde los batiscafos (submarinos que se sumergen por debajo de los doscientos metros) con este nuevo diseño de sumergible era espectacular, casi de 360 grados, incluso por encima de la cabeza y bajo los pies. Lo desconcertante era que, por supuesto, los peces miraban hacia dentro, no hacia fuera, y a veces pasaban extremadamente cerca, apareciendo de repente por encima del hombro o desde arriba. Antes, utilizando una lancha rápida con un sonar, habíamos descubierto que las cartas náuticas del banco Plantagenet estaban equivocadas. El trazado de la pantalla de la ecosonda también indicaba que, a partir de una profundidad de setenta metros, los flancos del monte submarino se hundían casi verticalmente cientos de metros. Habíamos tardado en encontrar un lugar donde hubiera un estrecho saliente, a doscientos metros de profundidad. Un sumergible debe tener siempre por debajo el lecho del mar a la misma o a menor profundidad que su límite de inmersión, en caso de que se produzca un fallo eléctrico y el buque se hunda. Superar la presión de la esfera podría hacerlo implosionar y pulverizar a quienes estuvieran en su interior. Había un gran margen de seguridad en cuanto a la profundidad máxima de operación, pero, aun así, intenté no pensar demasiado en la posibilidad de un accidente.

Robert, nuestro piloto, estaba claramente emocionado por bucear en el Argus por primera vez. La escotilla de la esfera se cerró y bloqueó desde el interior, y, a continuación, se realizaron las comprobaciones previas a la inmersión. Al salir el sol, la temperatura en el interior de la pecera empezó a subir rápidamente, así que en cuanto el equipo exterior terminó de sellar las cámaras para el trabajo de reconocimiento, nos elevaron sobre la cubierta. El sumergible se izó por encima del extremo del barco, debajo de un gran marco en forma de U invertida (llamado marco A), y cuando aterrizamos en el agua nos recibió un hinchable con un «nadador», la persona que desengancha el sumergible de las correas de elevación. Por fin estábamos listos para sumergirnos y Shane, el oficial de operaciones de buceo, llamó por radio con su acento sureño americano: «Listos para la inmersión… Inmersión, inmersión, inmersión». El sumergible se tambaleó hacia delante y hacia abajo. El agua azul se elevó sobre la cara frontal de la esfera acrílica, dando una sensación real de estar cayendo a las profundidades. Mi estómago se agitó, tanto por la precipitada inmersión de la esfera como por los nervios. No todo estaba atado como debería, y un lápiz y una botella de agua cayeron a mis pies. Robert niveló a *Nemo* justo debajo de la superficie, que, mirando hacia arriba, parecía de mercurio agitado. Expulsamos el aire con un sonido parecido al del desagüe de una bañera y descendimos.

Lo primero que llama la atención es el repentino silencio. En el interior se oye el silbido de los ventiladores y algún que otro zumbido de los propulsores, pero en el descenso reina la tranquilidad. Miramos hacia abajo, entre nuestros pies, mientras el sumergible se hundía por su propio peso. La cima del monte submarino se materializó a una profundidad de setenta metros aproximadamente y, para mi asombro, vi que estaba alfombrada de una maleza aceitunada con aspecto de trapos rotos. Las algas, una especie de color verde pálido llamada *sporochnus*, se extendían y ondulaban a medida que las fuertes corrientes se abalanzaban sobre la ladera. Los montes submarinos actúan como enormes obstáculos para el paso del agua, por lo que esta empuja alrededor, hacia arriba, y por encima de ellos, acelerando a medida que avanza. Es una de las razones por las que los montes submarinos albergan crecimientos de vida tan espectaculares, ya que las fuertes corrientes aportan nutrientes para las algas y partículas de alimento para los animales; incluido el plancton, los diminutos organismos que viven cerca de la superficie. La cima del monte parecía una ciudad ajetreada. Los peces se balanceaban en el vaivén, remando con sus aletas pectorales y algún que otro movimiento de la cola, zambulléndose para coger un bocado de comida antes de volver a sumergirse bajo el lecho de algas. Paseando entre las nubes había cabrillas rojas, pequeños meros con el vientre blanco y el lomo carmesí, y pequeñas castañuelas, un pez de color azul brillante con la cola amarilla. Un mero colorado, más grande que el común, de labios grandes y cuerpo gris pálido moteado de manchas rojas, asomaba entre las algas. Peces mariposa de color amarillo pálido, con forma de disco y barras negras, se perseguían unos a otros, defendiendo territorios o lugares de anidación. Una espeluznante catalufa, un pez plateado, estrecho pero de cuerpo ancho, con grandes mandíbulas colgadas bajo unos ojos enormes, revoloteaba por completo adaptado para cazar en la oscuridad. Partículas de lo que parecía nieve pasaban por delante de la embarcación, mezcladas con mechones de algas. Robert luchó por mantener al *Nemo* inmóvil mientras esperábamos al segundo sumergible, *Nomad*, pero la corriente nos sacudía a derecha e izquierda como una cometa en un vendaval. Así que nos instalamos en la cumbre y comimos algo; en mi caso, cacahuetes. No hay mucha gente que pueda presumir de haber comido sentado en un monte submarino.

Después de otros diez minutos decidimos que estábamos perdiendo el tiempo y malgastando la batería, así que llamamos a *Nomad* por radio y le dijimos que nos dirigíamos al borde de la cima; la bajada. Una enorme barracuda se materializó de repente a nuestro lado, con un cuerpo que parecía una espada medieval con bandas de color azul oscuro. Nos miró, con sus grandes y puntiagudos dientes en diferentes ángulos en una boca destinada a la carnicería. Elegante y mortífera, fue un espectáculo asombroso mientras nos deslizábamos por el filo de la cúspide, lo cual te hacía sentir como si abandonaras los confines de la Tierra hacia una infinidad azul. El descenso por un acantilado de piedra caliza casi vertical era vertiginoso, pero, como había indicado la ecosonda del barco de reconocimiento, el precipicio se convertía en una pendiente empinada a unos cien metros de profundidad. Descendimos hasta los doscientos metros y asentamos el sumergible para empezar a estudiar la vida animal en los flancos del monte submarino.

Aunque me concentraba en mantener una línea de prospección estable a una distancia constante del fondo marino, era difícil no distraerse. La escena que teníamos ante nosotros era hermosa. La ladera estaba formada por un lecho de roca caliza de color verde claro. De manera esporádica, encontramos crestas y elementos extrañamente erosionados, como un arco de roca esculpido y retorcido. Y todo estaba envuelto en esa dispersión de sedimentos nacarados que recordaban al granizo. En algunos lugares, corales de dos metros de altura, retorcidos como alambres, tapizaban la piedra, especialmente donde formaban labios y crestas. Se podían ver frágiles estrellas de color rosa y naranja aferradas a corales de un blanco plumoso. De vez en cuando veíamos un erizo de mar con finas y largas espinas curvadas en forma de aguja. Sus caparazones, o testas, tenían un patrón estelar de color blanco y negro, y al acercarse al sumergible se movían rápidamente por la roca agitando con frenesí sus pinchos. Cuando el terreno rocoso se veía interrumpido por agujeros, pináculos u otras características irregulares, los bancos de pequeños peces rosados, de hasta ocho centímetros de longitud, con el dorso y la cola amarillos, se alejaban del barco en breves ráfagas. A veces eran perseguidos por lubinas, inmediatamente reconocibles por sus barras verticales oscuras y una franja fluorescente de color dorado pálido en el vientre. Los peces normalmente ocultos en la penumbra eran revelados por las luces del *Nemo* y atraían a estos minidepredadores, que siempre estaban cerca de los rosados (no sabíamos con certeza la identidad de estos peces). Fue toda una sorpresa encontrarnos con una gran morena amarilla moteada de blanco, de un metro y medio de largo, que sondeaba los recovecos de la piedra y buscaba entre las rocas dispersas en forma de bala de cañón llamadas rodolitos. Se trata de concreciones calcáreas formadas por algas rojas, en aguas poco profundas, que bajan por las laderas del monte a lo largo de barrancos erosionados. Observamos a la anguila durante varios minutos. No parecía preocupada por la presencia de un sumergible brillantemente iluminado. Más tarde me enteré de que esa especie no se había avistado antes en las Bermudas, pero sí había registros esporádicos de ella alrededor de las islas del Atlántico Norte. Se había descrito originalmente frente a Madeira.

Pero hubo un momento durante la inmersión que nunca olvidaré, algo que me transmitió la enormidad de la tarea que tiene por delante la humanidad. Después de hacer el siguiente reconocimiento, nos giramos y divisé el otro sumergible, *Nomad,* en la distancia, del tamaño de un juguete, iluminando un vasto acantilado de color pálido rodeado de un profundo negro azulado. En ese momento, la realidad se desdibujó. De repente, tuve la visión de estar en una pequeña nave espacial, observando cómo otra nave maniobraba alrededor de la escarpada cara de un asteroide gigante o de algún planeta alienígena. Se me cortó la respiración. Qué espectáculo aquel, flotando en la profundidad azul; una pompa de emoción infló mi pecho. Había visto muchas cosas extraordinarias en mi carrera, pero esa imagen estará grabada a fuego en mi memoria para siempre. Ese momento, para mí, capturó la inmensidad del océano, nuestro universo interior. Estábamos explorando un entorno que sería instantáneamente mortal para la vida humana si no fuera por la tecnología de la burbuja de plástico y los artilugios de los que estábamos rodeados. En efecto, estábamos embarcados en una empresa heroica: explorar el océano, ir con audacia donde ningún ser humano había estado antes. Sólo así podríamos revelar la belleza y la importancia de las profundidades a nuestros semejantes y mostrarles de un modo gráfico el daño que se está haciendo al planeta.

Mi afición por el océano comenzó hace muchos años, cuando era un niño que pasaba los veranos pescando con mi abuelo, o rastreando las pozas de roca de un tranquilo rincón de la costa del condado de Sligo, en Irlanda, en busca de criaturas marinas. Esa emoción de la caza en el mar nunca me ha abandonado, aunque ahora se trata de cazar nuevos hábitats o especies, en lugar de la cena. Mi trabajo me ha llevado desde las tormentosas aguas del Atlántico Norte hasta el remoto sur del océano Índico y la Antártida. Es un trabajo apasionante, lleno de misterio, sorpresas e incluso, si lo buscas, de peligro. Las profundidades marinas no solo son nuestro mayor ecosistema, sino también el menos explorado. Se calcula que los científicos sólo han tomado muestras del 0,0001 % del fondo marino. Así, el mayor ecosistema de la Tierra, que contiene 1300 millones de kilómetros cúbicos de agua y cubre una superficie de más de 360 millones de kilómetros cuadrados, es el menos conocido. Es sorprendente que tengamos mejores mapas de la Luna y de Marte que del fondo del océano. Pero esto se debe a la sencilla razón de que estos cuerpos son visibles para los satélites en órbita, mientras que el fondo del océano está cubierto de agua y es, en gran medida, invisible para los sensores de los satélites por debajo de unas decenas de metros, incluso en los mares más claros. Aunque la mayor parte de este vasto territorio no ha sido cartografiado, contiene tal vez el 90 % de toda forma de vida, y los procesos físicos y biológicos que se dan en él son fundamentales para la vida en la Tierra.

En este libro espero mostrar cómo los descubrimientos en las profundidades han cambiado nuestra percepción de cómo pudo haberse originado la vida, las condiciones extremas en las que puede prosperar y, en última instancia, de nuestro lugar en el universo. También mostraré cómo, a pesar de la enormidad del océano, lo estamos deteriorando catastróficamente a través de la sobrexplotación de sus recursos, la contaminación y los efectos insidiosos y globales del cambio climático. Es un tema que está siempre presente en mi mente, en mi visión periférica, y, cuando me concentro en él, tengo miedo, sobre todo por mis hijos. A veces este daño es causado por nuestros propios descuidos, pero a menudo es deliberado, motivado por el beneficio que se puede sacar de él y por un sistema económico que no da valor a la base misma de nuestra existencia: la naturaleza. No hay un segundo planeta Tierra en nuestro futuro próximo, por lo que cambiar la trayectoria actual del océano para pasar de la degradación a la recuperación es fundamental para que la vida en la Tierra tal y como la conocemos siga existiendo.

Ha habido muchas historias descorazonadoras con respecto al océano. Y aunque este libro presenta una imagen honesta de los peligros a los que se enfrentan los animales y los ecosistemas marinos, creo que todavía estamos a tiempo de tomar decisiones. Al llevar al lector al fondo del mar, espero mostrarle algunas de las maravillas de nuestros océanos: montañas submarinas y aguas termales, criaturas de todo tipo y deslumbrantes jardines de coral. Espero que, al realizar este viaje, conozca un mundo nuevo, extraño y totalmente único, tanto que quiera atesorarlo y participar en su cuidado para las generaciones futuras que, como nosotros, dependerán de él.

1

Piscinas de roca

Cómo me obsesioné con el océano

Mi viaje a las profundidades comenzó con mis experiencias de niño. No puedo exagerar la importancia de la exposición al mundo natural, ya sea un prado local, la orilla del mar o incluso a través de los medios de comunicación, como los libros y la televisión. En mi infancia estuve rodeado de gente dispuesta a escuchar y a compartir mi entusiasmo por los peces, las babosas marinas, las hormigas, las mariposas o los dinosaurios. Mi curiosidad natural se prendió. La estimulaban también los paseos por el bosque local, las excursiones al zoo y, más tarde, al extranjero. Pero también era tan sencillo como sentarse frente al televisor a ver una película mágica sobre tiburones, arrecifes de coral o una extraña criatura en una selva tropical. Empecé a entender el mundo natural como algo que había que valorar; un tema sobre el que podía comunicarme en igualdad de condiciones con los adultos que compartían mi fascinación. Sin embargo, mi camino hacia la carrera de biólogo marino comenzó durante las vacaciones de verano en Irlanda en la década de 1970, más de cuarenta años antes de mis inmersiones en el mar de los Sargazos frente a las Bermudas.

Mi abuelo había sido pescador toda su vida, y su barco era una embarcación abierta de madera, recubierta de pintura blanca descascarillada, de unos casi cuatro metros de largo. Estaba amarrado en el muelle de Cloonagh, justo en la orilla sur de la casa de mis abuelos, en la costa del condado de Sligo, en Irlanda. Resulta poco apropiado llamar muelle a aquel muro de piedra rudimentario soldado contra los elementos, a lo largo de los años, con adiciones de hormigón aplicadas después de que las tormentas de invierno hubieran hecho mella en él. Tenía entre un metro y un metro y medio de altura y se extendía un poco hacia el mar, lo que significaba que el barco a menudo quedaba varado por la marea que retrocedía sobre las baldosas de piedra caliza que lo rodeaban. Recuerdo muy bien un día en particular. Comenzó, como todos estos viajes, mientras veía a los hombres de la casa —mi abuelo, mi padre y el tío John— arrastrar la pesada embarcación a trompicones por las rocas hasta el agua. Hacía un día soleado en la bahía y el océano estaba de un azul intenso, con suaves olas a veces coronadas por una espuma perezosa. La perspectiva de nuestro viaje me entusiasmaba a medida que nos alejábamos de la orilla. ¿Qué animales vería? ¿Tendríamos la oportunidad de pescar?

Desde mi asiento, cerca de la proa, veía el océano extenderse hasta el horizonte. Al noroeste se encontraba la isla de Inishmurray, un afloramiento de piedra caliza de poca altura, enmarcado por los lejanos acantilados de Donegal. Ya habíamos visitado la isla en el pasado, pues allí había residido una pequeña comunidad que había incluido a algunos de mis antepasados. También contaba con un antiguo monasterio de muros de piedra seca bien conservados que databa del siglo VI, los primeros tiempos del cristianismo en Irlanda. Una ligera brisa me sacudía el pelo mientras el barco gruñía por el mar, alejando el hedor del cubo de cebo, el aceite y la sucia salmuera que había bajo las tablas que formaban la cubierta. Nunca me he mareado, así que los olores y el movimiento no eran un problema para mí, ni siquiera de pequeño. Los fulmares, aves marinas blancas y grises con picos cortos, pasaban por delante, casi sumergiendo las puntas de sus largas y estrechas alas en el agua. Sus acrobacias, girando constantemente sobre las olas, me hipnotizaban; aún hoy las cuento entre mis aves marinas favoritas.

Pasamos a lo largo de una costa formada por estratos calcáreos inclinados en distintos ángulos hacia el mar, saludando a los pocos hombre que pescaban en las rocas, con mi abuelo o mi tío, a su vez, comentando quiénes eran, dónde vivían y qué podrían estar pescando. También había algún que otro barco de pesca similar al de mi abuelo pero algo más grande, con una cabina para el capitán. Nos saludábamos de vez en cuando, pero había cierto trasfondo de recelo y competencia entre todos los que se ganaban el sueldo con el océano. Finalmente, llegamos a la primera de las remesas de langostas, marcada por una boya de plástico blando que se balanceaba en la superficie. Los cestos para las langostas, o nasas, tenían una base de madera lastrada con hormigón, y aros de madera o plástico sobre los que se extendía una gruesa red de color azul o naranja, con un túnel de entrada para las langostas y los cangrejos. Un agujero en la parte superior de la cesta se ataba con una cuerda para poder colocar el cebo dentro, entre dos cuerdas, y sujetarlo con un nudo corredizo. El cebo solía ser un trozo de pescado en salazón parcialmente descompuesto; caballa, rubio o, a veces, un desafortunado cangrejo que, aplastado contra la borda de la embarcación, quedaba suspendido en la nasa con las patas aún débilmente enroscadas. Las nasas se ataban en líneas de una docena o más para formar un remolque, extendidas a lo largo del lecho marino.

Recuperaron la boya con un gancho y mi padre la arrojó a la cubierta junto con un manojo de cuerda cubierto de viscosas algas marrones, salpicando agua por todas partes. Intenté evitar mojarme, ya que el agua estaba fría, incluso en pleno verano. Entonces comenzó el duro trabajo mientras mi padre tiraba de la cuerda desde la borda, mano sobre mano, con el peso de doce nasas y una soga arrastrándose por el fondo del mar. Para mí, la expectación por lo que pudiera surgir era casi insoportable. Me incliné sobre el costado del barco para ver cómo emergía la primera olla desde las profundidades casi negras, y si contenía langostas o cualquier otra criatura. Estaba vacía, al igual que la segunda y la tercera, lo que provocó algunos ceños fruncidos y murmullos refunfuñantes. Mi tío desató cada una de ellas, arrojó los restos de cebo podrido por la borda y deslizó un filete fresco de dorada antes de atar las nasas con pericia y apilarlas en el centro de la cubierta. Cuando el siguiente cesto se materializó y salió a la superficie, pude ver algo en él. Emocionado, empecé a gritar: «¡Hay algo ahí, veo que se mueve!». Lo subieron a cubierta y, para mi alegría, contenía dos langostas agitando las colas, rociando agua y sacudiéndose en el fondo.

Las langostas eran de la variedad europea, magníficos crustáceos fuertemente acorazados con un caparazón cobalto que palidecía hasta el amarillo, con manchas blanquecinas en la parte inferior. En cuanto el agua se vació de la cesta, las langostas se colocaron en esquinas opuestas, enredándose en el patrón de la malla. Su lado frontal estaba protegido por un escudo blindado que cubría la cabeza. Tenían un par de ojos negro-azulados sobre antenas, y largas antenas rojas que se curvaban desde la testa. Debajo, largas patas articuladas terminaban en unas pinzas cubiertas de pelitos anaranjados. El extremo posterior estaba formado por una cola segmentada, con un abanico de placas al final. Estaban armadas con unas garras aplastantes, llenas protuberancias y nódulos, y unas más ligeras con bordes finamente dentados. Las alzaban para atrapar un dedo incauto cuando mi tío las sacaba de la olla, pero él las levantaba justo por detrás de la cabeza, donde no podían llegar para dar un pellizco. En un viaje anterior había visto a mi padre hacer eso y ser atrapado por una de las pinzas: a diferencia del tío John, mi padre había lanzado el brazo hacia atrás, sin darse cuenta de que la langosta seguía agarrada, y la había arrojado hacia su libertad, haciéndola girar por los aires hasta desaparecer en el mar en un chapoteo. Por suerte, ya se había debatido si *esa* langosta en particular era demasiado pequeña para conservarla.

Mi tío sostenía cada langosta, por turnos, en su regazo cubierto por el chubasquero amarillo, mientras ataba sus pinzas con bandas de goma para evitar que se pelearan y se dañaran entre sí. Uno de los problemas del cultivo de langostas, o de la resiembra del hábitat de las langostas con animales jóvenes, es que son terriblemente agresivas y muy territoriales, y se matan y comen unas a otras para ocupar los mejores agujeros y grietas del fondo marino. Las langostas fueron arrojadas a una caja de pescado de plástico rojo, forrada con una arpillera vieja empapada en agua de mar para mantenerlas húmedas hasta que pudieran ser almacenadas en una caja de madera atada que flotaba en la orilla del muelle. Mi tío me había enseñado a sujetar el animal y, con mucho cuidado, cogí uno de ellos para examinarlo mientras se elevaba la siguiente cesta.

Cuando era niño y miraba la cara de una langosta, siempre me sorprendía lo extrañas que eran estas criaturas. No expresan nada, así que es como mirar la armadura de un caballero medieval sin saber qué hay debajo. Los ojos son compuestos, como los de un insecto, pero las dimensiones que crean esas estructuras cristalinas individuales y brillantes de las que se conforman no son tan evidentes. Como aprendería muchos años después, la langosta tiene un ojo compuesto de superposición, magníficamente adaptado para percibir el movimiento con poca luz, pero incapaz de formar imágenes nítidas. En su lugar, las langostas confían principalmente en los sentidos del tacto y el olfato para localizar a sus presas, a sus enemigos y a otras langostas. Por debajo de una gruesa espina dorsal que sobresale de entre los ojos, se encuentra el par de largas antenas, de color rojo intenso y articuladas en la base, que el animal utiliza para palpar su entorno. Otros pares de antenas más pequeñas, situadas entre las más grandes, sirven para «oler» las sustancias químicas del agua. Además, el bogavante está cubierto de pequeños pelos, sobre todo en las patas delanteras y en sus pinzas terminales, que también utilizan para saborear el mar. Pueden oler, literalmente, con las patas. Como es lógico, son animales nocturnos que permanecen en agujeros rocosos o arenosos durante el día y que salen de sus refugios por la noche para alimentarse de moluscos (caracoles, almejas, mejillones, etc.), crustáceos (cangrejos, ¡otras langostas!), erizos o estrellas de mar; incluso pastan algas y hurgan en animales muertos. Por eso había que dejar las nasas «en remojo» durante la noche, porque los jugos que se desprendían del cebo atraían a las langostas en su deambular nocturno. Igual que el olor a pescado y patatas fritas de una tienda hace de cebo para que entremos, las langostas también se sienten atraídas por los apetitosos, para nosotros apestosos, vapores de sus cebos.

Todavía hipnotizado por el espécimen que estaba contemplando de cerca, vi que sus piezas bucales tejían una masa de moco burbujeante. La boca estaban formada por varios pares de apéndices, algunos aplanados y otros más largos. Estos prueban, manipulan y trasladan el alimento a un par de mandíbulas orientadas verticalmente, que cortan o arrancan trozos de comida de sus presas. Las garras son demasiado grandes y están situadas demasiado alejadas de la boca para pasar el alimento; las utilizan, más bien, para matar, herir o aplastar a la presa. Había que tener mucho cuidado al dar la vuelta a la criatura, ya que las pinzas, aparentemente blandas, podían agarrar de repente cualquier prenda suelta o piel expuesta. Por debajo, las patas articuladas se fijaban a la mitad delantera del cuerpo mediante articulaciones membranosas flexibles. La larga cola segmentada también estaba recubierta de una película blanda, y contenía varios pares de pequeños apéndices en forma de pala.

A veces capturamos langostas hembras con decenas de miles de pequeños huevos negros en forma de uva que se encuentran en un enorme racimo bajo el abdomen, y se devuelven al mar para ayudar a conservar la población. Los huevos eclosionan en forma de larvas diminutas, casi invisibles a simple vista, que viven en el plancton entre cinco y diez semanas antes de asentarse en el lecho marino. Muchas de las larvas son devoradas por los peces y otros animales, y pocas llegan a la fase juvenil. Se sabe poco sobre el tiempo que transcurre entre la larva planctónica y la adulta, pero se supone que las langostas viven en pequeñas madrigueras cazando animales más pequeños, como gusanos. Que esto siga siendo un misterio cuando llevamos pescando langostas probablemente desde hace miles de años y han sido objeto de un intenso escrutinio científico es una muestra más de lo esquivo que puede ser el conocimiento de la vida marina. Es un tema al que volveré una y otra vez en este libro. Me gusta imaginar que las jóvenes langostas son aprendices autodidactas, que van descubriendo el mundo a medida que crecen durante esta peligrosa etapa de sus vidas en la que un error puede significar acabar siendo la comida de otro, incluido un hermano o hermana. Hay algo admirable en su naturaleza independiente y combativa, y esta es parte de la razón por la que las langostas me siguen fascinando hoy en día.

Una vez roto el hechizo y desembarcadas las primeras langostas, el ambiente cambió, y mi tío, hermano de mi madre, empezó a sonreír y a bromear con mi padre. Se habían conocido de jóvenes porque toda la familia de mi madre emigraba anualmente a Walthamstow, en Londres, para trabajar durante el invierno en el sector de la construcción, y era allí donde mi padre vivía en ese momento. Esa temporada mi abuela trabajaba en las cocinas de una empresa local en Londres; tengo un recuerdo muy claro de una sala llena de mesas de melamina y de ella vestida con un abrigo azul y haciéndose cargo de las enormes ollas humeantes que hervían en los fogones con su habitual talante de desafío. Era pelirroja y de tez rubicunda, la arquetípica matriarca irlandesa: orgullosa, testaruda y pendiente de los asuntos de todos.

Después de sacar el primer remolque de nasas, mi padre y mi tío encendieron cigarros y formaron unas nubes de humo amaderado que la brisa alejó. Mi abuelo, sentado junto al motor, miraba al frente con intensa concentración mientras reposicionaba el barco. Él había pescado en esas aguas desde la infancia, remando con mi bisabuelo, que, según cuentan, era un hombre muy intimidante y con el que no había que meterse. A la orden de mi abuelo, la boya, la cuerda y la primera nasa se arrojaron por la borda y, a medida que avanzábamos, las siguientes nasas fueron detrás al tensarse la cuerda. Cada cesto parecía dudar en la superficie antes de que el hormigón y el resto de vasijas lo hundieran hasta perderse de vista. Esta parte del viaje siempre me daba un poco de miedo, ya que existía el peligro real de que la cuerda se enganchara en un tobillo y provocara una lesión grave, o que uno de nosotros cayera por la borda. Era una de las razones por las que me hacían sentarme en la proa, lo que siempre era un poco frustrante, al menos hasta que tenía algunos animales que examinar. Nadie llevaba chalecos salvavidas, y ni mi tío ni mi abuelo sabían nadar. De hecho, a la mayoría de la gente de la comunidad le aterrorizaba el agua, y aún hoy día mi madre tiene pesadillas en las que el mar irrumpe por las ventanas de la casa de campo de mis abuelos, arrollando a todos los que están dentro. Me quedé mirando las aguas que pasaban, divisando de vez en cuando oscuros lechos de algas flotantes, intercalados con manchas de arena más brillantes, que parecían de color azul pálido o verde desde la superficie. Debajo de nosotros había otro mundo que me esforzaba por vislumbrar a través de ese manto que absorbía rápidamente la luz y arropaba el lecho marino. Las nasas fueron arrojadas en cuestión de minutos, y mi abuelo, satisfecho con el lugar donde habían caído, pasó al siguiente remolque.

A medida que avanzaba la mañana, se sacaban más langostas del fondo, incluidos algunos ejemplares de gran tamaño. Como las langostas y los cangrejos tienen un exoesqueleto duro, o caparazón, solo pueden crecer desprendiéndose de él, bombeándose con agua para inflar su cuerpo y segregando después un nuevo esqueleto. Cuando el nuevo esqueleto se segrega por primera vez, es blando, y como los animales son vulnerables en ese momento, permanecen ocultos. El exoesqueleto se endurece en unos días, y en los meses siguientes la langosta o el cangrejo se alimentan, ganando músculo y rellenando la nueva armadura. En teoría, las langostas tienen un crecimiento indeterminado. Es decir, pueden seguir creciendo sin cesar, aunque el tiempo entre mudas se prolonga a medida que envejecen. Los mayores ejemplares capturados han superado el metro de longitud y han pesado más de nueve kilogramos. Así que en algún lugar de las profundidades podría haber un monstruo aún más grande, con garras en lugar de mandíbulas.

A medida que las nasas subían a cubierta, se capturaba una fantástica variedad de otras criaturas, y algunas eran arrojadas a la parte delantera del barco para satisfacer mi curiosidad. Este fue mi primer contacto con el mundo desconocido que hay bajo las olas, y los animales me resultaron fascinantes al ser tan diferentes de cualquier otro que haya en tierra firme. Los más comunes eran los cangrejos comestibles, el clásico cangrejo grande de color marrón anaranjado con el que la mayoría de los europeos están familiarizados. Mi tío o mi abuelo les escupían en la cara, lo que hacía que enroscaran las patas y las pinzas, facilitando su manipulación. Luego se les arrancaban las pinzas con un crujido y se echaban en un cubo, y con los trozos más grandes de carne ya cogidos, el cangrejo se devolvía al mar o se aplastaba y se utilizaba como cebo. Si un cangrejo era especialmente difícil de sacar de la cesta o conseguía morder a mi tío, lo hacían rebotar contra la borda del barco con una maldición y yo lo veía caer en espiral hacia las profundidades, con el caparazón roto y un rastro de vísceras que quedaba a la deriva mientras se hundía en el agua. El trato que recibían los animales era brutal y a veces me daba escalofríos. Eran criaturas tan robustas y tenaces, construidas como tanques, que se agarraban a la malla de las nasas con sus enormes garras de punta negra para evitar que las sacaran. El hecho de que un animal que aparentaba tanta fuerza pudiera tener un final tan descuidado me parecía injusto y, en cierto modo, un desperdicio. Uno de mis escritores de ciencia ficción favoritos de los últimos tiempos los ha reimaginado como una despiadada raza alienígena; cangrejos gigantes que se comen a sus crías y esclavizan a los humanos sacándoles el cerebro, una forma aterradora de venganza crustácea.

También subían a bordo animales mucho más extraños, algunos de los cuales parecían salidos de una novela de ciencia ficción. A menudo aparecían grandes estrellas de mar con estómagos que sobresalían de sus bocas, babeando el cebo. Un animal con simetría radial, cuyas dos mitades serían casi idénticas si se dividiese la criatura por el centro, no es algo que se vea en tierra. Las estrellas de mar o bien pertenecían a la variedad común de color rojo anaranjado que se encuentra ocasionalmente en las orillas del mar durante la marea baja, o bien eran grandes y grises y estaban cubiertas de espinas cónicas por arriba, con hileras de pequeños pies tubulares de color amarillo pastel que terminan en ventosas en la parte inferior. Si se colocan en la cubierta, se pegan rápidamente a ella y se deslizan lentamente hacia la sombra. Las patas tubulares las arrastraban como si fueran cientos de ventosas. Más tarde, durante mis estudios universitarios, me fascinó saber que, a pesar de su lento movimiento, estos animales son depredadores, además de carroñeros, y atacan a los moluscos, como almejas, vieiras y mejillones. Los envuelven en sus brazos, abriendo ligeramente la concha con cientos de patas tubulares y, abriendo su estómago a través de la boca, situada bajo el centro de la estrella, engullen a la desafortunada víctima. Quizá la más conocida sea la corona de espinas, una estrella de mar cubierta de pinchos que se alimenta de corales formadores de arrecifes y que puede aparecer en manada, formando una plaga. Muchos años después, durante mi licenciatura, me sentaba a escuchar con fascinación en la sala de conferencias poco iluminada a nuestro profesor jefe, Trevor Norton, que describía cómo se recogían y seccionaban estos animales en un intento de librar al arrecife de las asquerosas plagas. Desgraciadamente, muchos de los trozos de estrella de mar arrojados al agua volvían a convertirse en nuevos individuos. Las estrellas de mar no tienen nada que envidiar a los peores horrores de las películas de ciencia ficción.

También pescamos tiburones en las nasas, lo que, como se puede imaginar, era muy emocionante para un niño que solo los había visto en películas o en libros donde se comían a los marineros caídos al agua por la velocidad de su barco, o que amenazaban a los buceadores en arrecifes tropicales. Sin embargo, no eran estos los grandes devoradores de hombres tan apreciados por los directores de cine. Eran pequeños, de cabeza roma, con la piel de papel de lija de color gris claro en el lomo, cubierta de manchas negras y blanca por debajo: el cazón. Sus ojos siempre me desconcertaron un poco, ya que eran de un negro puro que les daba un aspecto desalmado, como si fueran malvados. Eran puro músculo y tenían la molesta costumbre de retorcerse si se les agarraba por la cola y acercar su boca a la mano, lo que resultaba un poco aterrador porque, a pesar de su tamaño, seguían teniendo dientes que cortaban la carne. Por lo general, se los arrojaba a un cubo o se los balanceaba por la cola para estrellar sus cabezas contra las tablas de la embarcación, trazando caminos de sangre carmesí desde las branquias y la boca. Se utilizaban como cebo, y, como en el caso de los cangrejos, parecía un final impropio de una bestia tan poderosa.

Hacia el final de la mañana, cuando ya había acumulado una excitante colección de animales de las profundidades, descubrimos un remolque sin langostas y sin cebo. Mi abuelo y mi tío empezaron inmediatamente a especular que las nasas habían sido visitadas por su némesis, el congrio. Se creía que estos poderosos peces «se paseaban por el remolque», pasando de una vasija a otra, comiéndose el cebo y acabando con cualquier posibilidad de capturar langostas. En efecto, en la penúltima había uno de estos animales negros y serpentinos a bordo, agitándose demasiado rápido para que el ojo humano pudiera seguirle el ritmo. Mi tío simplemente abrió la nasa y la puso boca abajo para liberar al animal en la cubierta. Eran odiados no sólo por los estragos que causaban, sino también porque eran peligrosos: podían dar un serio mordisco. La mera visión de una de estas anguilas bastaba para que los adultos lanzaran un torrente de palabrotas. A mí también me aterrorizaba este animal grueso, musculoso y poderoso, y me retiré a la proa a saltos por miedo a ser atacado. El desafortunado congrio fue pisoteado y luego sometido a múltiples puñaladas en la cabeza con un cuchillo de filetear. De alguna manera seguía vivo horas después, la cubierta de la embarcación bañada en su sangre, antes de ser devuelto al mar, desenroscándose y deslizándose bajo las olas.

Muchos años después, vería a uno de estos elegantes peces negros zigzaguear por un lecho marino de cantos rodados a cuarenta y nueve metros de profundidad, buceando frente al extremo suroccidental de la isla de Man. Era una inmersión poco habitual, ya que podíamos ver la superficie desde una profundidad enorme y todo estaba bañado por una suave luz dorada, como la del atardecer. La anguila era grácil y medía casi dos metros, y su gran ojo negro nos miraba fijamente mientras pasaba nadando. Fue un momento impactante para mí, ver a este animal tan hermoso en su entorno.

Una vez recogidas todas las nasas y recolocadas, mi abuelo nos llevó a pescar. Ahora era el turno de la emoción de la caza. Mi padre y yo desenrollábamos los dos cabos de mano del costado de la embarcación y nos deslizábamos arriba y abajo, en paralelo a las rocas o cruzando la bahía. Mi padre disfrutaba especialmente con esto; nos sentábamos a ambos lados del barco, mirando concentrados el mar mientras mi abuelo, junto al motor, daba caladas a su pipa, mirando al frente y agarrando de vez en cuando mi sedal para comprobar si había algo. Los sedales estaban cebados con una anguila de color ámbar, un trozo de tubo de goma con un anzuelo y un conjunto de plumas de colores brillantes con un «*spinner*», una pieza triangular de metal que giraba en el agua creando destellos semejantes a los de un pez que refleja la luz del sol al nadar. Los sedales vibraban y se tensaban con los movimientos del mar y de la embarcación, y a veces, cuando los anzuelos rasgaban las hojas de las algas, se sentían pequeños tirones. No era raro que el sedal se detuviera en seco, partiéndose en mi mano y soltándose de repente. Esto era señal inequívoca de que el anzuelo se habían enganchado en el fondo marino o en el asidero de una gran alga, lo que normalmente provocaba la pérdida del cebo y del peso de plomo. Cuando esto ocurría, mi padre o mi tío sustituían el cebo con los suministros que habíamos traído para ese día de la tienda de artículos de pesca de la ciudad de Sligo.

Sin embargo, cuando un pez agarraba el sedal, no había duda. Inmediatamente se producía un rápido tartamudeo de sacudidas y gritaba a todos mientras me esforzaba por empezar a tirar. A veces la captura se perdía, pero a menudo traía un pez que saltaba y se agitaba, y mi padre o mi abuelo lo desenganchaban con rapidez y lo arrojaban a la cubierta, antes de tirarlo a un cubo, para evitar que se propulsara de nuevo por la borda. Era increíblemente emocionante cómo el nivel de histeria aumentaba con el número y el tamaño de los peces. En aquellos días, el océano parecía abundante. Entonces vimos cómo el agua se agitaba y salpicaba, como si hirviera, mientras un gran banco de caballas perseguía a los peces de cebo hacia la superficie y en dirección contraria a la costa. Enganchamos seis o siete a la vez, a veces por la cola de lo gruesas que eran. Se acercaban al costado del barco como un espectáculo de marionetas locas, hermosos peces de vientre blanco puro y un impresionante lomo entre verde esmeralda y azul, con galones negros en toda su extensión. Tenían forma de huso, eran aerodinámicas, con mandíbulas finamente dentadas y un gran ojo con la esclerótica plateada y una pupila negra enorme. En una ocasión, al regresar de una excursión de pesca similar, nos detuvimos en una pequeña bahía para observar a varios ancianos y mujeres que llenaban cubos con centenares de caballas. Las olas parecían mercurio que subía por la orilla, repletas de caballas que habían perseguido a sus presas hasta los bajos fondos y la ribera. Las caballas son peces migratorios que pasan todo el tiempo nadando en la parte superior del océano. Desovan en el borde de la plataforma continental en primavera y a principios del verano, y luego se acercan a la costa en familia para alimentarse, que es cuando las pescamos.

De niño, el verdadero premio para mí en el barco de mi abuelo era el abadejo, un tipo de bacalao. Le rogaba a mi abuelo que dejara el barco fuera si no habíamos pescado uno de estos magníficos peces en nuestro viaje. El abadejo podía medir sesenta centímetros, o más, y tenía una estructura poderosa, con forma de diamante alargado, de un color negro brillante en el lomo que se degradaba a bronce en los costados y el vientre. Tenían aletas triangulares, tres en el lomo y dos en el vientre, y una aleta caudal ancha y oscura. Estábamos a punto de regresar al muelle cuando se produjo un tirón en el sedal, deteniéndolo en seco. Mientras tiraba del pez con todas mis fuerzas, este luchaba valientemente dando fuertes sacudidas, sumergiéndose y, en el último momento, lanzándose por debajo de la embarcación o saltando en el aire cuando lo subía. A menudo se escapaba del anzuelo, pero ese día conseguí, con ayuda, sacar a la luz uno bastante grande, y todos los del barco quedaron encantados. Muchos años después, mientras buceaba frente a Plymouth, me senté en un barranco de arena plateada rodeado de crestas rocosas cubiertas de algas, mirando hacia la superficie. Divisé dos abadejos, de silueta inconfundible, que cruzaban amenazantes por encima de las rocas y luego bajaban repentinamente para atrapar anguilas de arena que huían en busca de refugio. Fue hipnotizante ver por fin a estos animales bajo el agua, en su entorno, y también fue emocionante comprender, por fin, lo eficaces que son como depredadores.

Una vez terminada la pesca del día, mi padre, mi abuelo y yo volvimos a casa de mis abuelos con cubos de langostas, pescado y pinzas de cangrejo. Todos teníamos frío, estábamos mojados y cansados. Aunque era un día de finales de agosto, el viento, el fresco rocío del mar y el movimiento del barco nos habían agotado a todos. La casa estaba siempre un poco húmeda y destemplada, así que todo el mundo se dirigió a la cocina, que se mantenía caliente gracias a los fogones. Inmediatamente, mi abuela se puso en marcha y preparó té y pan de soda, recién sacado del horno y embadurnado en mantequilla. El pescado se evisceró con garbo, se rebozó en harina y se lanzó a una sartén chisporroteante. Las langostas se metieron vivas en una gran olla con agua hirviendo. Sacudían las colas una o dos veces, pero mi abuela mantenía la tapa cerrada hasta que se quedaban quietas y pasaban rápidamente del azul al rojo vivo. La cocina zumbó con una conversación animada sobre lo que habíamos pescado, lo que había visto y el chisme del día. Los olores del pescado frito, del pan recién horneado y del *border collie* mojado que retozaba bajo la mesa aportaban su granito cálido al ambiente.

La emoción de la caza en el mar nunca me ha abandonado, aunque ahora, como a cualquier biólogo o historiador de la naturaleza, lo que me entusiasma es la búsqueda de nuevos hábitats o nuevas especies. Exige paciencia y cierto conocimiento de dónde puede habitar la vida que buscamos en las profundidades. Pero es la misma emoción, ya sea por abrir una red para verla saltar con peces y calamares bioluminiscentes o por ver por primera vez desde un sumergible un animal que sabías que estaba ahí fuera, en el océano, y que figuraba en tu lista mental de cosas por ver.

Aquellas vacaciones de verano que pasé en la costa de Sligo y en el barco de mi abuelo fueron realmente decisivas a la hora de trazar mi camino. Durante esos veranos junto al Atlántico, aprendí mucho y vi muchas especies extrañas e increíbles de cerca de una manera que mucha gente nunca tiene la oportunidad de ver. Cuando no estábamos en el barco, a veces nos uníamos a mi abuela en alguna actividad de recolección en la orilla. Recogíamos varas de mar, que son los tallos (técnicamente «estipes») de las algas que suelen vivir por debajo del nivel de las mareas. Tienen una raíz que se adhiere a la roca, un largo estipe flexible y gomoso y una gran hoja en la parte superior. Los estipes tenían un metro o más de longitud y eran arrastrados a la orilla, sobre todo después de las tormentas. Los amontonábamos en la orilla para llevárnoslos, ya que se utilizaban en la fabricación de alginatos, agentes gelificantes utilizados en una gran variedad de aplicaciones como alternativa a la gelatina. A veces incluso se recogían algas para usarlas de alimento. El carrageen o musgo irlandés es una hierba de bajo crecimiento, de color rojo a ocre, con una forma plana que se divide dicotómicamente para formar ramas rechonchas. Mi abuela hervía esta hierba en leche y azúcar para hacer un manjar blanco que luego guardaba en la nevera. Me encantaba ese pudin dulce y gelatinoso. Luego estaba el *dillisk,* conocido en Inglaterra como *dulse,* un alga que forma una serie de tiras de color rojo púrpura intenso que crecen normalmente en las rocas de la orilla. Las dulses se recogían y se ponían a secar en los setos de la parte delantera de la casa, o en las paredes. Luego se comían como tentempié, como las patatas fritas; sobre todo mis tíos, que las engullían cuando venían de visita con la excusa de que tenía notables beneficios para la salud.

Armado con libros sobre el mundo natural, que a menudo me regalaban en Navidad mis padres para alimentar mi fascinación, me alejaba cada vez más de la orilla, por debajo de la casa de campo y a lo largo de la costa, rodeando la punta hasta los salientes escarpados que se inclinaban hacia los acantilados. Cuando pienso en lo que hacía, se me ponen los pelos de punta. Es poco probable que permitiese a mis propios hijos desaparecer durante el día para explorar las rocas en la costa del Atlántico sin la supervisión de un adulto. Las superficies lisas de piedra caliza de las cornisas horizontales a menudo permanecían húmedas y estaban cubiertas de una capa invisible de baba microbiana. Un paso descuidado me hizo salir volando varias veces y darme algún golpe en la cabeza, dejándome de recuerdo un chichón o una *bourquine* —término local para referirse a las lapas—. También había precipicios en los que el oleaje golpeaba las paredes con un sonido como de metal desgarrado y parecía tragarse periódicamente las rocas más bajas. Tenía que descender por pequeños acantilados, a través de toboganes naturales, y bajar por escalones formados por la piedra caliza. Entonces veía las enormes piscinas de piedra formadas por el agua que se acumulaba en las esquinas de los salientes, inclinados contra el siguiente escalón de estratos rocosos. En el punto más lejano al que pude llegar, el mar le había pegado un buen mordisco a la tierra y rugía en una cueva gigante llamada Culbrain. Se podían ver las olas entrando con estruendo, sacudiendo el suelo bajo mis pies, y cómo los enormes quelpos de color marrón dorado se movían de un lado a otro en el fondo de esa caverna negra. En un día soleado y borrascoso, era un lugar realmente espectacular.

Los salientes se convirtieron en mi lugar favorito. Las piscinas de roca contenían animales que no había visto en otros lugares. Los erizos de mar de color púrpura, negro y verde oscuro se acurrucaban en las depresiones que habían hecho en la piedra caliza. Era casi imposible sacarlos de sus madrigueras. A veces había grandes babosas marinas de color marrón castaño o verde oscuro, llamadas liebres de mar. Este nombre puede referirse al gran par de tentáculos que tienen enrollados en la parte delantera y a otro par más pequeño, un poco más atrás en el cuerpo. Con un poco de imaginación, se pueden ver los tentáculos como orejas y la cabeza con forma de conejo. Mi pasatiempo favorito era tumbarme en la roca con los dedos en el agua. Los camarones vidriosos, como langostas transparentes en miniatura, salían de sus escondites y se acercaban tímidamente a mi mano. Flotaban hacia mí, impulsados por los apéndices nadadores que tienen en la parte inferior, pero, si me movía, se alejaban con un movimiento de cola. Si me quedaba absolutamente quieto, se acercaban sigilosamente a mis dedos y empezaban a picar y tirar de la suave piel que había bajo y alrededor mis uñas. Me fascinaba el contacto de estos pequeños y delicados animales; la ligera sensación de cosquilleo de sus atenciones y el calor del sol me adormecían. De vez en cuando, los peces fraile también venían y lo intentaban, aunque sin duda pellizcaban, lo que me hacía sacar la mano de la piscina y romper mi meditación.

A medida que pasaba cada vez más tiempo en la orilla y en las cornisas, me ocurrió algo extraño. Empecé a considerar las rocas traicioneras, sobre todo las que estaban fuera de la vista de la casa de campo de los alrededores de Culbrain, como algo propio, un mundo secreto que me pertenecía a mí y solo a mí. Me sentía completamente cómodo en este lugar salvaje, sin otros humanos que me molestaran. Llegué a saber dónde se encontraban todos los animales y algas, volviendo año tras año a las mismas charcas para encontrar los mismos camarones, peces o caracoles. A veces los encontraba cambiados por una tormenta de invierno o una repentina afluencia de algas muertas. Por extensión, empecé a sentir lo mismo por el océano. Sentía, y sigo sintiendo, que es mío. De alguna manera, a pesar de su tamaño y poder, me pertenece. Llegué a ver el océano como algo que otras personas no tenían derecho a dañar o destruir.

Un día llegué a mi piscina de erizos y descubrí que alguien había bajado con una pala y los había sacado porque habían descubierto que se podían vender. La piscina nunca volvió a ser la misma: aquí y allá, cicatrices de pala con algas incrustadas y trozos de erizo como pruebas del crimen. La ira me invadió. ¿Cómo se atrevían a destruir mi piscina? Esta es una rabia que siempre surge cuando me enfrento a la destrucción deliberada o descuidada del océano por parte de la gente o de la industria, y nunca me ha abandonado. A menudo, quienes explotan el océano no parecen darse cuenta de que dependen de su productividad para mantener sus medios de vida.

A los diecisiete años, con la intención de convertirme en biólogo marino, fui a la Universidad de Liverpool a estudiar una licenciatura en Biología Marina. Elegí esta carrera porque implicaba un año en la estación marina de la universidad en Port Erin, en la isla de Man. Disfruté desde el principio, aprendiendo sobre la diversidad animal en las conferencias impartidas por el profesor Ronald Pearson, un hombre que intercalaba sus charlas con historias sobre viajes y desventuras con su mujer. Aprendimos sobre ecología y comportamiento, esto último de la mano de un animado profesor que se disculpaba constantemente por los sórdidos ejemplos de selección sexual en las moscas del estiércol, y en las clases de fisiología animal aprendimos cómo se adaptan los animales a su entorno.

Lo más destacado fueron las rutas por el campo, que, a finales de los años ochenta, constituían una parte sustancial del curso. Hicimos dos cursillos de ecología marina y uno de ecología de algas en el Laboratorio Marino de Port Erin. Estaba en mi elemento, ya que aquí aprendíamos sobre la ecología de las costas rocosas y arenosas saliendo a estudiarlas. Recuerdo a una multitud de aspirantes a biólogos marinos intentando seguir el ritmo de Richard Hartnoll, un conferenciante rubio con gafas redondas que se paseaba por las resbaladizas rocas con sus botas de agua y una larga gabardina negra de plástico, y que parecía más un policía secreto de la Alemania del Este que un científico. Estas visitas a la costa siempre se daban a una hora muy temprana, cuando hacía frío y estaba gris y muchos estábamos aún con la resaca de las animadas actividades nocturnas en los *pubs* o en los bares de los hoteles de Port Erin. Yo ya conocía cómo eran muchos de los animales y algas marinas gracias a mi tiempo en las costas del oeste de Irlanda, y para mí este trabajo de campo era una delicia.

En el verano de mi segundo año fui a Fort Bovisand, en Plymouth, una fortaleza napoleónica dedicada a la formación de buceadores de ocio y profesionales. Hice los cursos de buceo del British Sub-Aqua Club (BSAC), con los que alcancé el nivel de buceador deportivo, y el título de Advanced Open Water Diver ('buceador avanzado en aguas abiertas') de la Asociación Profesional de Instructores de Buceo (PADI por sus siglas en inglés). Me entrené desde el principio con un traje seco, hecho de neopreno de ocho milímetros y sellado en los puños y el cuello para evitar el agua fría del canal de la Mancha. Durante dos semanas realizamos varios ejercicios para familiarizarnos con el equipo de buceo y desarrollar nuestras capacidades. Esto incluía aprender a controlar nuestra flotabilidad para que fuera neutra mientras estábamos bajo el agua, una habilidad difícil que implicaba equilibrar la cantidad de aire en nuestros trajes y chaquetas inflables para que no fuéramos ni demasiado ligeros ni demasiado pesados. El primer caso significaría un viaje incontrolado hacia la superficie, mientras que el otro dejaría al buceador luchando en el fondo del mar como un escarabajo boca arriba. Bucear siempre era difícil, ya que identificar puntos de referencia memorables en un mundo plagado de algas, donde la visibilidad era generalmente inferior a cinco metros, es todo un reto. El secreto para orientarse bajo el agua era utilizar una brújula, algo que siempre me ha parecido contrario a la lógica, y me sorprendió cuando resultó que funcionaba. Otros conocimientos esenciales eran el rescate y los primeros auxilios, en los que se nos explicaba la cruda realidad de lo que puede ocurrir si un buceador asciende demasiado deprisa (el mal de presión) o retiene la respiración mientras asciende (los barotraumatismos pulmonares). Era un trabajo duro, y recuerdo que durante un simulacro de rescate tuve que remolcar a Mick, un bombero de gran tamaño, durante una larga distancia hasta el puerto de Fort Bovisand, y arrastrarlo hasta los escalones. Desgraciadamente, lo hice sosteniéndolo con los pies por delante, y solo me di cuenta, después de varios gemidos de mi víctima, de que su cabeza estaba rebotando en la piedra.

Sin embargo, fue aquí donde pude ver por primera vez la vida marina bajo el agua. Ver estos animales, a veces extraños, me convenció aún más de que la biología marina era mi carrera. Había babosas de mar de tonos brillantes que se arrastraban por las costras de las paredes del puerto, peces de colores, abadejos que nadaban o se adentraban en las aguas turbias del estrecho de Plymouth; pero mi mayor distracción eran las sepias. Estos parientes del pulpo tienen una cabeza distintiva con un par de ojos grandes y gruesos tentáculos colgando, detrás de los cuales hay un cuerpo en forma de barco rodeado de una aleta continua. Revoloteaban frente a nosotros cambiando el color y la textura de la piel, que pasaba de un patrón de cebra liso y blanco a una piel moteada con pinchos. En ocasiones, levantaban sus dos tentáculos centrales delante de sí como muestra de amenaza. En una inmersión nocturna, encontré una dormido en un pozo poco profundo en la arena, y la levanté antes de que se despertara y saliera disparado utilizando un chorro de agua exprimido a través del embudo que tienen bajo la cabeza. Estos animales son voraces depredadores de cangrejos, y se mantienen absolutamente inmóviles cuando uno se acerca, antes de disparar un par de tentáculos para atrapar al crustáceo, envolverlo con el resto de los tentáculos y darle un mordisco venenoso. El cangrejo paralizado es rápidamente desmembrado y devorado.

Buceamos en los restos del *James Egan Lane*, un barco Liberty estadounidense que fue torpedeado a finales de la Segunda Guerra Mundial y se hundió mientras se dirigía a la costa, afortunadamente sin que hubiera pérdidas humanas. La proa del barco seguía intacta y asomaba entre la oscuridad mientras descendíamos en caída libre, como paracaidistas en las profundidades. La sensación de ingravidez era embriagadora, y yo me sentía de alguna manera más grande, como un gran depredador marino. El oxidado pecio albergaba bosques de hidroides —criaturas que parecían arbolitos de Navidad blancos— y grandes anémonas de mar de color nácar y naranja, mucho más grandes que la mano humana. Había maruca —un pez que parece un bacalao alargado—, congrios, que solían asomarse por un agujero o una tubería, y algún que otro pez de color marrón dorado, con una cabeza enorme y moteado de protuberancias plumosas por la parte superior. Nadamos por el casco del barco hasta la arena sobre la que descansaba, mirando hacia arriba para ver las proas que se elevaban sobre nosotros. Me encontraba en el plató de mi propia película de Jacques Cousteau. Nadando, pudimos entrar en la estructura, con los mamparos de la cubierta aún intactos sobre nuestras cabezas y un revoltijo de restos y carga debajo. El pecio estaba abierto y, por tanto, era seguro, pero la sensación de aventura al explorar aquellos lúgubres escombros encerraba un escalofrío de peligro.

También hicimos nuestra primera inmersión profunda en el estrecho de Plymouth. Fue en una boya encadenada en la bahía de Mashfords, cerca de los astilleros navales. Recuerdo que me senté en la parte inferior de la cadena, en la oscuridad total, con la cabeza zumbando por la narcosis de nitrógeno. Nos habían advertido de esta sensación durante las clases de buceo. El nitrógeno tiene un efecto narcótico en el cerebro cuando se respira a altas presiones. Provoca una serie de síntomas que dependen de la fisiología del individuo y de la profundidad a la que esté nadando. Afecta al juicio y a la capacidad de hacer cálculos sencillos, pero, en los casos más graves, la persona puede sentirse eufórica, borracha o desorientada. Yo me sentía ciertamente confuso, observando de hito en hito un gran pez escorpión rojo y a Mick, boca abajo, agitando sus aletas. Él estaba más narcotizado que yo, y el instructor tuvo que girarlo suavemente hacia arriba para que volviéramos a la superficie; los síntomas de narcosis se disiparon rápidamente mientras ascendíamos.

Al final del tercer año de mi licenciatura, un compañero y yo fuimos contratados para realizar una expedición en las Azores con uno de nuestros profesores, el catedrático Steve Hawkins, para explorar la vida marina de la isla de Fayal. Nos recibieron Ricardo Santos, el jefe del laboratorio marino, y su equipo de científicos y buceadores. De repente, me encontré buceando en las cálidas aguas del Atlántico medio, sobre acantilados escarpados, o en el cráter de un volcán extinguido. Al otro lado de un canal de Fayal, el enorme pico volcánico de la isla de Pico, a pocas millas de distancia, dominaba la vista. Para mí era un lugar exótico e impresionante, tanto bajo el agua como por encima. Aquí había nuevos peces e invertebrados que ver y aprender: aterradoras morenas de color azul pizarra moteadas de amarillo limón, con sus mandíbulas abiertas en un alarde amenazador; alfombras de césped de algas bajas; erizos de color púrpura intenso, con espinas afiladas como agujas de más de quince centímetros de largo que se agitaban de forma inquietante. A veces nos rodeaban bancos de grandes peces plateados, jureles o barracudas, o nos encontrábamos con enormes rayas de color gris oscuro y tan grandes como una mesa de comedor. En aguas más profundas, encontrábamos grandes matorrales de corales negros que parecían de plata, como árboles de un bosque de elfos, rodeados de peces de colores del arcoíris llamados gramátidos, con aletas flamígeras. La narcosis por nitrógeno es un problema importante a profundidades inferiores a los cuarenta metros, y nos sumergimos hasta más de cincuenta, ya que la normativa de buceo de la época era menos preventiva que la actual. Mis burbujas sonaban como las notas altas de un xilófono, pues el nitrógeno a alta presión interfería con mi sistema nervioso. La sensación de euforia, el «éxtasis de las profundidades» de Jacques Cousteau, era adictiva. Yo, que había crecido en una ciudad al este de Londres, me encontraba en un paraíso de islas subtropicales, soleadas, con aguas repletas de vida. Esto era definitivamente lo que quería hacer el resto de mi vida.

Buceamos en cuevas marinas cuyas paredes estaban pintadas de escarlata y amarillo brillante, con esponjas incrustadas, y tuvimos que «saltar» de una roca a la siguiente porque la fuerza del oleaje del Atlántico que entraba en aquel espacio tan reducido era muy fuerte. En una inmersión fuera de una de las cuevas más grandes, recibí una picadura muy dolorosa cuando accidentalmente puse la mano en medio de una anémona de mar retraída. No sabía que estos animales podían picar, y existía la posibilidad de que este animal fuera nuevo. Lo aparté de la roca con mi pizarra, una lámina de plástico que se utiliza para garabatear notas con un lápiz, y atrapé al animal, que parecía una mancha púrpura cubierta de pequeñas coliflores rosas. Escribí en la pizarra que, si me encontraban inconsciente, el culpable estaba en mi bolsa de muestras, y me dirigí directamente a la superficie. Mi mano se llenó de bultos blancos, pero el dolor sólo duró un día, más o menos. Un excéntrico biólogo del Museo de Historia

Natural de Londres puso el preciado espécimen en un tanque y lo identificó como *Alicia mirabilis,* una anémona marina que cazaba de noche.

Cuando me acercaba al final de mi licenciatura, John Thorpe, un profesor de genética del laboratorio marino que parecía solo aparecer después de medianoche y tenía una fascinación por los relojes antiguos y las antigüedades, me dijo que podría conseguirme una posición de doctorando para un estudio sobre los nemertinos. Conocía a estos animales porque los había encontrado bajo las rocas que yacen en el fondo de la costa arenosa en Irlanda. Al dar la vuelta a una de ellas, se podía ver una bola de gusano agitada y brillante, negra, con una iridiscencia violácea. Me parecieron extraños, diferentes de cualquier otro animal que hubiera visto antes y, por tanto, interesantes. En una visita al Museo de Historia Natural de Londres había comprado un libro sobre los nemertinos británicos, escrito por un tipo llamado Ray Gibson. Mis gusanos irlandeses eran *Lineus longissimus,* el gusano cordón de bota, que tenía fama de crecer hasta cincuenta metros de longitud, lo que lo convertía en uno de los animales más largos de la Tierra. Resultó que Ray era supervisor conjunto de este proyecto, así que me intrigó al momento. Volé a Liverpool para conocerlo; era un hombre muy bien hablado que iba al trabajo con americana, camisa y corbata, pero que vivía todo el día a base de cigarrillos y café negro. También estaba lleno de energía y por completo obsesionado con el estudio de este grupo relativamente desconocido de animales marinos. Se sentaba en su despacho rodeado de montones de papeles sobre ellos, algunos ilustrados con pinturas preciosas, hablando de sus viajes coleccionando estos animales. Quedé fascinado, así que me apunté inmediatamente.

A los pocos meses de empezar, empecé a descubrir nuevas especies de estos animales en las costas del norte de Gales, el noroeste de Inglaterra y Escocia. Me di cuenta de lo poco conocido que era el océano. Aunque un viaje a una pradera revelaría una enorme variedad de insectos y plantas, el hecho mismo de que esa pradera pudiera ser visitada por cualquier persona día tras día, como lo había sido la campiña inglesa por los naturalistas durante cientos de años, significaba que la biodiversidad estaba bien descrita. Que la costa de Gran Bretaña, probablemente los mares más estudiados y explorados a nivel mundial, pudiera descubrir nuevas especies a partir de mis búsquedas durante unos pocos meses era sorprendente. También significaba que los mares de los trópicos o las profundidades oceánicas debían albergar muchísimas especies nunca descritas por los científicos, y muchas ni siquiera vistas por el ser humano. Para mí, que me gustaban especialmente las criaturas marinas inusuales, era una perspectiva asombrosa. Estudios recientes han calculado que solo hemos documentado el 10 % de los más de dos millones de especies marinas que se estima que hay en el océano.

Durante mi doctorado me encontré en las costas de la isla del Norte, en Nueva Zelanda, buscando nemertinos, pero descubriendo toda una nueva biota que nunca había visto antes, con vívidos cangrejos morados y enormes caracoles. Estaba muy lejos de donde había empezado, en el barco de mi abuelo en Sligo, pero había alcanzado el objetivo que me había propuesto: por fin era biólogo marino. La aventura había comenzado, pero estaba claro que había mucho trabajo por hacer. Durante mi carrera aprendí sobre la contaminación del océano, que en aquel momento se centraba en los vertidos de petróleo. En las Azores oí hablar por primera vez de los montes submarinos y de cómo los científicos portugueses trabajaban en la gestión de la pesca alrededor de las islas para intentar garantizar su sostenibilidad. Sin embargo, existía la amenaza constante de los barcos extranjeros que entraban en esas aguas para pescar ilegalmente, utilizando artes de pesca destructivas, y el problema siempre presente de la sobrepesca. Fuera de las aguas portuguesas estaba la alta mar, donde parecía que todo estaba permitido; el salvaje Oeste en términos de pesca. También oí hablar de un monte submarino no muy lejos de Fayal, con aguas termales en la cima, que se encontraba a una profundidad apta para el buceo. Empecé a aprender sobre las fuentes hidrotermales de aguas profundas.

Desde entonces, entre un matrimonio y el nacimiento de mis hijas gemelas, he pasado casi treinta años trabajando de manera obsesiva en las profundidades del océano, y en ese tiempo he llegado a considerarlo como algo propio. Siempre he sentido que el océano no sólo necesita ser protegido, sino que también pide a gritos ser explorado para hacer retroceder el vacío de la ignorancia. Esta ignorancia sobre lo que vive en el océano nos impide gestionarlo de forma sostenible, pero, sobre todo, es nuestra incapacidad para comprenderlo lo que nos lleva a no apreciar su valor. Solo mediante la obtención de este conocimiento podrá la humanidad aprender a atesorarlo.

2

Fuentes termales de las profundidades marinas

La búsqueda de nuevas especies y los orígenes de la vida

El océano guarda muchos secretos que esperan a ser descubiertos y que pueden cambiar fundamentalmente nuestra comprensión de la vida en la Tierra y más allá. Mi propia búsqueda para explorar las fuentes termales de aguas profundas —conocidas como respiraderos hidrotermales— en la Antártida, a finales de la década de los 2000, me mostró cómo una sola expedición puede cambiar nuestra percepción del océano, y también lo difícil que puede ser dicha exploración.

Esta aventura comenzó una fría mañana gris, en el sur de Chile, en enero de 2009. Al igual que cuando partía en un pequeño barco en Irlanda cuando era niño, había una tremenda sensación de emoción mientras el RRS *(Royal Research Ship,* 'nave real de investigación') *James Clark Ross* se preparaba para dirigirse al sur. Nos reunimos en el castillo de proa, el techo del puente de mando, para ver cómo la tripulación soltaba amarras y se preparaba en las cubiertas mientras el barco se alejaba lentamente de los muelles. No era la primera vez que navegaba en este barco en la Antártida, aunque la última vez había sido desde las islas Malvinas. Esta vez partíamos de Punta Arenas, en el sur de Chile, uno de los principales puntos de partida

46

para la exploración antártica y los cruceros. Todos los científicos reunidos estaban ansiosos por la misión que se avecinaba. La razón es que, según los términos de la financiación que habíamos recibido, encontrar los respiraderos era fundamental para garantizar que pudiéramos volver a la Antártida en una segunda expedición para estudiar y tomar muestras de la vida que los rodea. Todos éramos conscientes de lo que el océano Antártico podía depararnos en términos de meteorología, que no comprometería la seguridad del barco, pero que potencialmente nos impediría llevar a cabo nuestro trabajo. Muchos de nosotros no habíamos navegado juntos todavía, aunque había algunos viejos compañeros entre los científicos y la tripulación que conocía de expediciones anteriores. El zumbido del buque contrastaba con la quietud del día anterior en el puerto, y un humo negro salió de la chimenea cuando los motores empezaron a vibrar a través del forjado de la cubierta. Paul Tyler, un profesor alto y con barba de la Universidad de Southampton, y un buen amigo y colega, estaba claramente encantado de estar en marcha, ya que llevaba varios años planeando esta misión. Conocía a Paul desde mi primer nombramiento posdoctoral en la Asociación de Biología Marina (MBA) de Plymouth, y más tarde mi mujer, Candida, y yo, habíamos vivido cerca de él y de su esposa, Mandy, en el límite del New Forest, por lo que se habían convertido en buenos amigos, además de en mentores. La presencia de Paul en un barco siempre hacía que el viaje fuera feliz, ya que poseía una alegría casi eterna, caía bien a todo el mundo y era capaz de resolver los enfrentamientos o desacuerdos personales más difíciles con diplomacia y tacto.

A bordo había científicos de diversas disciplinas, como biólogos, químicos, oceanógrafos y geólogos. Procedían de varias instituciones académicas del Reino Unido, como el zoológico de Londres, donde yo trabajaba entonces, la Universidad de Southampton, el Centro Nacional de Oceanografía y el British Antarctic Survey. Nuestra misión era localizar los primeros respiraderos hidrotermales de aguas profundas en el océano

Austral. Esto nunca se había intentado antes, ya que se pensaba que las condiciones, que incluían la presencia de icebergs y algunos de los mares más agitados del mundo, hacían imposible el uso de tecnologías de inmersión profunda, como robots o vehículos operados a distancia. Las aguas de los Rugientes Cuarentas, los Furiosos Cincuentas y los Estridentes Sesentas —las latitudes más allá de los 40ºS— estaban dominadas por vientos extremos del oeste y tenían una reputación salvaje.

Las fuentes hidrotermales son el equivalente a las fuentes termales volcánicas en tierra. Se producen en lugares donde el agua del mar se filtra en el fondo marino y entra en contacto con la roca caliente, generalmente asociada a una cámara de magma que yace en la corteza terrestre. El agua se sobrecalienta, adquiere flotabilidad y se precipita hacia el lecho marino, donde sale a través de chimeneas en forma de penachos concentrados de fluidos, con apariencia de humo negro, a temperaturas de hasta 400 °C, lo que da lugar al término «fumarolas negras». En algunos casos, estos fluidos pueden mezclarse con más agua de mar bajo el lecho marino y salir de él como un flujo difuso mucho más frío. Lo que hace que los ecosistemas de los respiraderos hidrotermales sean especialmente inusuales es que las bacterias y otros microbios que viven alrededor de los respiraderos se alimentan de las sustancias químicas de los fluidos hidrotermales, en particular el sulfuro de hidrógeno y el metano, recogidos de las rocas calientes que yacen debajo. Las sustancias químicas proporcionan a las bacterias energía para crecer en un proceso llamado quimiosíntesis. En la mayoría de los demás ecosistemas, esta energía procede de la luz solar a través de la fotosíntesis de las plantas, las algas o las bacterias. Los animales que viven alrededor de los respiraderos se alimentan de las bacterias, o las alojan en su interior o en partes externas de su cuerpo, donde las bacterias les proporcionan alimento en una relación simbiótica.

Imagínese el completo asombro que causó el descubrimiento original de las fuentes hidrotermales en 1977. Como ocurre con muchos grandes descubrimientos científicos, se debió en gran parte a la suerte. Ya en la década de 1960, los científicos habían predicho que podría haber manantiales de agua caliente en las dorsales oceánicas asociadas al vulcanismo del fondo marino, al igual que en la tierra, donde se encuentran manantiales calientes, géiseres y lodos sulfurosos burbujeantes en zonas con actividad volcánica. Las dorsales oceánicas rodean la Tierra por debajo del océano como las costuras de una pelota de críquet, y es donde el magma aflora desde debajo de la corteza, formando nuevos fondos marinos. Dependiendo de la geología subyacente de la dorsal, pueden tener una pendiente suave o ser mucho más accidentadas y escarpadas, compuestas por numerosos volcanes. En febrero de 1977, se organizó una expedición con el sumergible estadounidense *Alvin* para buscar hidrotermalismo en una zona de la dorsal oceánica al noreste de las islas Galápagos, tras el descubrimiento de anomalías de temperatura en el fondo marino. Lo primero que encontraron los geólogos entre los basaltos —rocas volcánicas que forman el fondo oceánico— fueron animales extraños, como almejas blancas gigantes, mejillones marrones, cangrejos blancos fantasmagóricos, langostas aplastadas, gusanos tubulares gigantes y lo que parecían pelotas de golf anaranjadas y borrosas unidas a la roca por un hilo, apodadas «dientes de león». Las propias rocas de un color rojo, naranja y ocre descolorido, lo que indica la presencia de sulfuro de hidrógeno y lo que cabría esperar si la circulación hidrotermal estuviera activa. Las muestras de agua apestaban a huevos podridos, otro signo revelador del sulfuro de hidrógeno.

La aparición de animales tan grandes y extraños era algo que simplemente no se esperaba y, de hecho, no tenía precedentes en las profundidades, donde la falta de alimento normalmente limita el tamaño y el número de animales. A bordo del buque de investigación estadounidense *Knorr,* la nave nodriza del sumergible *Alvin,* había un único y pequeño frasco de formaldehído que se utilizaba para conservar los tejidos animales para los estudios biológicos. No había tarros de muestras ni otros recipientes para especímenes. Las almejas, los cangrejos, las lapas, los gusanos tubulares y otras criaturas, como los peces flácidos parecidos a las anguilas, se depositaban en *tupperwares* destinadas a especímenes geológicos o se envolvían en film transparente de la galera del barco. Tan escasos eran los líquidos de conservación de los científicos que algunos de los especímenes se encurtieron en vodka para el viaje de vuelta a tierra. Tras una minuciosa investigación científica y varios viajes de ida y vuelta a los respiraderos de las Galápagos, se descubrió que las densas comunidades de animales dependían de las bacterias quimiosintéticas para alimentarse.

Los ecosistemas de respiraderos hidrotermales de las profundidades marinas resultaron ser un tesoro para los científicos y, tras el descubrimiento inicial de que la quimiosíntesis podía impulsar ecosistemas enteros, se descubrieron más sorpresas. Muchos de estos hábitats eran lo que podríamos considerar extremos, y los microorganismos que vivían en ellos se denominaron extremófilos (amantes de lo extremo). Las bacterias de los respiraderos pueden vivir a temperaturas de hasta 121 °C. Se descubrió que, además de las bacterias, existía una segunda rama importante de la vida microbiana, las arqueas, que se daban en abundancia alrededor de las fuentes hidrotermales. Estos microbios mostraban diferencias fundamentales en su bioquímica con respecto a las bacterias. En las arqueas, las membranas y las paredes celulares están construidas con materiales diferentes a los de las bacterias, y la maquinaria para procesar el ADN también es distinta, más parecida a la de los organismos multicelulares, como los humanos. Estos microbios hipertermófilos (amantes del calor) parecían ser los organismos más primitivos encontrados hasta la fecha, situándose en la base del árbol de la vida. ¿Podría ser cierto que la génesis, el origen de la vida, se produjo en las fuentes hidrotermales?

Esta idea se planteó por primera vez a mediados de la década de 1980, pero se descartó porque se pensaba que las temperaturas de los respiraderos hidrotermales eran tan elevadas que destruirían las complejas moléculas que podrían haber dado lugar a la vida nada más formarse. Todo esto cambió en 2001, cuando se descubrió el campo de fumarolas de la Ciudad Perdida, a quince kilómetros del valle central de la dorsal mesoatlántica, una cadena de montañas submarinas que se extiende por el centro del océano Atlántico. Los respiraderos son de baja temperatura, hasta 75 °C, y emanan de espectaculares chimeneas de carbonato de color blanco brillante, una de las cuales, Poseidón, se eleva sesenta metros desde el fondo marino. En otros lugares, los respiraderos parecen penachos plumosos que crecen en el fondo, formando delicadas torres de hasta treinta metros de altura, o crecen como protuberancias en forma de dedos que parecen manos volteadas.

Los científicos se dieron cuenta con emoción de que las condiciones en la Ciudad Perdida probablemente tenían un gran parecido con las de la Tierra en el eón hádico, un periodo de tiempo de hace más de cuatro mil millones de años que ocurrió después de que nuestro planeta se formara y enfriara. Fue justo en el momento en que se cree que tuvo lugar la génesis de la vida. Los fluidos que emanaban de los respiraderos de la Ciudad Perdida eran alcalinos y no ácidos, por lo que su química era totalmente diferente a la de las fumarolas negras. Se descubrió que en el sistema de respiraderos alcalinos se producen reacciones generadoras de energía análogas a los tipos más simples de metabolismo energético, catalizados por enzimas, en los microbios actuales. El otro aspecto importante de los respiraderos es que la roca de la que están hechos contiene diminutas cavidades o poros en los que podrían concentrarse los productos de dichas reacciones. Estas cavidades minerales podrían haber actuado como «células» estáticas, los diminutos compartimentos que componen toda la vida multicelular. Sin embargo, para que estas «células» escaparan de sus prisiones minerales, tuvieron que desarrollar membranas, paredes flexibles hechas de grasas y proteínas que encierran el material que hay dentro, conocido como citoplasma. Las membranas también son fundamentales para controlar el entorno dentro de la célula, permitiendo o transportando de forma selectiva materiales dentro y fuera de la misma y facilitando que las células se comuniquen entre sí. Una membrana celular también puede invaginarse para envolver a otra célula, permitiendo la depuración. El hecho de que los compartimentos minerales pudieran ser precursores de la vida celular libre es un aspecto de la teoría de la génesis hidrotermal que presenta ventajas sobre otras ideas acerca del origen de la vida.

Por ejemplo, la hipótesis del «caldo primigenio» sugería que la acción de los rayos en una atmósfera primitiva podía generar moléculas orgánicas. Estas, a su vez, podrían dar lugar, mediante otras reacciones, a los ácidos nucleicos, que son el material del ADN. Sin embargo, el problema de esta teoría es que no existe un mecanismo evidente para que las sustancias químicas generadas en una atmósfera antigua se concentren y reaccionen juntas y se acumulen como precursoras de la vida. Se han propuesto varias ideas, como el papel que podrían desempeñar las piscinas de marea o la absorción de los productos de reacción en los minerales de arcilla, pero ninguna parece tan plausible como el papel desempeñado por las «células» minerales o los gradientes químicos y físicos naturales que se forman en los respiraderos alcalinos de baja temperatura. Una vez que las células desarrollaron sus membranas y se convirtieron en seres vivos, ya no hubo vuelta atrás. Es interesante observar que la primera división de la vida entre bacterias y arqueas incluye una diferencia en la estructura fundamental de sus membranas celulares. Tal vez esta diferencia refleje una división de estos organismos que se remonta a esta época antigua, cuando las primeras células vivas independientes escaparon de sus poros rocosos.

Desde la década de 1980 hasta principios de la del 2000, se descubrieron fuentes hidrotermales de aguas profundas en todos los grandes océanos del mundo, hasta una profundidad de casi cinco mil metros. En los últimos veinticinco o treinta años, se han descrito nuevas especies de estos ecosistemas a un ritmo de dos por mes. La fauna que habita en los campos de ventilación de los océanos Pacífico oriental y occidental, Atlántico e Índico es distinta. En el Pacífico oriental, los gusanos tubulares gigantes, las almejas y los mejillones abarrotan los respiraderos. Estos animales destacan por el hecho de que dependen de la energía química de las bacterias para ganarse la vida. El gusano tubular gigante ni siquiera tiene boca o intestino, sino que absorbe el sulfuro de hidrógeno, el oxígeno y el dióxido de carbono (CO_2) a través de un penacho rojo rico en vasos sanguíneos, en la parte superior del gusano, y transporta estas sustancias químicas a millones de bacterias contenidas en un órgano especial, el trofosoma, que producen alimento para su huésped a partir de estas materias primas. El sulfuro de hidrógeno es mortal para la mayoría de los animales, pero los gusanos tubulares gigantes han desarrollado una hemoglobina especial, la molécula portadora de gas de nuestra sangre que la hace roja, que no solo transporta oxígeno y dióxido de carbono, sino también sulfuro de hidrógeno. El suministro de sustancias químicas alrededor de los respiraderos es tan rico que estos gusanos pueden crecer hasta un metro y medio en un solo año y son los invertebrados que más rápido crecen en el océano. También están los gusanos de Pompeya, un grupo de gusanos segmentados y erizados que viven en tubos resistentes y que quizás toleran las temperaturas más altas de todos los animales de los respiraderos (hasta 60 °C). También hay depredadores, como los viruelas (peces flácidos, pálidos, parecidos a las anguilas) y los cangrejos; estos últimos se alimentan arrancando trozos de los gusanos. Los respiraderos del Pacífico occidental incluyen gusanos tubulares y mejillones, pero también grandes caracoles, percebes y anémonas. Los caracoles también tienen bacterias simbióticas, pero éstas viven en las branquias y no en un órgano especial. Los respiraderos del Atlántico están dominados visualmente por espectaculares enjambres de camarones ciegos llamados *Rimicaris,* que se agrupan alrededor de los fumadores negros, pero la fauna también incluye mejillones, lapas y otros animales. En los respiraderos del océano Índico parece haber una mezcla de animales de tipo atlántico y del Pacífico, con grandes masas de camarones, pero también grandes caracoles, mejillones, densos lechos de anémonas y percebes. También hay una especialidad local, el caracol de patas escamosas, el único animal del mundo que segrega su propia armadura de hierro. Esta cota de malla cubre el pie de color rojo del animal, protegiéndolo de los depredadores y, posiblemente, de las duras condiciones de los respiraderos. Alrededor del 70 % de estos animales, de todas las regiones, no se encuentra en ningún lugar fuera de los ecosistemas de los respiraderos. La adaptación a la vida en condiciones extremas de alta temperatura y bajo nivel de oxígeno, con la presencia de sulfuro de hidrógeno y metales pesados —ambos tóxicos para la mayoría de los animales— ha hecho que estas especies sean incapaces de sobrevivir fuera de los respiraderos. Sin embargo, los científicos descubrieron que los respiraderos del océano Índico albergaban animales de origen atlántico y pacífico. Así pues, nos enfrentamos a una importante pregunta que hay que responder: ¿cómo se dispersan y saltan de un océano a otro los animales que viven en respiraderos aislados de aguas profundas?

El océano Antártico era una ruta potencial obvia, ya que conecta los océanos Atlántico, Índico y Pacífico y tiene una vigorosa corriente —la Corriente Circumpolar Antártica— que fluye de oeste a este y proporciona una autopista para que los huevos y las larvas de los animales viajen largas distancias. La clave para demostrar si estábamos en lo cierto sobre esta ruta era encontrar respiraderos hidrotermales en el océano Austral y descubrir qué tipo de vida animal vivía alrededor de ellos. Esto no solo nos diría cómo la vida ha evolucionado y se ha extendido alrededor de los ecosistemas de las fuentes hidrotermales, sino que también podría proporcionar pistas sobre cómo se produce esto en las profundidades del mar, que es el mayor ecosistema de la Tierra. La enormidad de la tarea que teníamos por delante, junto con el conocimiento de los increíbles descubrimientos que podíamos hacer en este viaje, hizo que el barco bullera con una mezcla de emoción y ansiedad. Queríamos salir y ponernos a trabajar.

Después de unos dramáticos primeros días de crucero, en los que nos topamos con unos aparejos de pesca perdidos que flotaban en la superficie del sur Atlántico pero que, por suerte, conseguimos que no dañaran las hélices, llegamos a la parte sur de Georgia del Sur, donde instalamos una sonda de conductividad, temperatura y profundidad (CTD) en una roseta de botellas Niskin, recipientes de recogida de muestras de agua. Se trataba de un marco redondo de andamiaje de titanio rodeado de grandes botellas de plástico de color gris oscuro, con tapas de cierre a presión en la parte superior e inferior que podían activarse para cerrarse a la profundidad requerida, por debajo del barco, para recoger muestras de agua. Los sensores también estaban montados en el armazón, y todo el conjunto podía bajarse por el costado del barco con un cable de acero. El CTD se desplegó para tratar de detectar señales del metano químico, que podría estar emanando de otro tipo de ecosistema quimiosintético, una filtración de hidrocarburos, situada cerca de la isla. En las filtraciones, los hidrocarburos, incluido el metano, se filtran desde el lecho marino y también son utilizados por las bacterias como fuente de energía. Así, pueden albergar ricas comunidades de animales, algunas de las cuales son similares a las que se encuentran alrededor de los respiraderos. Las pruebas de metano congelado, también conocido como hidrato de metano, una sustancia parecida al hielo que arde si se prende, habían sido recogidas varios años antes por otra expedición de investigación. El CTD regresó con muestras de agua que se repartieron entre los químicos para analizar las concentraciones de metano y a mí para filtrarlas en busca de bacterias. Este último fue un proceso muy largo y tedioso de pasar el agua por pequeños filtros que retenían partículas de hasta 0,2 micrómetros, lo suficientemente pequeñas para capturar las bacterias más diminutas. A continuación, los filtros se congelaban a -80°C para ser transportados de vuelta a la Prospección Antártica Británica, donde un colega secuenciaría su ADN para que pudiéramos identificar qué bacterias estaban presentes. Era el primer paso para identificar la similitud, o la diferencia, entre la biodiversidad de las filtraciones y respiraderos del océano Austral y la de otras partes del mundo.

Seguimos navegando hacia el sur, ansiosos por llegar a la dorsal del Scotia oriental, un escarpado accidente submarino que se extiende de norte a sur en el mar de Scotia, justo al oeste de las islas Sandwich del Sur. Fue aquí, unos años antes, donde se habían detectado en muestras de agua las señales químicas del manganeso, que indicaba la existencia de fuentes hidrotermales.

Al llegar, volvimos a desplegar el CTD. Paul, Rob, el científico jefe de la expedición, los demás científicos y yo nos agrupamos en torno a los monitores de ordenador que mostraban las trazas de los sensores. Estas aparecían como líneas de colores brillantes que se arrastraban por los gráficos sobre un fondo oscuro. Doug Connolly, un químico larguirucho y lleno de energía, estaba en una silla frente al monitor. La química de los respiraderos hidrotermales era su especialidad. A los dos mil metros de profundidad, las lecturas del transmisómetro —un sensor acoplado al CTD para detectar las partículas de los respiraderos hidrotermales— y del ESS —otro sensor que medía la oxidación de las sustancias químicas del agua de mar— empezaron a aumentar. Doug señaló con entusiasmo que era exactamente lo que podríamos esperar ver sobre una fumarola. Cerca del lecho marino, los instrumentos se volvieron locos y Paul pidió ansiosamente que se detuviera el cabrestante. Empezamos a arrastrar el conjunto de vuelta por la preocupación de que pudiera haber golpeado las rocas del fondo. Cuando las muestras llegaron de nuevo a bordo, comencé la ardua tarea de filtrar de nuevo el agua de mar, mientras la tripulación se preparaba para lanzar el BRIDGET (British Mid-Ocean Ridge Initiative Towed Instrument, 'Instrumento a Remolque de la Iniciativa Británica de la Cresta Mesoceánica'), un conjunto de sensores para detectar las fugas de aire, remolcado detrás del barco. Para cuando salí, Paul y los demás se reunieron de nuevo en torno a la pantalla del ordenador. Podía sentir el zumbido de la emoción en el aire. Un rápido vistazo mostró que los trazos de color de la temperatura y el transmisómetro estaban aumentando de forma errática a medida que el BRIDGET pasaba por el fondo del mar.

Paul rompió el silencio de la concentración: «Estamos pasando por escapes de aire que surgen del lecho marino, estoy seguro». Doug respondió: «Son penachos. Están moviéndose un poco, probablemente con la marea, pero definitivamente están ahí». Tenía una sonrisa incontrolable. Tardé unos minutos en asimilar la información y sus implicaciones antes de sentir que esa excitación contagiosa subía por mi pecho. Esto significaba que habíamos confirmado que la dorsal del Scotia albergaba respiraderos hidrotermales. Esto era increíblemente importante, ya que necesitábamos encontrar la ubicación de los respiraderos para justificar la contratación de una segunda expedición para el estudio y la toma de muestras mediante un vehículo operado a distancia (ROV por sus siglas en inglés), un robot que podía desplegarse desde el barco para tomar muestras del lecho marino. Paul y yo dejamos la sala de ordenadores y terminamos el día con un tranquilo *gintonic* en el bar para celebrar mi cumpleaños, que era lo mejor que podía hacer estando tan lejos como estaba de Candida y mis dos hijas.

De la noche a la mañana, se rastrearon más plumas térmicas. Se trata de penachos de humo de chimeneas que se elevan hacia el cielo, pero en realidad están formados de partículas de sulfuro metálico y otras sustancias químicas que se elevan desde los respiraderos hidrotermales calientes del fondo marino, que se encuentra a 2500 metros por debajo de nosotros. El BRID-GET volaba a través de estos penachos, captando los cambios en las concentraciones de partículas y sustancias químicas en el agua de mar. El problema era que, como las corrientes cambiaban con la marea, los penachos también cambiaban de dirección de forma imprevisible, lo que dificultaba la localización de los respiraderos. Era como buscar la proverbial aguja en un pajar. Los respiraderos suelen ser relativamente pequeños, de unos pocos cientos de metros cuadrados, y la cresta y el océano más amplio, inmensos. Como sabe cualquier buceador que haya intentado buscar algo caído en el fondo del mar, es extremadamente difícil encontrar un objeto bajo el agua cuando la visibilidad es limitada, incluso si se tiene una idea aproximada de dónde está. El fondo marino puede estar inclinado o interrumpido por barrancos, o cubierto de rocas engalanadas con vida marina. Este era el mismo problema, solo que estábamos tratando de encontrar los respiraderos colgando un sensor a 2500 metros de profundidad sobre el costado de un barco de menos de cien metros de largo. Me senté frente a los monitores del ordenador para registrar la posición del BRIDGET mientras lo arrastrábamos hacia arriba y hacia abajo a través del agua, entre 2200 y 2500 metros de profundidad.

Por la tarde, al acercarnos a una profunda depresión del océano Austral, el tiempo empezó a empeorar. El aumento de la altura de las olas obligó a recuperar el BRIDGET, pero cuando lo subimos a cubierta descubrimos que el cable tenía una pata de gato —una torcedura, en lenguaje no marino—, probablemente causada por el giro del instrumento al ser remolcado detrás del barco. El cable estaba deshilachado y había que cortarlo y reengancharlo, un trabajo difícil que implicaba volver a conectar toda la electrónica del BRIDGET con el núcleo de cables dentro de la funda del cable blindado. Se logró un descenso del CTD antes de que el estado del mar fuera demasiado malo para seguir trabajando, y tuve que filtrar las muestras de agua sujetando el aparato para evitar que el movimiento del barco tirara la cristalería al suelo del laboratorio. Hacer cualquier cosa en estas condiciones es físicamente agotador, ya que hay que bracear sin parar, de un modo u otro, mientras el barco se mueve por las olas. Muchas veces agradecí mi inmunidad al mareo por haber pasado mi infancia en el maloliente barco de mi abuelo.

Las tormentas del océano Antártico son notorias. El viento y las olas recorren el continente de oeste a este sin que haya tierra que los bloquee. El alcance es ilimitado y una depresión puede construir mares montañosos con enormes olas llamadas «barbas grises» o «ruedas del cabo de Hornos», legendarias entre los marineros de antaño. Frank Worsley, el capitán del *Endurance* durante la expedición de 1914-1916 dirigida por Ernest Shackleton (en la que el barco fue aplastado por el hielo), describió la capacidad de estas enormes olas para destrozar los barcos «como si fueran cáscaras de huevo». Incluso en los tiempos modernos, el océano Antártico representa un formidable obstáculo para la navegación. En la Vendée Globe de 1996-1997, una regata de vuelta al mundo en solitario, tres de los barcos de 60 pies volcaron y naufragaron a causa de las feroces tormentas del océano Austral. Derek Lundy, en su libro *Godforsaken Sea ('El mar dejado de la mano de Dios'),* describe cómo algunas de las olas que se abatieron sobre estos yates eran tan altas como edificios de ocho pisos. Un marinero canadiense, Gerry Roufs, desapareció durante una de esas tormentas al sur del punto Nemo, la posición del océano más alejada de cualquier tierra, a 2688 kilómetros de la costa más cercana. Nunca se lo volvió a ver, aunque su yate fue arrastrado a la costa de Chile seis meses después.

Yo ya había experimentado tormentas antes. Había estado atrapado en la desembocadura del canal de la Mancha durante varios días en el RRS *Discovery* con vientos huracanados, y había salido de las Azores directo a los dientes de la cola de un huracán en el RRS *Charles Darwin.* Sin embargo, nunca había visto mares tan amplios. Sentí una sensación de asombro ante el poder de esas olas gigantescas y una sensación de impotencia. Hubo un fuerte balanceo y luego se sintió un temblor en la cubierta bajo mis pies, que era un movimiento preocupantemente antinatural para el barco. Finalmente, el barco se inclinó y se sentó con la proa hacia el viento para capear el temporal.

A medida que la tormenta arreciaba, el barco cabeceaba, se movía y tambaleaba durante la noche. A las cuatro de la madrugada, tuve que agarrarme a los bordes de mi litera para no salir despedido, ya que el movimiento del barco era muy violento. Por primera vez en mi vida, sentí un poco de temor ante la ferocidad del mar y la protección que ofrecía la delgada envoltura de acero del barco. Mientras estaba tumbado, todo tipo de pensamientos extraños nublaron mi agotada mente. ¿Qué haría si el barco naufragaba? ¿Vestirme con ropa de abrigo, coger el chocolate que tenía guardado en el cajón, ponerme el traje de supervivencia? Seguramente, si ocurriera algo, sería tan rápido que no tendría ninguna posibilidad de escapar de mi camarote, recorrer los pasillos y subir las escaleras hasta la estación de botes salvavidas. Cuando el barco volvió a balancearse con más violencia que antes, mi estómago dio un vuelco. Es una sensación incómoda cuando un entorno familiar se vuelve inseguro de repente.

Afortunadamente, varias horas después las olas parecían calmarse, y me levanté y subí con dificultad al puente para averiguar qué estaba pasando. La tormenta nos había alejado sesenta millas de la dorsal del Scotia, donde estábamos trabajando. Se pidió por la megafonía del barco que aguantáramos, porque teníamos que dar la vuelta para volver a nuestra posición anterior. El capitán esperó a que el mar estuviese razonablemente liso para hacer girar el barco sin problema, y nos dirigimos hacia donde se habían detectado las fugas de aire.

Por la tarde volvíamos a estar donde teníamos que estar y el BRIDGET se lanzó al agua, pero, fuera, el tiempo se estaba deteriorando de nuevo, y la frustración y el cansancio empezaban a notarse en el equipo. Ya habíamos perdido gran parte del día volviendo sobre nuestros pasos y tratando de resolver problemas con la maquinaria, y lo último que necesitábamos era otra tormenta que nos retrasara aún más. Mucha gente se retiró a dormir después de la paliza de la noche anterior. Esto nos dejó a Paul, Rob y a mí charlando en el laboratorio principal de control informático hasta la medianoche. Estábamos discutiendo los planes para los próximos días cuando, de repente, se oyó un chirrido de metal desgarrado y toda la sala empezó a temblar bajo nuestros pies. Inmediatamente después, todas las alarmas de la cabina de control del cabrestante, situada junto a la sala de control del ordenador, se dispararon. Dejé de respirar y me quedé mirando a Paul, que también se había quedado congelado a mitad de la frase. «Eso parece un cabrestante roto», dijo, y la gravedad de su voz rompió el hechizo que había provocado la convulsión. El ingeniero de cubierta que controlaba el cabrestante gritó: «No tengo ni idea de lo que ha pasado. El cabrestante se ha parado».

La tensión en su voz era evidente. No quería que nadie pensara que él era el causante de lo que le estaba pasando a la nave.

Miramos en derredor: las luces parpadeaban por todos los paneles de control. Algunos miembros de la tripulación aparecieron diciendo que habían oído un fuerte golpe en algún lugar de abajo, probablemente en la sala del cabrestante. Fuera, en la oscuridad, había empezado a nevar mucho. Era una escena deprimente. Se supo que los cojinetes del tambor principal del cabrestante se habían roto. Este contenía unos siete mil metros de cable, de los cuales dos mil colgaban de la parte trasera del barco con el BRIDGET colgando en el otro extremo. Nuestra preocupación por el impacto en el trabajo que estábamos realizando se transformó en preocupación por la seguridad del barco. Sabíamos que si el tiempo seguía empeorando, no habría más remedio que pinzar el cable y cortarlo, dejando caer a BRIDGET y dos kilómetros de cable de acero al fondo del mar. Fue un gran golpe. Con el tiempo empeorando y el

BRIDGET aún en el agua, la situación era grave. Ansiosos y cansados, acordamos que lo único que podíamos hacer era intentar descansar, aunque estoy seguro de que ninguno de nosotros pegó ojo esa noche. Ya nos habíamos enfrentado a varios obstáculos en esta misión, como el enredo de unos aparejos de pesca perdidos en la superficie del océano y el mal tiempo, y afortunadamente los habíamos superado. Este, sin embargo, parecía fatal para nuestra búsqueda. Tal vez nuestra suerte se había agotado finalmente. Sólo la mañana revelaría nuestro destino, así que pasamos otra noche de sueño intranquilo.

Al amanecer nos reunimos todos alrededor de los monitores de vídeo que mostraban el cabrestante principal, rodeados de ingenieros con trajes blancos de caldera que se asomaban con antorchas y herramientas. BRIDGET seguía colgado de dos kilómetros de cable. Sin embargo, cuando terminó el desayuno, ya habían empezado a enrollar el cable. Todos contuvimos la respiración, rezando en silencio para recuperar a BRIDGET sano y salvo a bordo. El cable fue entrando, primero unos pocos metros y luego más rápidamente. Sólo una vez que lo tuvimos de vuelta a bordo pudimos dar un suspiro colectivo de alivio. El barco estaba a salvo y habíamos recuperado el equipo que tan fácilmente podía haberse perdido. Sin embargo, aún no estábamos fuera de peligro. El cabrestante principal y BRIDGET estarían fuera de servicio para lo que quedaba de la expedición.

Una frase clave para la ciencia en el mar es «adaptarse y sobrevivir». Cuando asumimos la nueva realidad de nuestra situación, un debate en la sala de ordenadores nos llevó a decidir que nuestra única opción era el remolque al estilo yoyó. Esto implicaba sumergir el CTD y la roseta de muestreo de agua hacia arriba y hacia abajo, en la columna de agua, mientras el barco avanzaba muy lentamente, de modo que pudiéramos detectar los escapes de aire en el fondo por los cambios en la temperatura del agua y las concentraciones de partículas. Doug nos explicó con entusiasmo que ya había hecho esto antes y que deberíamos ser capaces de encontrar los respiraderos. La roseta de muestreo del CTD, que se había desplegado en el costado del barco, seguía siendo operativa, ya que funcionaba con un sistema de cabrestante independiente del BRIDGET. Se cambiaron varios sensores de BRIDGET a este sistema y comenzamos el arduo proceso de sumergir el CTD arriba y abajo para encontrar las fugas.

Al día siguiente desplegamos nuestro sistema de cámaras remolcadas, SHRIMP (Seafloor High-Resolution Imaging Platform, 'Plataforma de Imágenes en Alta Resolución del Lecho Marino'), en la zona en la que habíamos detectado los respiraderos, después de fijar el cabrestante de este sistema que estaba en la cubierta del barco. La caja de control se había llenado de agua durante la tormenta, por lo que era necesario vaciarla y secarla. Dejamos caer el SHRIMP por el costado del barco y nos reunimos en el interior, alrededor de los monitores de televisión, para ver lo que había debajo de nosotros. Yo estaba emocionado. Esta sería la primera vista que tendríamos del fondo marino real de la dorsal del Scotia. Hasta entonces, nos habíamos limitado a recoger muestras de agua o a observar las lecturas de los instrumentos. Había mucha nieve marina en el agua, grumos de detritus orgánicos esponjosos formados por células muertas de algas, animales planctónicos, materia fecal y otros restos de la superficie del océano, que se hundían hacia el fondo. Esto era el alimento de las profundidades marinas. A 1500 metros, vimos algunos calamares de gran tamaño en los monitores, y, al acercarnos al fondo marino, vimos varias medusas abisales muy hermosas, una de ellas con forma de tambor aplanado, de un aterciopelado color rojo púrpura intenso. Entonces apareció el fondo. Estaba cubierto de lavas almohadilladas. Las formas eran asombrosas, muchas de ellas se habían congelado al ser exprimidas del fondo marino y entrar en contacto con el agua helada. El resultado era que la superficie endurecida se había agrietado y exfoliado, y su piel se desmoronaba. La lava solidificada yacía por todas partes, a veces con el aspecto de montones de enormes cuerdas estriadas, manos o incluso cráneos. Era un paisaje sacado de la película *Alien*, cuando la tripulación de la *Nostromo* aterriza en un mundo inexplorado para encontrar una nave espacial alienígena.

Aquí y allá había corales blandos; muchos eran colonias bastante simples con forma de látigo, mientras que otros parecían árboles de Navidad planos. Uno de ellos era de un llamativo color púrpura intenso. De vez en cuando aparecían peces granaderos, típicos habitantes del fondo marino con una gran cabeza y una cola delgada. También había lirios de mar, parientes de los antiguos crinoideos, que crecían en las rocas. En los sedimentos o en la lava petrificada aparecían, de vez en cuando, pequeñas estrellas blancas y quebradizas. También había grandes estrellas de mar rojas y espinosas con los brazos extendidos para atrapar partículas de alimento. Se trataba de la fauna normal de los fondos marinos rocosos de las profundidades del océano Austral. Empezamos a buscar respiraderos. Primero rastreamos la zona donde habíamos percibido las señales de una fuga de ventilación más fuertes, pero no encontraron nada que se pareciera ni remotamente a una chimenea. Por norma general, hay una zona alrededor de los respiraderos hidrotermales en la que la fauna es densa debido a las mayores concentraciones de bacterias y alimentos orgánicos. No encontramos ese halo de vida, ni sedimentos hidrotermales, ni chimeneas. La falta de actividad hidrotermal me resultó inquietante. ¿Habíamos detectado realmente esos escapes con BRIDGET y el remolque, o se trataba de otra cosa? Al final llegó la noche y recuperamos el SHRIMP antes de que oscureciera. Doug estaba desconcertado. Los respiraderos deberían haber estado en este lugar. Decidió pasar la noche buscando más fugas de aire remolcando con el CTD.

Por la mañana, se habían detectado algunas buenas señales de escapes y se habían recuperado las botellas de muestreo de agua. Pasamos el SHRIMP por la línea de cresta y luego más allá, cruzando varias fracturas anchas y profundas en la roca.

Paul y yo estábamos con el resto del equipo alrededor de los monitores de la sala de ordenadores, con los ojos pegados a la pantalla. Justo antes de llegar a la posición para girar me di cuenta de que, de repente, había una gran densidad de corales blandos de color púrpura y un montón de pequeños animales blancos, posiblemente lapas, estas últimas en la superficie del sedimento. Empezamos a hacer el giro cuando uno de los otros científicos de Southampton dijo: «¿Lo que hay debajo de la roca son bacterias?».

Miré más de cerca y, efectivamente, había una fina capa aterciopelada de color blanco violáceo bajo las rocas, visible en la cámara oblicua situada en la parte delantera de SHRIMP. Luego empezamos a ver anémonas, un habitante típico de los respiraderos del Atlántico. Luego, unas extrañas langostas aplanadas de color amarillo y blanco. Debíamos estar en lo cierto: las langostas no se dan en las aguas antárticas, ¡son demasiado frías!

Sentí que el corazón me martilleaba en el pecho cuando el ambiente cambió a uno de excitación. Los sedimentos que rodeaban el lugar eran negros. Encontramos unas cuantas chimeneas pequeñas, al menos una con un fluido hidrotermal difuso que salía de ella. Habíamos encontrado un yacimiento, pero ¿dónde estaban las chimeneas de alta temperatura? Sabíamos que tenían que estar ahí por las señales de los sensores de la roseta de muestreo de agua. Fruncí el ceño mientras miraba la pantalla, como si mis ojos pudieran hacer que las fumarolas negras existieran. Sabía que estaban allí, solo había que encontrarlos.

Volvimos a la deriva sobre las lavas almohadilladas de la zona de respiraderos hidrotermales. También había monitores en el puente para que todos los miembros de la nave pudieran ver exactamente lo que estábamos viendo. Todos los científicos y parte de la tripulación se habían reunido en torno a los monitores, ansiosos por ver qué ocurriría a continuación. El suspense de estar tan cerca de localizar lo que nos habíamos propuesto encontrar, pero sin llegar todavía, era casi insoportable. Pasamos por encima de un gran abismo, probablemente una fisura, y luego volvimos al campo de ventilación. Había alfombras de bacterias por todas partes, en las piedras y el sedimento negro. Volvimos a la deriva a otra parte del sitio y vimos una chimenea increíble, como un gran hongo cubierto de cristal blanco nacarado. Se ajustó de forma todavía más precisa la posición del barco y contuvimos la respiración. Estábamos muy cerca, podía sentirlo.

Cuando la cámara se colocó en su sitio, los segundos parecieron años. Todo el mundo estaba en vilo. Y entonces, sin más, una visión maravillosa llenó las pantallas y nuestros ojos. Nos encontramos de repente en un campo de increíbles chimeneas hidrotermales de entre diez y veinte metros de altura, la mayoría cubiertas de cristal blanco. Parecía de otro mundo. Era como si una mano feérica hubiera creado un jardín de delicadas columnas cristalinas con un diseño que escapaba a la comprensión humana. James, el ingeniero a cargo del SHRIMP, maniobró cuidadosamente el vehículo a través de las columnas. Vimos grupos de langostas aplastadas, apiñadas en grietas y hendiduras de la roca alrededor de las chimeneas, así como cientos de anémonas. Parecía haber una combinación de animales que no se había visto en ningún otro lugar. Tras un momento de asombroso silencio, salpicado de suaves jadeos, la sala estalló en una animada charla y en especulaciones sobre lo que las cámaras estaban revelando. Entonces, finalmente, mientras James dirigía el SHRIMP entre las chimeneas, compensando el oleaje que movía el barco arriba y abajo, una chimenea apareció bombeando grandes nubes de humo negro desde dos fumarolas en la parte superior.

—¡Sí! —grité, y me uní al frenesí de sacudidas de manos y palmadas en la espalda. Esto era lo que habíamos venido a buscar a la Antártida. Nadie más había visto una fumarola hidrotermal de alta temperatura en el océano Austral. Hacía diez años que se sabía que había penachos hidrotermales que emanaban de la dorsal del Scotia, pero nadie había intentado encontrarlos. Fuimos los primeros en ver algo así, y me emocioné. Más gente se unió a nosotros, y el barco se convirtió en un alboroto de gente gritando y saltando. Era la guinda del pastel: habíamos vencido al desastre, a las tormentas y a la maquinaria rota —todo lo que el océano Antártico podía poner en nuestra contra— para descubrir por fin sus secretos. Se trataba de la clave para entender cómo se distribuía la vida en las fuentes hidrotermales a nivel mundial y, tal vez, cómo, en escalas de tiempo de millones de años, los animales se dispersaban de una parte a otra del océano profundo. Sin embargo, los primeros atisbos de la fauna de los respiraderos de la dorsal del Scotia plantearon más preguntas que respuestas. No esperábamos ver animales como las langostas ahí. No existen en las fuentes hidrotermales del Atlántico, y los animales que esperábamos ver, como los camarones de las fumarolas y los mejillones, estaban completamente ausentes. Fue como encontrar la última pieza de un rompecabezas, pero, al colocarla en su sitio, descubrir que el resto del cuadro estaba equivocado.

Después de aplaudir mucho a James y a la tripulación del barco, contemplamos nuestras fumarolas un rato más hasta que Paul rompió el hechizo diciéndonos que teníamos que seguir adelante.

—No queremos dañar las chimeneas con SHRIMP, volveremos con *Isis*.

Todos estuvimos de acuerdo y, a regañadientes, apartamos los ojos de las fuentes hidrotermales que nos tenían fascinados. Estaban hechas de frágiles sulfuros metálicos y, si no teníamos cuidado, el SHRIMP podría actuar como una bola de demolición para esas delicadas estructuras. *Isis* era el vehículo operado por control remoto del Reino Unido, un robot de aguas profundas atado al barco que podía sumergirse hasta 6500 metros, recoger muestras y examinar los respiraderos con cámaras de alta definición. Podía maniobrar con gran precisión en todas las direcciones utilizando propulsores, por lo que era la herramienta adecuada para explorar los respiraderos en detalle y recoger algunos de los animales que habíamos vislumbrado tan tímidamente. Sin embargo, aún no habíamos terminado. Teníamos que encontrar un respiradero más en la parte sur de la dorsal para que nuestro segundo y tercer crucero, previstos para estudiar y tomar muestras de estos nuevos ecosistemas, estuvieran asegurados.

Al día siguiente nos pusimos en marcha para lograr este propósito, y llegamos a la zona de nuestra siguiente región que habíamos marcado como objetivo, donde se habían detectado signos hidrotermales en una expedición en el año 2000. Había un enorme cráter de colapso en la cresta, un sorprendente agujero de casi dos kilómetros de diámetro y cientos de metros de profundidad que se formó cuando una cámara de lava se vació y el techo se derrumbó. Se trataba de naturaleza a gran escala. Las fracturas lineales se extendían hacia el norte en la misma dirección que la cresta. Comenzamos la tarea de buscar respiraderos de nuevo mediante el remolque y enseguida captamos fuertes señales de fugas hidrotermales. Sin embargo, el entusiasmo pronto dio paso a la frustración y la preocupación: las fugas se movían, de nuevo, con la corriente, lo que dificultaba enormemente la localización de su origen en el fondo marino. Las horas se convirtieron en días observando interminables remolques con los muestreadores y sensores de agua. El tiempo era imprevisible, y a menudo agitado, lo que aumentaba el agotamiento a medida que se perdía más y más sueño.

Al cabo de dos días, dejaron caer el SHRIMP sobre la cresta. El fondo marino era principalmente de limo y arena vidriosa, con intrusiones de lava vidriosa. El cristal brillaba con las luces del SHRIMP y vimos muchos animales, como pepinos de mar de color morado pálido, numerosas ofiuras blancas, estrellas de mar brisíngidas de color rojo y blanco, crinoideos ramificados de color amarillo brillante, algún octocoral, y anémonas de color rosa púrpura con tentáculos de serpiente. Los crinoideos pedunculados —lirios de mar— eran especialmente fascinantes, ya que había visto fósiles de estos parientes de los erizos de mar en las losas de piedra caliza de la costa de Sligo, en rocas de trescientos cincuenta millones de años. Se habían extinguido en aguas poco profundas con el paso del tiempo, pero aquí estaban en las profundidades del mar, con un tallo amarillo brillante que terminaba en una «floración» de ramas que irradiaban desde la boca, como los delicados pétalos de una flor exótica. Los animales se alimentaban de partículas de detritus orgánicos que pasaban a la deriva. La fauna antártica se asemeja en muchos aspectos a la de los mares antiguos, ya que, en general, carece de depredadores que rompan caparazones, como las langostas y los cangrejos, lo que permite que prosperen comunidades de animales que se alimentan de partículas, como los crinoideos, las esponjas, los corales y las ofiuras. También había algún que otro pez granadero revoloteando sobre el fondo marino, con el hocico apuntando hacia abajo; los carroñeros de las profundidades. Buscamos por los alrededores y acabamos encontrando el borde del cráter, que yo había apodado «la caldera del diablo», por su parecido con una cueva marina de Sligo con el techo derrumbado, cercana a la casa de mi tía abuela. Había un acantilado escarpado que caía entre doscientos y trescientos metros, compuesto por escombros y pequeños bloques de basalto y vidrio, todos recubiertos de un polvo de un depósito amarillo brillante, algunos con bordes blanquecinos. Debajo de los bloques había un brillo púrpura que se parecía mucho a los tapetes bacterianos que habíamos visto en los respiraderos anteriores. Las bacterias tenían que estar consumiendo alguna forma de energía química, así que tal vez toda la cara del acantilado estaba filtrando sulfuro de hidrógeno. Sin embargo, los respiraderos eran esquivos. Los icebergs se sumaron a las dificultades, paseando a la deriva, algunos salpicados de pingüinos, obligando al barco a cambiar de dirección en poco tiempo.

Me quedé dormido varias veces mirando los monitores y registrando el progreso de los remolques. Había llegado al punto de agotamiento en el que era posible encontrarse de repente soñando de pie; la realidad se difuminaba con alucinaciones surrealistas. A mi estado de agotamiento se sumaba la preocupación por mi hija Freya, ahora en casa en Cambridgeshire. La última vez que había podido llamar a casa, Candida me había dicho que debía llevarla al hospital para una radiografía importante y una revisión de su recuperación de una operación de desplazamiento de cadera. Estaba desesperado por saber cómo estaba, ya que era el momento en que el cirujano vería si era necesaria alguna otra operación. La anterior había sido dura, y el dolor de aquellos meses seguía conmigo. Los ojos me ardían por la falta de sueño, y la piel de la cara me dolía y la sentía floja y áspera. Entonces, tras seis días buscando las fumarolas, una previsión meteorológica nefasta nos obligó a abandonar el lugar, y nos dirigimos a toda máquina hacia las islas Sandwich del Sur en busca de refugio.

Al día siguiente, el barco se movía con tanta fuerza que me mareaba. El desvío significó, sin embargo, que finalmente pude recibir noticias de casa. Freya se estaba curando bien. No era necesaria ninguna otra operación, solo vigilar su evolución en los próximos años. Casi lloré de alivio al oír la noticia, y salí de mi cabaña sintiéndome agradecido y animado. Tomé una copa de vino tinto para celebrarlo en la cena, con Paul, que sabía por lo que habíamos pasado en el último año y medio. Todo iba bien en casa y podía volver a centrarme en lo que habíamos ido a hacer con el corazón más ligero. Ahora solo necesitábamos que el tiempo se despejara para reanudar nuestra búsqueda de los respiraderos hidrotermales en el segundo emplazamiento de la cresta del Scotia.

A la vuelta de nuestro desvío llegamos al monte submarino Kemp, una montaña bajo el agua formada por un volcán frente a las islas principales de Sandwich del Sur y, tras tomar muestras de agua, dejamos caer el SHRIMP sobre lo que parecía un pequeño cono volcánico en el monte. Estaba cubierto de pequeñas ofiuras blancas que se tocaban de punta a punta de sus brazos, un espectáculo de otro mundo. También había grandes estrellas quebradizas de color púrpura pálido y gigantescas anémonas de mar amarillas, así como grandes estrellas de sol negras, estrellas de mar depredadoras de color amarillo y naranja (al menos dos especies), y otros animales, todos ellos viviendo entre sí como una gran comunidad tecnicolor. Estábamos pegados a los monitores. Poco después de iniciar la línea de prospección, vi medusas moradas atrapadas en el fondo marino y, lo que es más emocionante, parecía que varias habían sido atrapadas por las anémonas. Los artículos científicos sugieren que las redes alimentarias de los montes submarinos podrían basarse en la captura de animales que viven en las aguas por encima del monte submarino. A medida que avanzaba la inmersión, vimos más y más de las desafortunadas medusas, algunas con aspecto de estar bastante muertas, otras todavía palpitantes, en la parte superior del lecho marino.

Pasamos por zonas en las que había marcas de arado en el lecho debido a los icebergs encallados, y por otras en las que se habían producido deslizamientos de sedimentos. Aquí y allá se veían corales látigo, algunos temblando en las vigorosas corrientes que barren el monte submarino. A medida que avanzábamos por una senda entre dos picos, nos encontramos con una zona en la que las anémonas gigantes eran particularmente abundantes, y, aquí, varias estaban en proceso de comer medusas. Un espécimen bastante gordo estaba cerrado, claramente habiendo ingerido la medusa entera. Era fantástico. Era la prueba de que la fauna de los montes submarinos podía alimentarse de los animales que pasaban por la columna de agua, así que la hipótesis del acoplamiento de los dos sistemas era correcta en este caso. Todos estábamos encantados, sobre todo después de un revés climático tan duro, de volver a hacer algunas observaciones científicas. Cuando pasamos por la cima y entramos en aguas más profundas, nos encontramos con densos lechos de braquiópodos de color amarillo brillante y luego, a medida que los animales se hacían menos abundantes, grandes y tupidas colonias de abanicos de mar amarillos, con ofiuras de un blanco brillante entre las ramas. Ya había escrito sobre los montes submarinos, identificándolos a menudo como focos biológicos, pero esta era la primera vez que veía lo ricos que podían ser estos hábitats.

Después de explorar más las islas Sandwich del Sur, Paul estaba ansioso por volver a encontrar el segundo emplazamiento de fuentes hidrotermales. El tiempo se agotaba, ya que solo quedaban dos o tres días para que tuviéramos que dirigirnos al norte, y necesitábamos encontrar la segunda fuente para garantizar nuestro regreso. Decidimos volver a la parte sur de la dorsal del Scotia, donde se habían detectado las escurridizas fugas. A las 5.40 de la mañana siguiente, el SHRIMP entró en el agua y, a la hora de comer, nos habíamos encontrado con varias fisuras. Habíamos encontrado una zona de escombros hidrotermales y sedimentos amarillo-anaranjados con varias chimeneas extinguidas. El barco estaba electrizado por la emoción de lo que esto podía significar. Todo parecía indicar que encontraríamos lo que buscábamos, pero a medida que avanzábamos en la búsqueda, seguíamos con las manos vacías. El reloj corría: teníamos como fecha límite la medianoche antes de que tuviéramos que movernos más al norte para dar los primeros pasos hacia casa. Sin señales de una fumarola activa, los nervios se desvanecían y los ánimos caían en picado.

A medida que se acercaban las últimas horas, sólo quedábamos unos pocos frente a los monitores, ya que el resto había sucumbido al agotamiento. En ese momento era todo o nada, así que sugerí que trazáramos una línea hacia el sur-sureste, a través de una zona de chimeneas inactivas y extintas, y luego hacia el cráter, pero entre los dos sistemas de fisuras. Aumentamos la velocidad del barco a 0,4 nudos (unos 0,7 km/h) para cubrir más terreno con el sistema de cámaras remolcadas.

Como era de esperar, pasamos por encima de la zona de fumarolas extintas, pero entonces dimos con una zona de rocas con un grupo de estrellas de mar de siete brazos, animales que ninguno de nosotros reconoció como parte de la fauna habitual de las profundidades antárticas.

«Creo que estamos en zona de campo lejano», gritó de repente John Copley, uno de los científicos de Southampton.

Miramos atentamente la pantalla de vídeo. Pasaron rocas negras, empolvadas en amarillo brillante, y de repente nos sumergimos en una explosión de vida desenfrenada. Estaba tan aturdido por lo que estaba viendo que mi mente se esforzaba por asimilarlo todo. Habíamos estado a punto de perder toda esperanza de alcanzar nuestro objetivo, y ahora no solo habíamos encontrado lo que buscábamos, sino que estábamos viendo uno de los paisajes más increíbles que se puedan imaginar. Parecía un fantástico jardín creado por los elfos de *El Señor de los Anillos*, de J. R. R. Tolkien, o quizá el bosque de la superproducción en 3D *Avatar*, de James Cameron. Había grupos de grandes anémonas, algunas de color rojo rosado intenso con columnas blancas; animales con tallos que formaban racimos, algunos de color blanco grisáceo, otros amarillos; nos dimos cuenta de que eran percebes; y grupos de las langostas achaparradas que conocíamos del norte, pero en mayor número. El agua caliente se arremolinaba en torno a algunas de las agrupaciones de estos crustáceos, sin mezclarse con la más fría que rodeaba el respiradero, creando un efecto brillante casi gelatinoso en el agua. Había criaturas más pequeñas en el interior de las grietas: grandes y densos grupos de caracoles de color gris oscuro. La sala se convirtió en un pandemonio a medida que aparecía más y más vida marina de vivos colores en la pantalla. El flujo de fluido de los respiraderos procedía claramente de entre los estratos rocosos, lo que daba a todo un aspecto de parterres ordenados. Recorrimos el lugar varias veces y encontramos un fluido blanco, difuso y humeante que emanaba de grupos de percebes, y, en un momento dado, volutas de humo negro que emanaban de un gran grupo de langostas aplastadas. Habíamos encontrado nuestra segunda fuente, y era aún más mágico e hipnotizante que el primero.

Nunca olvidaré el júbilo que se extendió por todo el barco en aquella ocasión. En mi estado de agotamiento, mientras el *We are the champions* de Queen y el *Firestarter* de los Prodigy sonaban en un estéreo para celebrarlo, la euforia era embriagadora. Me puse de pie sobre la mesa del mapa, donde Paul se unió a mí sonriendo de oreja a oreja. En la mezcla de las muchas emociones que sentía en ese momento estaba el hecho de que estaba muy orgulloso de haber desempeñado un papel tan importante en la búsqueda de las fumarolas. Aunque ya habíamos visto brevemente la fuente en la parte norte de la dorsal del Scotia, este nos mostró claramente que lo que estábamos viendo era por completo diferente de lo que se había visto en los respiraderos de otras partes del mundo.

Ahora que estábamos aquí, viéndolo en toda su increíble gloria, quería tomar muestras del sitio de inmediato, y era muy frustrante que no pudiéramos. Sin embargo, sabíamos que el segundo y el tercer crucero ya estaban asegurados, y que volveríamos pronto con un ROV. Estaba intrigado por lo que habíamos visto, puesto que no era lo que esperábamos, y mi cabeza estaba llena de las posibilidades que nos habían dado las vistas desde SHRIMP. ¿Eran los respiraderos de la Antártida completamente diferentes de todos los demás lugares de los que se habían tomado muestras? ¿Acababa esto con nuestras ideas de que el océano Antártico es una autopista para la dispersión de animales a través de otros océanos? Mi mente zumbaba con las posibilidades mientras nos deleitábamos con las vistas que el SHRIMP nos ofrecía de nuestros recién descubiertos jardines submarinos. Fuimos al bar muy emocionados para celebrarlo con una copa y tratar de calmarnos. Paul señaló que habíamos pasado por alto el lugar en uno de los estudios anteriores de SHRIMP por menos de doscientos metros. Pero eso no importaba ahora, el trabajo estaba hecho. Volví a mi camarote y envié un correo electrónico a Candida con las noticias, antes de caer en mi litera; eran las 2.15 de la mañana, y me dormí antes de que mi cabeza tocara la almohada.

No creía que nada pudiera superar mi primera visión de los respiraderos hidrotermales de la parte sur de la dorsal del Scotia, pero tenía grandes esperanzas cuando me encontré de nuevo allí un año después con el equipo que necesitábamos para explorar más a fondo estas maravillosas obras de la naturaleza. Paul no podía estar en el barco, y me había pedido que fuera el líder científico del crucero de vuelta al Antártico, en el RRS *James Cook* equipado con *Isis*. Este robot de aguas profundas, o vehículo operado a distancia, tenía el tamaño de un gran todoterreno, con una espuma de flotación de color rojo y amarillo brillante sobre un armazón metálico repleto de instrumentos, y dos grandes garras de acero en la parte delantera junto con un conjunto de luces y cámaras. Parecía una especie de cangrejo mecánico gigante.

Era el día 20 del viaje, y esa mañana habíamos lanzado el *Isis*. El ambiente en la furgoneta de control de este vehículo de alta tecnología era de tensa expectación. La furgoneta, un gran contenedor de transporte, del tipo que se puede ver en un camión articulado, estaba oscurecida, y la mayor parte de la luz procedía de dos bancos de monitores dispuestos a lo largo de un lateral. La fila superior de cinco grandes monitores mostraba las vistas de las cámaras de *Isis*, que revelaban aguas de color azul oscuro iluminadas por las luces de alta potencia del ROV a más de 2300 metros de profundidad. Todas las miradas estaban puestas en la pantalla de uno de los monitores delanteros.

Las cámaras apuntaban en ese momento hacia abajo, ya que nos acercábamos al lecho marino. La fila inferior de monitores mostraba la posición del ROV en relación con el barco, el sonar del vehículo y otra información técnica, y controlaba las constantes vitales del *Isis*. Los rostros de los pilotos y técnicos del ROV, sentados frente a las pantallas, estaban iluminados por un blanco fantasmal, y las conversaciones en voz baja sobre la aproximación final del vehículo al lecho marino apenas se oían por encima de los sonidos de los ventiladores de refrigeración de los ordenadores y los bancos de equipos de grabación de vídeo, situados detrás y a su derecha. En esta expedición, en enero de 2010, *Isis* era nuestros ojos, oídos y manos en el lecho marino. Detrás de los técnicos del ROV había tres científicos, con los ojos pegados a los monitores, grabando observaciones en los ordenadores portátiles. Varios de nosotros nos apiñamos a su izquierda para ver por primera vez una de las fuentes hidrotermales de alta temperatura en las profundidades de la parte sur de la dorsal del Scotia. Estaba tenso por la expectación de lo que podríamos encontrar.

—Ahí está el lecho marino —dijo Doug.

Todos nos esforzamos por ver lo que la cámara revelaba. Algo se materializó lentamente desde la oscuridad en las luces de *Isis*. A mis ojos, parecía una pila de cráneos encajados entre el basalto gris y negro de la cresta. Las calaveras se convirtieron en millones y millones de cangrejos parecidos a langostas, cada uno del tamaño de un puño, todos de un color entre blanco muerto y amarillo pálido, que se disputaban el espacio. Pero no se trataba de langostas aplastadas. Eran cangrejos yeti. Todos los ocupantes de la furgoneta respiraron con fuerza y luego se rieron con ganas. Era un espectáculo asombroso, uno que la naturaleza había mantenido oculto a la humanidad hasta ese mismo momento. Nadie había visto nunca esta especie de cangrejo antes de la expedición, y menos aún en tan grandes números. Teníamos la sensación de estar aquí como exploradores, además de como científicos. Es fácil olvidar que solo hemos explorado una pequeña fracción de las profundidades del océano. ¿Qué otros tesoros podría esconder el abismo? Se oyeron parloteos y jadeos enloquecidos cuando las cámaras hicieron un barrido alrededor de la masa de cangrejos, que se amontonaban hasta siete ejemplares de profundidad. Nicolai Roterman, mi estudiante de doctorado, hablaba en voz baja en una grabadora para la BBC, describiendo las escenas de las nuevas fumarolas y la emoción de los científicos mientras se felicitaban por lo que era un descubrimiento impresionante.

Manejamos el ROV hasta una buena posición de observación. Los montones de cangrejos se agitaban y ondulaban a cámara lenta, probablemente perturbados por los propulsores de *Isis*. Un agua cálida y brillante surgía de debajo y alrededor de los animales, a través de la cual surgían pináculos de basalto brillante, aquí y allá, del mar de crustáceos. Los yetis tenían un caparazón blanco y liso que protegía la superficie dorsal, mientras que debajo aparecían tres pares de robustas patas articuladas entre una densa alfombra de finos pelos. También tenían un par de pinzas muy largas y robustas que se proyectaban hacia delante y estaban cubiertas de tubérculos redondeados y espinas, como guantes de boxeo marinos, que los cangrejos utilizaban para luchar por el espacio, golpeándose y agarrándose unos a otros en un intento de desalojar a sus oponentes de los lugares privilegiados del flujo de fluidos de la ventilación. También eran ciegos, ya que vivían en la oscuridad total, pero tenían dos pares de antenas peludas, una larga y otra corta, que presumiblemente utilizaban para «oler» y tantear el terreno, como las langostas que habíamos pescado en Irlanda.

Recibieron el nombre de cangrejos yeti por los densos pelos que cubrían la parte inferior de su cuerpo, dándoles un aspecto peludo. En aquel momento, solo se había visto otro cangrejo de este tipo en las chimeneas del Pacífico sur, y ese tenía pinzas peludas. Nuestro cangrejo yeti, con su vientre lleno de pelo, era una nueva especie, y Nicolai lo bautizó inmediatamente como «cangrejo Hoff», en honor al conocido actor de *Los vigilantes de la playa* David Hasselhoff, famoso por su pecho peludo. Tras el crucero, un corresponsal de la BBC recogió el apodo de «el Hoff» y un vídeo del mismo se hizo viral con los canales de noticias de todo el mundo anunciando el descubrimiento de los primeros animales de fuentes hidrotermales de aguas profundas del Antártico. David Hasselhoff incluso tuiteó sobre el nuevo cangrejo Hoff, presentándolo a sus fans, y terminó en *El libro Guinness de los récords* como el primer cangrejo yeti encontrado en la Antártida.

Además de los Hoffs, también había grandes caracoles de color azul negruzco y marrón con patas rojas, que vivían principalmente en las paredes verticales de las rocas, a veces colgando en cadenas. También había grupos de percebes entre los cangrejos o encima de las rocas. En las grietas y hendiduras se veían anémonas de mar blancas y rosadas de aspecto hinchado, así como pequeñas lapas de color verde pálido. El ROV volvió a despegar y aparecieron dos chimeneas hidrotermales, asentadas sobre una plataforma de basalto escarpado, abarrotada en su base de anémonas flácidas, más grupos de percebes y un surtido de caracoles y cangrejos. La primera chimenea era de una tonalidad oxidada y oscura, con un aspecto muy parecido al de una vieja y sucia tubería, con una dispersión de percebes en toda su longitud, probablemente de tres a cuatro metros de altura. La segunda chimenea, inmediatamente adyacente a la primera, era un poco más grande y de color blanco brillante, repleta de cangrejos Hoff y anémonas alrededor de la base, vertiendo nubes de lo que parecía un humo negro ondulante desde múltiples pináculos en la cima. En algunos lugares de la dorsal del Scotia comprobamos que la temperatura de este «humo negro» llegaba hasta los 386 °C. Hacia la cima de la chimenea, los cangrejos yeti más grandes, todos ellos machos y cubiertos por una estera gris de bacterias, trepaban y de vez en cuando luchaban entre sí; el vencedor desalojaba a su oponente y lo hacía caer al lecho marino, unos metros más abajo. Observé con fascinación cómo uno se acercaba demasiado al fluido de ventilación y, de repente, retrocedía sobre sus extremidades traseras para evitar quemarse.

En el barco examinamos los cangrejos yeti. Eran asombrosamente resistentes y, a pesar de haber sido acarreados a través de más de dos mil metros de agua, un cambio de presión de doscientas atmósferas, sobrevivieron en los acuarios durante varios días. Los grandes machos, envueltos en sus mantos de bacterias, parecían viejos druidas, apestaban a huevos podridos —el aroma característico del sulfuro de hidrógeno— y estaban cubiertos de mucosidad bacteriana. Las quemaduras en sus extremidades mostraban que a veces los cangrejos se acercaban demasiado al líquido de ventilación sobrecalentado. Las hembras de los cangrejos yeti solían vivir a poca distancia de las chimeneas hidrotermales, sobre todo si llevaban huevos. Sven Thatje, un alto científico alemán que trabaja en la Universidad de Southampton, aparecía de vez en cuando desde un acuario refrigerado en el que estaba trabajando para informarnos de sus últimas observaciones. Cada vez que hacía acto de presencia, no podía evitar la impresión de que se trataba de un joven doctor Frankenstein que venía a informarnos de su último y siniestro experimento («¡Está vivo!»), pero lo que descubría era sumamente interesante. Los cangrejos retenían sus huevos hasta que las larvas se desarrollaban y alcanzaban un estado muy avanzado, cuando eclosionaban y salían nadando. Esto sugería que las larvas no pasaban mucho tiempo en el agua antes de establecerse en una fumarola para crecer. Habíamos visto numerosos yetis en miniatura que se arrastraban entre los percebes incrustados alrededor de los respiraderos. Esto planteó la cuestión de cómo estos animales migraban de un respiradero a otro. Por supuesto, la respuesta era que las aguas circundantes del océano Antártico son extremadamente frías, lo que significa que, incluso si una larva fuera liberada en una etapa avanzada, podría sobrevivir en la Corriente Circumpolar Antártica durante mucho tiempo y viajar una larga distancia, ya que crecería muy lentamente.

La densidad de cangrejos Hoff alrededor de los respiraderos era asombrosa, pero era un testimonio de la alta productividad lograda por la quimiosíntesis bacteriana en fluidos ricos en sulfuro de hidrógeno. En realidad, los cangrejos Hoff cultivan bacterias del azufre en los pelos de la parte inferior de su cuerpo. Los cangrejos peinan las bacterias de estos pelos con sus pinzas y se las comen. Y, como vimos, algunos de los grandes y viscosos yetis macho encontrados en las chimeneas de los respiraderos estaban cubiertos de bacterias. La razón de tanta argamasa donde los fluidos de las chimeneas emanaban del fondo marino, especialmente en las zonas de flujo difuso, era que los cangrejos yeti trataban de encontrar las mejores condiciones para permitir el crecimiento de sus bacterias. Sin embargo, demasiado cerca de las fumarolas negras, donde el flujo es mucho más concentrado, las condiciones se vuelven demasiado duras para los cangrejos jóvenes y las hembras más pequeñas, por lo que solo los grandes machos «vigilantes de la playa», como los apodó Nicolai, pueden sobrevivir.

Sin embargo, los cangrejos Hoff pendían de un hilo. No se los veía fuera del entorno del respiradero, y los experimentos habían sugerido que los grandes crustáceos entraban en hibernación a temperaturas muy bajas debido a un fallo en la regulación de los iones de magnesio en los fluidos corporales. Esto explicaba por qué los cangrejos y las langostas, uno de los grupos dominantes de depredadores que rompen caparazones en otras partes del océano, estaban generalmente ausentes en el Antártico. Los cangrejos Hoff solo podían sobrevivir en los alrededores de las fumarolas, aunque sus larvas debían poder sobrevivir más allá para migrar a otros lugares con fuentes hidrotermales. Alrededor de las fumarolas, los cangrejos yeti eran presa de las grandes anémonas marinas y de los pulpos errantes, de color gris pálido y con siniestros ojos de un gris azulado. En torno a la periferia de las fumarolas había un anillo de estrellas de mar de siete brazos que también veíamos cazar a los cangrejos yeti que se alejaban demasiado de las aguas cálidas que emanaban del fondo marino. Las estrellas de mar envolvían completamente a los cangrejos yeti, formando una cúpula sobre ellos con sus brazos y, sin duda, digiriendo a sus víctimas por fuera. Nadie a bordo del barco podía dejar de estar fascinado por estos cangrejos peludos y ciegos que vivían en la oscuridad total de esos oasis de agua caliente que parecían islas, disputándose el mejor lugar alrededor de las fumarolas. Después del crucero, John Copley mandó hacer un traje de cangrejo yeti de tamaño humano para eventos educativos; no hace falta decir que los niños lo adoraron y los estudiantes se divirtieron mucho imitando al Hoff.

El ambiente en el barco durante las seis semanas que estuvimos en el mar, de enero a febrero de 2010, fue electrizante, como si estuviéramos en un partido de fútbol durante todo el tiempo, pues hacíamos un descubrimiento tras otro. Desde la dorsal del Scotia nos dirigimos a las islas Sandwich del Sur, donde en el anterior crucero antártico habíamos encontrado un nuevo volcán sumergido junto al monte submarino Kemp. El suelo del cráter tenía casi cinco kilómetros de ancho y estaba cubierto de lodo fino pastoreado por pepinos de mar, pero también tenía un pequeño subcono en el que todavía había actividad volcánica. Este minivolcán constituía el paisaje submarino más extraño que he visto nunca. Había complejos de chimeneas blancas, algunas formadas por azufre o carbonato, tan delicadas que parecían las agujas de los palacios del país de las hadas de las más descabelladas imaginaciones de los hermanos Grimm. Estos respiraderos recibieron nombres como «el Palacio de Invierno», «la Gran Muralla» y, mi favorito, «el Castillo Tóxico de Disney». Las fumarolas desprendían nubes blancas de fluido, un aspecto causado por temperaturas más bajas que las de los humos negros, generalmente de 200 °C o menos, lo que da lugar a una química muy diferente.

Sin embargo, este paisaje de ensueño era más bien un jardín prohibido. Alrededor de los conductos de ventilación y las grietas había montones de calamares muertos, camarones y otros seres vivos de las profundidades que eran devorados por un gran número de pequeñas arañas marinas. Aunque están emparentadas con las arañas terrestres, pertenecen a una clase diferente llamada *Pycnogonida*. Parecen arañas hechas con limpiapipas, con cuerpos cilíndricos y delgados, tan finos que sus órganos corporales asoman por la parte superior de sus patas en forma de palo. Estos animales suelen ser depredadores especializados de anémonas, esponjas y otros invertebrados marinos que viven en el lecho marino. En el cráter del respiradero hidrotermal habían asumido el papel de carroñeros. Las aguas que rodean los respiraderos son tan tóxicas que incluso vimos, a través de las cámaras del *Isis,* cómo un calamar nadaba en el campo de respiraderos e, inmediatamente, se paralizaba y se estrellaba en el fondo del mar como un avión que hubiera sido derribado. Más tarde, los químicos del crucero, dirigidos por Doug, descubrieron concentraciones muy elevadas de sulfuro de hidrógeno, fluoruro de hidrógeno y otras sustancias químicas tóxicas en los fluidos, que eran altamente ácidos. A pesar de ello, no solo las arañas de mar se las arreglaban para vivir en este entorno, sino también las lapas que se arrastraban sobre la roca hecha de azufre y las anémonas que ya conocíamos de la dorsal del Scotia. En otros lugares encontramos grandes almejas entre campos de rocas rotas de basalto, y también viviendo en la ceniza y la arena, visibles por sus sifones en forma de tubería utilizados para extraer e introducir agua en los animales enterrados, permitiéndoles «respirar».

Sin embargo, uno de los incidentes más memorables para mí sucedió cuando *Isis* subía por una pendiente en el flanco del volcán. Estaba cubierto de un material verde claro, suave, casi gelatinoso. Me quedé mirándolo, al igual que los demás en el contenedor de control del ROV. ¿Era un mineral, o una alfombra formada por bacterias u otro tipo de microbios? La sustancia tenía un aspecto tan extraño que no había ningún marco de referencia con el que compararla. Se lanzaron conjeturas en el reducido espacio de la cabina de control, pero ninguno de nosotros pudo ponerse de acuerdo sobre lo que podría ser. Mirar algo en este planeta y que, como científico, aparezca un signo de interrogación en tu cerebro es una sensación muy especial que rara vez se experimenta en tierra firme, porque está muy bien explorada. Saboreé la sensación, pues era muy inusual y suponía un reto mental. Aquí, en las profundidades inexploradas del océano Antártico, era muy posible encontrar algo más allá del ámbito de la experiencia humana.

En las laderas del subcono también descubrimos el esqueleto de una ballena minke antártica. El esqueleto incluía las vértebras, el cráneo, algunas costillas y el equivalente ballenero de los omóplatos. A pesar de las constantes atenciones de un gran calamar rojo, atraído por las luces de *Isis,* y del paso de alguna que otra gran merluza gris antártica, filmamos, cartografiamos y tomamos muestras de los restos. Se trataba de la sexta caída natural de una ballena encontrada en el mundo. En las cámaras de alta resolución de *Isis* pudimos ver pequeños crustáceos, gusanos y lapas arrastrándose sobre las corroídas vértebras amarillentas. De los huesos también brotaban densos hilos translúcidos con un vaso sanguíneo rojo en el centro y que terminaban en un penacho de finos tentáculos. Sabíamos que eran gusanos zombis, un animal recientemente descubierto que sobrevive absorbiendo los aceites del interior de los huesos de ballena a través de una red ramificada de tubos diminutos. Dichos gusanos solo viven en los huesos de las ballenas y tienen bacterias simbióticas que convierten los aceites en alimento. Son todos hembras, ya que los machos son diminutos y viven parasitando a las hembras. Pasé una larga tarde en la cámara frigorífica del barco intentando extraer los gusanos de las mucosidades de una vértebra que habíamos recogido. Fue una tarea bastante frustrante y difícil, ya que una vez que los gusanos fueron sacados de sus madrigueras óseas, se parecían a una mancha de moco. Al final recurrí a intentar cortar el hueso por la mitad con una sierra. La cámara frigorífica donde se llevó a cabo esta operación fue rápidamente evacuada, ya que el olor era profundamente desagradable, un cruce entre una curtiduría muy antigua que había visitado una vez en Marruecos y pelo quemado. El olor era increíblemente penetrante y tardé días en quitármelo de las manos y el pelo. Al final extrajimos algunos de los gusanos, y se trataba de tres especies, dos de las cuales eran nuevas; una de ellas fue bautizada con mi nombre,

Osedax rogersi, por colegas de la Universidad de Southampton y del Museo de Historia Natural. Así que sí, acabé teniendo mi nombre unido a un gusano zombi — algo para la posteridad, sin duda.

Durante la expedición de 2010 a la dorsal del Scotia y las islas Sandwich del Sur, casi todas las especies encontradas en las fuentes hidrotermales eran nuevas. Entre ellas se encontraban los cangrejos yeti, ahora denominados *Kiwa tyleri,* los caracoles, *Gigantopelta chessoia,* y los percebes, *Vulcanolepas scotiaensis.* Cada una de estas especies contaba su propia historia sobre la evolución de la vida en el océano. Por ejemplo, a medida que se han ido descubriendo nuevas especies de cangrejos yeti en las profundidades marinas, cuatro más desde nuestro descubrimiento de *Kiwa tyleri* hace menos de diez años, una combinación de estudios de fósiles y secuenciación de ADN nos ha permitido precisar cuándo aparecieron los cangrejos. Nicolai Roterman, que en el momento de escribir estas líneas es un científico posdoctoral de la Universidad de Oxford, ha descubierto que, en contra de las primeras afirmaciones de que la fauna de las fumarolas era muy antigua y de algún modo estable a pesar de los cambios en el medio ambiente de la Tierra, los cangrejos yeti evolucionaron hace tan solo treinta millones de años en algún lugar del sureste del Pacífico. Esto coincidió con una época de enfriamiento en las profundidades del océano en la que aumentaron las concentraciones de oxígeno. Con anterioridad, un súbito calentamiento climático conocido como el Máximo Térmico del Paleoceno-Eoceno (PETM) pudo tener graves consecuencias para los animales que vivían en torno a las chimeneas, ya que los fluidos de estas carecen de oxígeno en estado puro y dependen, en gran medida, del oxígeno del océano circundante. El papel del oxígeno en la evolución de la vida oceánica se analizará más adelante, pero baste decir que los animales de las chimeneas pueden ser muy vulnerables a las perturbaciones climáticas, a pesar de vivir en las profundidades marinas, debido a su dependencia del oxígeno. Los estudios sobre otros grupos de animales de las chimeneas, incluidos los percebes que encontramos en el océano Antártico, apoyan este origen reciente de esta fauna especial.

La extrema novedad de los campos de respiraderos hidrotermales de la dorsal del Scotia también fue una sorpresa. Si nuestra teoría de que el océano Austral era una «autopista» para que las especies viajaran entre los océanos Pacífico, Índico y Atlántico era correcta, deberíamos haber encontrado especies de estas regiones de la dorsal. Entre ellos se encontraban animales como los gusanos tubulares, los mejillones y los camarones de las fumarolas. Aunque no se encontró ninguno de estos grupos, las lapas de las fuentes hidrotermales de la dorsal estaban muy relacionadas con especies del Atlántico, y las almejas del cráter de las islas Sandwich del Sur se parecían a un grupo muy extendido asociado a los ecosistemas quimiosintéticos. Todo lo demás, en aquel momento, era nuevo. En ningún otro lugar se había visto semejante espectáculo de congregaciones tan densas y agitadas de cangrejos yeti.

En el mejor de los casos, parecía que el océano Antártico actuaba como una puerta selectiva para la migración de especies a grandes distancias, pero que la mayoría de las especies de ventilación conocidas de otros océanos no podían cruzar. La pista de por qué esto era así podría estar en las historias de la vida de los animales en cuestión. Se sabe que la extrema estacionalidad del Antártico, donde gran parte del océano Antártico es oscuro y está cubierto de hielo marino durante el invierno, unida a las bajas temperaturas, actúa en contra de los animales que tienen etapas jóvenes o larvarias que se alimentan del plancton, ya que les resulta difícil sobrevivir en esas condiciones. Muchos de los grupos desaparecidos mostraban esta forma de vida. Las fumarolas del océano Austral eran realmente únicas, ya que se caracterizaban por la gran cantidad de cangrejos yeti y caracoles de fumarola que no se veían en ningún otro lugar. Nuestra única expedición aclaró cómo se distribuían los animales en las chimeneas a nivel mundial y estimamos que había once comunidades distintas de animales en las fuentes hidrotermales de todo el mundo. Esta conclusión sigue siendo válida hoy en día.

La pregunta «¿Hay vida ahí fuera?» ha fascinado a científicos y escritores de ciencia ficción durante siglos, pero el hallazgo de fuentes hidrotermales dio lugar a la ciencia de la astrobiología. El descubrimiento de los hipertermófilos, organismos como las bacterias de las fumarolas que prosperan a altas temperaturas, amplió nuestra evaluación de las condiciones en las que podría haber vida en otros lugares del universo. Se expandió la llamada zona de Ricitos de Oro, la distancia de las estrellas en la que pueden darse las condiciones adecuadas para la vida. El descubrimiento de la quimiosíntesis, y de que la vida puede haberse originado en sistemas hidrotermales, amplió aún más nuestras ideas sobre dónde puede existir la vida y, más recientemente, ha hecho que volvamos la vista a nuestro propio sistema solar. ¿Podría haber una segunda génesis de la vida alrededor del sol?

En la actualidad, la búsqueda de vida en otros lugares del universo se ve obstaculizada por las distancias astronómicas entre nuestro sistema solar y otras estrellas y sus planetas en órbita. En la última década se han acumulado rápidamente pruebas de la existencia de planetas alrededor de estrellas lejanas, incluidos planetas en la zona de Ricitos de Oro. Sin embargo, tenemos poca idea de las posibilidades de que se produzca una génesis. ¿Fue la Tierra un golpe de suerte repetido muy rara vez en todo el universo? O ¿es cierto que cuando un planeta se encuentra en el lugar adecuado alrededor de una estrella, y existen fuentes hidrotermales o manantiales calientes junto con la presencia de agua líquida, la vida es «inevitable»? Si esto último es cierto, la implicación es que la vida entre las estrellas es un hecho frecuente. La exploración de nuestro propio sistema solar ha arrojado varios candidatos posibles que pueden albergar fuentes hidrotermales. Las más probables son las lunas heladas de Júpiter y Saturno, como Ganímedes, Calisto, Titán, Europa y Encélado. Estas dos últimas lunas son, probablemente, las mejor estudiadas en el contexto de la posibilidad de una segunda génesis de vida en el sistema solar.

El descubrimiento accidental de los respiraderos hidrotermales y las comunidades de vida que los rodean por parte de biólogos y geólogos de las profundidades marinas ha cambiado por completo nuestra forma de pensar sobre la vida en la Tierra y en otros lugares del universo. Como científico, estos entornos son fascinantes, pero me pregunto qué otros descubrimientos extraordinarios nos esperan en las profundidades del océano. Sin embargo, es posible que no tengamos mucho tiempo para explorar este remoto y misterioso desierto antes de que la industria deje su huella. Mientras escribo este capítulo, Japón ha anunciado que ha emprendido la primera extracción de minerales hidrotermales de las profundidades marinas de Okinawa a 1600 metros de profundidad. Las chimeneas hidrotermales, como las que descubrimos en el océano Antártico, y los depósitos de ventilación que las rodean son ricos en metales, sobre todo en cobre, pero también en zinc, oro, plata y otros minerales raros.

Cuando recuperamos muestras de chimeneas de la dorsal del Scotia, el interior estaba incrustado con escamas de pirita de cobre dorado y brillante, un mineral formado por cobre, hierro y sulfuro. En un mundo en el que las nuevas tecnologías exigen cada vez más este tipo de minerales, la minería marina es una perspectiva real. Nautilus Minerals, una empresa minera canadiense, tiene previsto empezar a explotar fuentes hidrotermales frente a Papúa Nueva Guinea, a profundidades similares a las de Japón, en 2019. La Autoridad Internacional de los Fondos Marinos (ISA) de las Naciones Unidas ha concedido veintinueve licencias para explorar zonas de alta mar en busca de minerales, incluida una justo al lado del emplazamiento de los respiraderos de la Ciudad Perdida. La carrera hacia las profundidades ha comenzado antes incluso de que sepamos qué otra vida y qué otros ecosistemas están presentes.

Mi experiencia con otras industrias del océano profundo es que la explotación se dispara rápidamente antes de que los científicos tengan la oportunidad de investigar las posibles consecuencias para el medio ambiente. El dinero y los beneficios siguen estando por encima de la ciencia y la gestión del océano, y esto es especialmente preocupante cuando sabemos tan poco sobre las profundidades marinas. En muchos sentidos, estas industrias se aprovechan del hecho de que lo que hacen suele estar lejos de tierra firme y, por tanto, es difícil de controlar. En muchos casos, los gobiernos son cómplices de estas actividades. Muchas veces, en reuniones intergubernamentales, he oído a las delegaciones preguntar: «¿Dónde están las pruebas de que esto está dañando el medio ambiente?» o «¿Cuáles son las pruebas científicas de que este ecosistema debe ser protegido?».

Saben muy bien que ni ellos, ni nadie, han aportado los fondos necesarios para estudiar el impacto de sus actividades en las especies, los hábitats o los ecosistemas más amplios sobre los que actúan. Las dos industrias con las que he tenido contacto directo en este contexto son la del petróleo y el gas en alta mar, y la de la pesca de altura. Aquí es donde viajaremos a continuación, sorprendentemente cerca de casa, frente a las costas de Gran Bretaña y Europa.

3

Proteger los jardines de las profundidades

Greenpeace contra el secretario de Estado de Comercio e Industria

Todos los días voy en bicicleta a mi trabajo en la Universidad de Oxford sin saber muy bien qué pasará esa jornada. Puede haber un correo electrónico pidiéndome que evalúe los últimos esfuerzos para gestionar de forma sostenible la pesca en aguas profundas, o una llamada para discutir los últimos movimientos en las Naciones Unidas (ONU) sobre las negociaciones para conservar la diversidad en alta mar. Ayer recibí una consulta de BBC Radio 4 sobre los hábitos alimenticios de los tiburones de seis branquias en las profundidades marinas. Además, están los deberes habituales de un profesor universitario: dar clases, impartir tutorías, fijar exámenes, supervisar los proyectos de los estudiantes, asistir a las reuniones de la universidad y dirigir un equipo de investigación de gran tamaño. Todo esto suma varios trabajos, las jornadas son largas y, como dice la letra de una canción de Elbow, lucho con los plazos como gatos en un saco. Mi familia: mi mujer, Candida, y mis dos hijas, Zoe y Freya, sufren por mi trabajo. Cuando estoy en casa, a menudo estoy en la oficina hasta tarde; y luego está el trabajo de campo, cuando me ausento hasta seis semanas con poca comunicación. El océano, ese maravilloso lugar, hogar de arrecifes de coral, mantarrayas, ballenas, tortugas, tiburones y

89

una vertiginosa variedad de otras especies, está en serios problemas. Cada mañana me levanto con la determinación intacta de luchar por el océano utilizando las herramientas que tengo a mano, mi ciencia. Todo mi trabajo, mi investigación, el asesoramiento político que doy y la divulgación que hago tienen como objetivo alertar al mundo de los aprietos en los que se encuentra actualmente el océano y permitirnos hacer algo al respecto.

Por supuesto, este proceso es colaborativo y supone un esfuerzo verdaderamente global. En 1999, actué testigo de la organización benéfica medioambiental Greenpeace en un caso judicial de gran repercusión. Comprobé de primera mano hasta qué punto las industrias de las profundidades marinas hacen la vista gorda ante la necesidad de seguir explorando científicamente el océano y ante el verdadero impacto que tienen sus operaciones. Nunca había actuado como testigo experto, así que proporcionar un documento juramentado a Greenpeace como prueba en una acción legal contra diez empresas petroleras, así como contra el Gobierno del Reino Unido, fue un bautismo de fuego. La revisión judicial se centraba en la legislación europea que trataba de la conservación del hábitat y su aplicación en los fondos marinos. Llegar a los Tribunales Reales de Justicia, un monumento a la arquitectura gótica victoriana en Londres, fue una experiencia intimidante. Es un gran edificio construido en piedra gris clara, con grandes puertas arqueadas en la parte delantera, flanqueadas por torres y arcadas de ventanas lanceoladas. A mis ojos, era como un primo más pálido y menos elaborado de las Casas del Parlamento. Debbie Tripley, el abogado de Greenpeace, me hizo pasar, y se reunió con el consejero de la reina, Nigel Pleming. Era un hombre alto, vestido con la toga negra de su profesión.

—Bienvenido, bienvenido —dijo, sonriendo con confianza y estrechando mi mano después de que Debbie nos presentara—. Has hecho un trabajo magnífico. Todo va a salir bien hoy, estoy seguro.

Me hubiera gustado tener su confianza en ese momento, pero la verdad es que estaba más que nervioso. Greenpeace me había invitado a ver cómo se desarrollaba el caso, y yo tenía muchas ganas de ver cómo se recibía mi testimonio, pero solo pude asistir el primer día por presiones laborales.

Debbie me habló en voz baja:

—Cuando entren, se sentarán en las filas del fondo. El consejero de la reina y los abogados estarán delante de usted. No se ponga nervioso. Ha dado una declaración jurada de que sus pruebas son verdaderas y eso ha sido aceptado, así que no tendrá que levantarse y decir nada.

—Bien —dije. Era todo lo que podía hacer.

—El juez, el Excelentísimo Señor Maurice Kay, es minucioso.

—¿Eso es algo bueno o algo malo?

Al no haber estado nunca en un tribunal, y suponiendo que los dados estarían cargados contra Greenpeace, no tenía ni idea.

—Es bueno. Tus pruebas son detalladas y sólidas. Se basan en la ciencia más reciente y él las leerá, así que no habrá problema.

Antes de que me diera cuenta, nos estaban conduciendo a la sala del tribunal y me arrastré por el banco para ocupar mi lugar. Estaba temblando ligeramente por la adrenalina. La sala estaba mal iluminada y con paneles de madera oscura. Miraba por encima de los hombros de las filas de abogados, vestidos con batas negras y pelucas grises. Debbie se sentó a mi lado y se inclinó.

—Ahí están Nigel y nuestro equipo —susurró, señalando a los abogados de Greenpeace—. Delante de nosotros están los abogados de la otra parte. Oh, mira, parece que les interesa mucho tu informe —dijo, encantada.

—Es lo último que necesito ver —dije nervioso, medio en broma.

Enseguida vi a los dos abogados. No estaba claro si representaban al secretario de Estado del Gobierno o a las compañías petroleras, pero estaban estudiando detenidamente el informe que yo había redactado. Este se centraba en si los corales podían formar arrecifes en las aguas profundas y frías del noreste del Atlántico, y dónde se encontraban con respecto a las zonas de exploración petrolífera propuestas frente a las costas del Reino Unido. La revisión judicial se centraba en si la directiva europea sobre hábitats debía aplicarse a los mares del Reino Unido. La Directiva Hábitats era una de las piedras angulares de la legislación europea destinada a conservar las especies y los hábitats amenazados o poco comunes frente a un desarrollo potencialmente perjudicial, ya fuera industrial o de otro tipo. En aquel momento, la normativa solo se aplicaba a doce millas de la costa, pero no se había establecido si también se aplicaba a toda la zona económica exclusiva del Reino Unido, que se extendía hasta doscientas millas náuticas (unos trescientos setenta kilómetros) de la costa, incluidas grandes zonas de aguas profundas. La Directiva exigía que se protegieran los hábitats de importancia para la conservación. Los arrecifes estaban clasificados como prioritarios para la conservación, según la Directiva Hábitats, debido a su gran riqueza en especies asociadas a ellos. Lo que estaba en duda era si al Gobierno del Reino Unido se le impondría la obligación legal de excluir la producción de petróleo y otras actividades industriales de las zonas de los fondos marinos donde se encontrasen los hábitats mencionados en la Directiva.

Mientras miraba, vi que los dos abogados señalaban animadamente algo en mi informe. Me quedé helado y se me pusieron los pelos de punta. ¿Qué estaban señalando? Podía ver la sección que estaban leyendo, y me puse a pensar desesperadamente en lo que estaba escrito en esas páginas en particular. Los abogados dieron un codazo a alguien delante de ellos e intercambiaron unas palabras.

Las dudas me asaltaban. No soy el tipo de científico con una insoportable confianza en todo lo que hace. Mi origen como académico de primera generación de una familia de clase trabajadora me prohibía ese tipo de arrogancia. Empecé a cuestionarme a mí mismo. ¿Había hecho todo bien? ¿Había errores en esa página que pudieran aprovechar y que les permitieran destrozar mis pruebas? Mi reputación como científico estaba en juego. Cometer un error científico en un caso judicial de tanta notoriedad arruinaría mi credibilidad como experto y, probablemente, daría lugar a acusaciones de parcialidad por parte de aquellos que se beneficiarían si Greenpeace perdiera. He visto a representantes de la industria intentar desacreditar a los científicos muchas veces para socavar su trabajo y sus pruebas. Esto me impediría enfrentarme a otras industrias que dañan el océano en el futuro, y afectaría a mi carrera como académico universitario. De repente, el pleito dio comienzo y un silencio sepulcral cayó sobre la sala como una manta mientras el juez hablaba.

El juez presentó a todo el mundo en el proceso, y Nigel se levantó para dar cuenta de las pruebas de Greenpeace. Cada vez que se anotaba un tanto con nuevas pruebas sobre los corales de aguas profundas o el alcance de la Directiva Hábitats, los otros abogados con pelucas del equipo de Greenpeace sonreían alegremente, mirando con desprecio a su oposición. Era una obra de teatro que no esperaba, con un elenco más semejante a títeres de cachiporra que al Alto Tribunal del país. En cualquier caso, estaba demasiado tenso para disfrutar de esta guerra psicológica mientras el discurso se torcía en un sentido y en otro. Nigel describió al juez mis pruebas de que los corales podían resultar gravemente dañados por los vertidos de petróleo —algo que se demostraría muchos años después tras la tragedia de *Deepwater Horizon,* donde una plataforma de perforación en aguas profundas del golfo de México sufrió un reventón y explotó, provocando el mayor vertido de petróleo marino de la historia de la industria petrolera—. Mientras hablaba, parecía desarrollarse una escena parecida a la de una serie de televisión: un científico del Gobierno se apresuró a acercarse a la sala proclamando que tenía pruebas de que el principal coral constructor de arrecifes de aguas profundas, el *Lophelia pertusa,* podía crecer en las patas de las plataformas petrolíferas. Dejé de respirar. ¿Era este el punto en el que el caso se desbarataría? Los científicos de los fondos marinos, entre los que me incluyo, sabían que este coral podía crecer en estructuras artificiales sumergidas, pero eso no significaba que fuera inmune a los efectos tóxicos del petróleo o a los productos químicos que pudieran utilizarse para dispersarlo, en caso de vertido. Por suerte, el juez descartó de plano esta interrupción por considerarla irrelevante para el caso. Había acertado en que, independientemente de si el coral era capaz de formar colonias en estructuras artificiales, era la capacidad de formar un hábitat de arrecife lo que estaba en disputa.

Horas más tarde, salí del tribunal, agotado a pesar de que solo me había sentado a ver el pleito. Pero Debbie salió sonriendo.

—Creo que ha ido bien —dijo—. Al menos el caso va a ser escuchado en su totalidad y no desestimado por una cuestión de tiempo, como la última vez.

Volví a Southampton, donde trabajaba en ese momento, mientras el juicio continuaba durante toda la semana. Como científico, estaba muy centrado en los aspectos técnicos de mi contribución a la revisión judicial, pero no era consciente de todas las implicaciones del caso ni de la turbulenta historia entre Greenpeace, el Gobierno del Reino Unido y las compañías petroleras que operan en el mar del Norte y el Atlántico, al oeste de Escocia.

Todo empezó en abril de 1995, cuando los activistas de Greenpeace abordaron una plataforma de almacenamiento de petróleo abandonada, el *Brent Spar,* para protestar por su eliminación en las profundidades del mar al oeste de Escocia. El *Spar,* que era propiedad conjunta de Shell y Esso, fue una de las primeras instalaciones del mar del Norte, y tendría que ser eliminado a medida que la producción de petróleo y gas disminuyera en las próximas décadas. La opción de eliminar la estructura de 14 500 toneladas en aguas profundas había sido decidida en gran medida por Shell, y presentada discretamente al Gobierno del Reino Unido como la ruta más segura y barata para su eliminación. Shell recibiría una importante exención fiscal por los costes de eliminación, y las consideraciones económicas eran importantes para el Gobierno conservador de la época, dirigido por John Major. Un activista de Greenpeace, Simon Reddy, con el que trabajaría muchos años después en la Comisión Mundial de los Océanos, en Oxford, descubrió el plan de eliminación gracias a un contacto de la industria. La ocupación del *Spar* por parte de Greenpeace fue seguida de cerca por los medios de comunicación, mientras que los activistas, Shell y el Gobierno del Reino Unido hacían reclamaciones y contrademandas. El ministro de Energía del Departamento de Comercio e Industria del Reino Unido, Tim Eggar, afirmó que el vertedero, que estaba a dos mil metros de profundidad en un lugar llamado North Feni Ridge, contenía «solo unos pocos gusanos». Esta afirmación se basaba en los informes medioambientales utilizados por Shell, que a su vez se basaban en un análisis del océano profundo a profundidades abisales (cuatro mil metros o más) realizado por una consultora medioambiental encargada por la empresa petrolera.

Varios destacados científicos de los fondos marinos del Reino Unido criticaron duramente los trabajos de Shell, entre ellos John Lambshead, del Museo de Historia Natural, y John Gage y John Gordon, ambos de la Asociación Escocesa de Ciencias Marinas (SAMS) en Oban, Escocia. Estos científicos, todos ellos líderes mundiales en sus campos, no habían sido consultados por Shell ni por el Gobierno del Reino Unido sobre los lugares de eliminación propuestos para el *Spar*. La información de Shell estaba desfasada.

A finales de la década de 1960, los biólogos de las profundidades marinas descubrieron que las profundidades comprendidas entre los mil y los tres mil metros, en lo que se denominó la zona batial, eran extremadamente ricas en especies. Se trata principalmente de pequeños animales que viven en el fondo del mar o sobre él, como gusanos, crustáceos, caracoles y almejas. Los trabajos publicados por John Lambshead, el mismo año que el asunto del *Spar,* demostraron que la diversidad de especies que vivían en el fondo marino de Rockall aumentaba con el aumento de la profundidad hasta unos mil quinientos metros y luego disminuía lentamente a medida que el agua se hacía más profunda. Las afirmaciones de que el lugar en el que se iba a verter el *Spar* era un desierto biológico eran claramente erróneas, pero era un argumento que iba a encontrar repetidamente en los enfrentamientos con la industria de la pesca de arrastre en aguas profundas, en los años siguientes. Greenpeace también se equivocó al afirmar que el *Spar* contenía cerca de cinco mil toneladas de residuos de petróleo, así como un alijo secreto de sustancias químicas tóxicas. Estas afirmaciones se basaban en errores técnicos cometidos en las mediciones del petróleo que quedaba en los depósitos del *Spar* y en el mal asesoramiento que había recibido Greenpeace. De hecho, se estimó que probablemente había entre setenta y cuatro y ciento tres toneladas de residuos de petróleo en la plataforma, hasta un máximo de ciento treinta toneladas, y que los residuos tóxicos secretos no existían.

Tras una reacción cada vez más hostil a los planes de vertido de Shell y la creciente presión en toda Europa para prohibir el vertido de instalaciones petrolíferas en alta mar, la decisión de eliminar el *Spar* en el mar se revocó en junio de 1995. El cambio de opinión de Shell fue una conmoción total para el Gobierno británico de la época. A continuación, Greenpeace recibió una respuesta por parte del Gobierno del Reino Unido en la que se le tachaba de haber realizado acusaciones descabelladas e infundadas que habían tenido éxito. Los medios de comunicación también se echaron atrás y le recriminaron a Greenpeace haberles engañado. Se aprovecharon de los errores cometidos durante la campaña, que la propia organización había admitido libremente en cuanto habían salido a la luz.

El Gobierno británico y la industria petrolera lucharon contra la opinión predominante en Europa de que los vertidos en el mar ya no eran aceptables. En esta cuestión, Reino Unido era el patito feo de Europa. Sin embargo, ese mismo año, los ministros europeos, en la convención de Oslo-París (OSPAR) celebrada en Esbjerg (Dinamarca), declararon una moratoria sobre los vertidos en alta mar, y en julio de 1998, en una reunión celebrada en Lisboa, esta moratoria se convirtió en una prohibición de los vertidos en alta mar para la mayoría de las estructuras construidas en el mar.

Mientras Greenpeace reivindicaba su victoria sobre el vertido de estructuras marinas en aguas europeas, había surgido un nuevo debate sobre la industria del petróleo y el gas. En 1990 y 1995, el Grupo Intergubernamental de Expertos sobre el Cambio Climático (IPCC por sus siglas en inglés), un organismo de expertos científicos que representa a muchos países en la ONU, había dado la voz de alarma sobre las emisiones de CO_2 resultantes, entre otras cosas, de la quema de combustibles fósiles. Esto sentó las bases del Protocolo de Kioto, adoptado en 1997, un acuerdo internacional para que los países reduzcan sus emisiones de CO_2. Greenpeace respondió a la constatación de que la quema de combustibles fósiles estaba provocando un peligroso cambio climático con la Campaña de la Frontera Atlántica, cuyo objetivo era persuadir al Gobierno británico de que invirtiera en energías renovables en lugar de abrir nuevas oportunidades de producción de petróleo al oeste de Escocia.

La crítica muy pública de las evaluaciones medioambientales de Shell por parte de destacados científicos marinos había revelado la riqueza de los ecosistemas del fondo del mar alrededor del banco Rockall. Cuando Greenpeace se puso en contacto conmigo por primera vez en 1997, me pidió que analizara la distribución del coral en la zona designada para la exploración petrolífera al oeste de Escocia. También manifestaron su interés por saber si el coral podía formar «arrecifes», lo cual era importante porque se trataba de uno de los hábitats explícitamente nombrados que requerían protección en virtud de la Directiva Hábitats, que los definía así:

> *«Los arrecifes pueden ser concreciones biogénicas o de origen geogénico. Son sustratos compactos y duros sobre fondos sólidos y suaves que se levantan desde el fondo marino en la zona sublitoral y litoral. Los arrecifes pueden albergar una zonación de comunidades bentónicas de especies de animales y algas, así como concreciones y concreciones coralígenas».*

La respuesta a la pregunta de si la *Lophelia pertusa* podía formar arrecifes en las profundidades marinas se convirtió en la clave de la revisión judicial que Greenpeace iba a presentar ante el Tribunal Superior. Si se demostraba que los hábitats prioritarios para la conservación según la Directiva Hábitats se encontraban en las aguas más profundas bajo la jurisdicción del Gobierno del Reino Unido, se deduciría que existía la obligación legal de protegerlos.

La *Lophelia pertusa* fue descrita por primera vez por el obispo de Bergen en 1755. El obispo se dedicaba en sus ratos libres a la historia natural, y en su libro *La historia natural de Noruega* describió un espécimen especialmente magnífico de coral blanco con flores. Carl Linnaeus introdujo la especie como *Madrepora pertusa* en su *Systema Naturae*, la obra que iba a marcar el camino de la clasificación moderna de la vida en la Tierra. A finales del siglo XIX, el naturalista británico Philip Henry Gosse ilustró el coral en su libro sobre anémonas marinas, *Actinologia Britannica*. A continuación, otros historiadores naturales describieron el hábitat del coral en las aguas más profundas de Europa. En 1948, el biólogo marino francés Édouard Le Danois describió «macizos» de coral en el talud continental al oeste de Irlanda y a lo largo del margen del golfo de Vizcaya. Su libro *Les Profondeurs de la Mer* (*'Las profundidades del mar'*) mostraba mapas de dónde estaban los bancos de coral a lo largo de las costas de España, Francia e Irlanda. Sin embargo, de alguna manera, la presencia de estos corales se había olvidado, en gran medida, apenas unas décadas después. La razón de ello no está clara, pero puede deberse, simplemente, a que los arrecifes se encontraban, por lo general, en zonas rocosas y escarpadas que eran difíciles de muestrear con las técnicas convencionales, como las redes de arrastre, las dragas y los sacatestigos, estos últimos utilizados para tomar muestras cuantitativas de los lodos profundos. Desde los años sesenta hasta los ochenta, estas fueron las principales herramientas de la ciencia de los lechos marinos. La investigación de estos lechos se centró en comprender los patrones de abundancia y diversidad de las especies de animales que viven en los hábitats fangosos o arenosos que componen gran parte de los lechos marinos. La *Lophelia pertusa* u otros corales formadores de hábitats de aguas profundas no eran, desde luego, un tema de interés cuando estudié la carrera y el doctorado en el Laboratorio Marino de Port Erin de la Universidad de Liverpool, en la isla de Man, a finales de los años ochenta.

Irónicamente, fue la industria petrolera la que «redescubrió» el coral de aguas profundas tras patrocinar la investigación para entender la geología del borde del continente europeo, una zona llamada talud continental. Al oeste de Gran Bretaña, esto se complica especialmente por una serie de bancos y montes submarinos. Se trata de los restos de las convulsiones tectónicas que acompañaron el inicio de una nueva dorsal medioceánica, o cordillera submarina, al oeste de Europa, en la época de los dinosaurios. La dorsal desapareció posteriormente (junto con los dinosaurios), pero dejó un legado en forma de un conjunto de volcanes submarinos, como el Anton Dohrn y el banco Rosemary, así como el propio banco Rockall, que es un fragmento del continente europeo. Los bultos y protuberancias del fondo marino, desde la colina más pequeña hasta los montes de miles de metros de altura, constituyen un buen hábitat para los corales y otra fauna que vive pegada al lecho marino. Esto se debe a que obstruyen las corrientes oceánicas que pasan junto a ellos, haciendo que las corrientes se aceleren y generen remolinos y flujos verticales de agua que se mueven hacia arriba o hacia abajo. Las corrientes fuertes aportan mucho alimento a los corales en forma de zooplancton y partículas de materia orgánica, además de barrer los sedimentos para dejar al descubierto la roca dura, a la que los animales necesitan adherirse.

Lophelia pertusa es el coral más llamativo que vive en aguas profundas del continente europeo. Esta especie, al igual que los corales formadores de arrecifes de aguas poco profundas, es un coral pétreo. Forma colonias ramificadas del tamaño de una coliflor a un matorral tupido, que varían en color desde un hermoso blanco puro a rosado o naranja. Los «pólipos» —las partes vivas del coral— se asemejan a pequeñas anémonas o flores de hasta un centímetro de diámetro, que comprenden una boca rodeada de tentáculos translúcidos, moteados con diminutas manchas pálidas. Los pólipos viven en estructuras en forma de copa llamadas «cálices» reforzadas por finos rayos radiantes de esqueleto que, junto con las ramas, están hechos de una forma de carbonato de calcio llamada aragonito. Es extremadamente duro y se siente como una piedra, pero también es muy frágil, especialmente cuando las ramas del coral son delgadas. A diferencia de los corales formadores de arrecifes de aguas poco profundas, el *Lophelia* no lleva algas simbióticas (o «zooxantelas») en sus tejidos, que son las que suministran a los corales tropicales la mayor parte de su alimento mediante el proceso de fotosíntesis. Esto se debe a que *Lophelia* vive en las oscuras y frías aguas de las profundidades marinas, a mil metros o más. La ausencia de luz solar brillante significa que la fotosíntesis que utilizan las algas simbióticas para generar moléculas orgánicas o basadas en el carbono no es posible. En su lugar, las colonias de *Lophelia* pueden considerarse como paredes de bocas, en las que cada pólipo individual extiende sus tentáculos para capturar zooplancton vivo, los diminutos animales y larvas que van a la deriva en el océano, a los cuales pican hasta la muerte con sus cnidoblastos, células urticantes que poseen todos los corales, así como sus parientes, las anémonas de mar y las medusas. De niño, en las piscinas de roca de Sligo, solía rozar con mis dedos los tentáculos de una anémona de color verde brillante llamada ortiguilla. Se me pegaban porque las células urticantes se clavaban en la piel, pero no eran lo suficientemente profundas como para liberar veneno. En la *Lophelia,* las células urticantes liberan de forma explosiva un tubo cubierto de filas de espinas en espiral que penetran en el tejido de la presa y liberan un veneno mortal. Estas lanzas microscópicas con púas también son demasiado pequeñas para penetrar en la piel humana en *Lophelia,* pero las que poseen las medusas tropicales pueden causar graves lesiones, o incluso la muerte, a los seres humanos, mediante la inyección de potentes toxinas que pueden causar un dolor agonizante. Así pues, aunque los corales como *Lophelia pertusa* forman bellas estructuras que resultan agradables al ojo humano, es importante tener en cuenta que son eficaces depredadores que acechan a sus presas en las profundas y oscuras aguas que rodean nuestros continentes, cañones submarinos y montañas.

Para mí, la forma más lógica de proceder en mi búsqueda para descubrir si la *Lophelia pertusa* podía considerarse como formadora de arrecifes era compararla con los arrecifes de coral tropicales. La falta de algas simbióticas era una diferencia importante entre la *Lophelia* y sus primos de aguas poco profundas. Sin embargo, al igual que los arrecifes de aguas poco profundas, las colonias de *Lophelia* podían unirse, con el tiempo, para formar enormes estructuras elevadas sobre el lecho marino, es decir, arrecifes. El mayor de ellos, descubierto mientras realizaba mi investigación para Greenpeace, fue el arrecife de coral de Sula Ridge, frente a Noruega. Aquí, la *Lophelia pertusa* formaba una estructura de hasta treinta y cinco metros de altura, trece kilómetros de largo y setecientos metros de ancho. Más tarde se descubrió el arrecife de Røst, frente a las islas Lofoten (Noruega), con cuarenta y cinco kilómetros de longitud y una anchura de hasta tres kilómetros. Al oeste de Gran Bretaña se descubrieron grandes montículos de coral frente al banco Rockall y también en una gran hendidura del talud continental frente al extremo sudoccidental de Irlanda, llamada Porcupine Seabight.

En 1973, un geólogo llamado John Wilson realizó las primeras inmersiones en los arrecifes en un sumergible llamado *Pisces III*. La película en blanco y negro grabada por el sumergible, que todavía está disponible en Internet, mostraba franjas de arbustos de coral de color blanco brillante con pólipos extendidos que se desvanecían en la oscuridad. Me encontré con John varias veces. Era un hombre pequeño y muy animado, con pelo blanco y barba, y hablaba con un suave acento escocés. Ideó una teoría sobre cómo se formaron los arrecifes de aguas profundas. Una colonia crece en el lecho marino y, a medida que pasa el tiempo, se hace más grande, pero también es colonizada por animales que corroen su esqueleto. Estos colonos se denominan bioerodores, y entre ellos se encuentran esponjas, diversos gusanos segmentados, almejas y otros animales. Las esponjas corroen el coral mediante un ataque químico, produciendo pequeños trozos de esqueleto de coral que forman arenas carbonatadas o limos más finos. Los gusanos atacan el coral con sus mandíbulas. El resultado de este constante mordisqueo del esqueleto de coral es que trozos de coral, con pólipos aún vivos, se desprenden de la colonia madre y caen al lecho marino formando un anillo de colonias hijas satélites, que luego crecen. Estas colonias hijas soportan el mismo mordisqueo que la madre y, finalmente, se forma una estructura en forma de anillo, en la que las colonias iniciales quedan asfixiadas por la estructura en crecimiento, y mueren. Estas estructuras, llamadas «anillos de Wilson» en honor a John, se unen para formar estructuras cada vez más grandes. El coral crece sobre el coral muerto y, como el flujo de agua a través de la estructura se ralentiza, los sedimentos quedan atrapados en ella. Al final se forma una compleja estructura tridimensional, elevada del fondo marino, compuesta principalmente por sedimentos y esqueleto de coral muerto, pero con una corteza de coral vivo.

Así, al igual que los arrecifes de aguas poco profundas, los arrecifes de aguas profundas o frías formados por *Lophelia* pueden formar estructuras masivas y muy complejas. Empecé a contar el número de especies que vivían con *Lophelia pertusa* en las sombrías profundidades del Atlántico nororiental. Para mi asombro, descubrí que casi novecientas especies vivían en los arrecifes de agua fría de la costa de Europa y del Mediterráneo. Entre ellas había una gran variedad de animales. Las esponjas eran especialmente diversas, desde especies diminutas que se introducen en el entramado coralino hasta enormes colonias blancas, naranjas o amarillas que crecen encima de los corales. Algunas, como la *Aphrocallistes,* tenían gráciles esqueletos de cristal que parecían jarrones formados por la más delicada filigrana vítrea. También eran muy diversos los hidroides, un grupo de animales incrustantes emparentados con los corales y las medusas cuyo aspecto variaba desde una pelusa que crecía sobre el esqueleto del coral hasta erigir fantasmagóricos árboles de Navidad en miniatura. Otros corales, como los abanicos de mar y los corales burbuja —llamados así porque parecen enormes árboles de color rosa con ramas nudosas de extremos romos que recuerdan a pompas de chicle— también eran habitantes habituales de los arrecifes de *Lophelia.* Se trataba de diversidad sobre diversidad, un mundo fractal en el que, cuanto más se miraba, más vida se descubría.

No todos los grupos de los arrecifes de *Lophelia pertusa* eran tan diversos como los de los arrecifes de coral tropicales. Los peces, por ejemplo, tenían una diversidad mucho menor que la de los arrecifes tropicales de aguas poco profundas. Cualquiera que haya buceado en uno no puede dejar de sorprenderse por la abundancia y variedad de peces que viven en los corales, nadan entre sus ramas o se desplazan por el arrecife. Mi primera experiencia en este sentido fue en las Maldivas, durante mi luna de miel. Las aguas azules y transparentes revelaban un impresionante jardín multicolor de una complejidad asombrosa, con corales, esponjas, abanicos de mar y corales blandos que se daban en una desconcertante variedad de formas y texturas. Todo estaba repleto de peces, desde pequeñas damiselas rayadas como caramelos hasta bancos de roncos amarillos y grandes letrínidos con rayas blancas y negras y colas manchadas de amarillo. Tiburones, rayas y meros patrullan los arrecifes y, si tenías suerte, podías ver un banco de grandes peces loro grises. Los arrecifes de coral tropicales albergan una cuarta parte de todas las especies de peces marinos. Los arrecifes de agua fría formados por *Lophelia pertusa* estaban habitados por relativamente pocas especies de peces, lo que refleja la menor diversidad del Atlántico nororiental en las profundidades en las que se encontraban.

Otra gran diferencia entre los arrecifes de *Lophelia* y los tropicales era la diversidad de los propios corales formadores de arrecifes. Descubrí que había arrecifes de coral de aguas profundas formados por otras especies de coral en todo el mundo, pero el principal formador de arrecifes era siempre una especie. Un arrecife tropical de aguas poco profundas está formado por una miríada de especies de coral. Habrá mesas de corales espinosos, grandes árboles como cuernos de ciervo, corales macizos como cerebros, montículos abultados, corales de tubo, hongos; la variedad abruma. Esto se debe a que los corales formadores de arrecifes que tenemos hoy en día en aguas poco profundas han evolucionado durante más de doscientos millones de años, desde la época en que los dinosaurios aparecieron en la Tierra.

Otra de las características de los arrecifes de coral de aguas poco profundas que debía tener en cuenta para saber si *Lophelia pertusa* formaba o no un arrecife era la simbiosis. Me refiero a una relación entre especies en la que una se beneficia sin perjudicar a la otra (comensal) o en la que ambas se benefician (mutualista). Las relaciones simbióticas entre diferentes especies son una característica frecuente y notable de los arrecifes de coral de aguas poco profundas. No solo la relación entre los corales y las algas microscópicas, sino también entre otros seres vivos del arrecife, como las anémonas y los peces de las anémona, también conocidos como peces payaso. Los peces payaso defienden a las anémonas de mar de sus depredadores y parásitos y, a cambio, obtienen protección al esconderse de los peces más grandes entre los tentáculos urticantes de la anémona, a los que son inmunes. Los peces también obtienen restos de la comida de la anémona, y los desechos de los peces proporcionan nitrógeno a las algas simbióticas que viven en los tejidos del huésped, como en los corales de aguas poco profundas. El problema en este caso es que los arrecifes de *Lophelia pertusa* no se han estudiado lo suficiente como para entender si existen estas relaciones entre especies. Hay una especie de ameba con caparazón llamada *Hyrrokkin sarcophaga* que forma estructuras similares a quistes en la superficie de los corales, pero parece ser una relación parasitaria que perjudica al huésped. Sin embargo, hay una relación que parece encajar en la definición de relación mutualista. Un gran gusano depredador, el *Eunice norvegicus*, forma tubos apergaminados en la estructura de los arrecifes de *Lophelia*. Los corales segregan aragonito sobre los tubos, lo que los vuelve duros y robustos, y así, en general, los tubos refuerzan todo el entramado coralino. Las larvas de coral se asientan en los tubos de las lombrices y crecen, por lo que las lombrices ayudan a formar el arrecife, una relación que beneficia a ambos animales. Es más, el *Eunice* defenderá ferozmente al coral de cualquier depredador que pueda interferir en su parcela de arrecife.

Fui testigo de esta defensa en carne y hueso hace casi veinte años, cuando participé en una expedición al norte de Rockall Trough en el barco RRS *Discovery*. Junto a Paul Tyler, mi amigo y colega de la Universidad de Southampton, habíamos conseguido muestrear algunas *Lophelia pertusa* vivas para estudios genéticos, y estuvimos observando nuestros preciados premios, que se encontraban en un gran tanque de fibra de vidrio en el barco. Vimos movimiento en uno de los fragmentos de coral del tamaño de un puño, y Paul lo recogió. Salió un gran gusano segmentado, ligeramente iridiscente y de color blanco perla, del grosor de un lápiz. Se podían apreciar dos ojos negros en una cabeza enmarcada en delgados tentáculos. Mientras observábamos, fascinados por el complejo comportamiento de un invertebrado tan «simple» que defendía a su anfitrión, toda la parte frontal de la cara del gusano se convirtió en una gran probóscide cubierta de pequeñas espinas negras con un par de mandíbulas en forma de pinza que salieron disparadas y se clavaron entre los dedos de la mano de Paul, haciéndole gritar: «¡Ay! El fulano me ha mordido». Fue como ver al famoso depredador de la película *Alien* en miniatura. Era un ejemplar espectacular, claramente capaz de defender su parcela de coral incluso de algo del tamaño de un humano. Los propios gusanos se protegen con el revestimiento aragonítico que los corales proporcionan a su madriguera. También roban parte de la comida del coral a cambio de sus labores como diminutos *rottweilers* invertebrados, por lo que también pueden clasificarse como cleptoparásitos.

Para mí, las múltiples pruebas sobre la ecología de *Lophelia pertusa* recogidas durante largas horas de investigación, a menudo hasta la madrugada, me llevaron a una conclusión ineludible: las enormes estructuras que el coral formaba en el lecho marino solo podían interpretarse como arrecifes. El coral no solo construía esas grandes estructuras, sino que también compartía muchas otras características con los arrecifes tropicales, como una gran diversidad de especies y procesos similares de acreción y bioerosión de los arrecifes. Resulta sorprendente que en las oscuras y frías aguas de la costa europea hayan existido durante miles de años estas estructuras asombrosamente complejas y repletas de vida. Noruega, Gran Bretaña, Francia, Irlanda y España tenían arrecifes de coral.

Sin embargo, dos años antes del caso en cuestión, Greenpeace había fracasado en una impugnación legal de la decimoséptima ronda de concesión de licencias del Gobierno, en la que yo también había actuado como testigo experto. Se les denegó la autorización para interponer un recurso judicial alegando que no habían presentado el caso ante los tribunales con suficiente antelación, y que tal retraso perjudicaría los intereses de las empresas petroleras que solicitaban las licencias. El perito de las petroleras impugnó mis pruebas sobre la formación de arrecifes por parte de *Lophelia,* argumentando que un arrecife solo podía serlo si constituía un peligro para la navegación. Como el caso fue desestimado, la cuestión de los arrecifes de *Lophelia pertusa* no fue examinada a fondo por el tribunal. Aunque el resultado del caso nos deprimió, Greenpeace no se desanimó, y decidí que la mejor manera de defender mi trabajo era conseguir que fuera revisado por otros científicos, un método fiable de garantizar que los artículos son validados, antes de su publicación, por otros expertos del campo en cuestión.

A medida que avanzaba el trabajo, los científicos fueron descubriendo más y más sobre el paradero y la ecología de la *Lophelia pertusa* frente al margen continental europeo. En mayo de 1998, el crucero RRS *Charles Darwin,* dirigido por científicos del Consejo de Investigación del Medio Ambiente Natural (NERC) en el Centro Nacional de Oceanografía de Southampton, encontró un gran número de montículos coronados por matorrales de *Lophelia pertusa* en el norte de Rockall. Esta zona se incluyó en los bloques de licencias para la exploración de petróleo. Los montículos se encontraban al sur de una importante barrera para el flujo de agua a lo largo del talud continental europeo, la cresta Wyville-Thomson. Fueron bautizados como los montículos de Darwin, en honor al barco (y, por supuesto, al propio Charles Darwin).

Estos montículos eran especialmente importantes porque, a pesar de su pequeño tamaño, cien metros de ancho y unos pocos de alto, se ajustaban a la definición de la Directiva Hábitats de lo que constituía un arrecife.

Con estas pruebas reunidas rápidamente, se iniciaron los últimos preparativos para el juicio en Londres. No solo Greenpeace presentaba el informe que había preparado anteriormente, que ahora se había publicado en un documento revisado por expertos, sino que había actualizado la información con todos los nuevos hallazgos sobre el paradero de *Lophelia* frente a las costas de Gran Bretaña, y los nuevos descubrimientos sobre su biología. También respondí explícitamente a todas las críticas, formuladas por el testigo experto de las compañías petroleras, que no estaban contempladas en mis informes anteriores. Así fue como me encontré en el Tribunal Superior de Justicia en una fría mañana de principios de noviembre de 1999.

Aunque me había ocupado de Southampton después de mi testimonio en el juicio, no podía dejar de pensar en lo que estaba ocurriendo en Londres. Si el caso iba mal, sería una decepción aplastante. Las pruebas que yo, y tantos otros científicos, habíamos pasado tanto tiempo destapando significaban que, más que nunca, me sentía involucrado en la protección del coral. Esa misma semana sonó el teléfono en casa. Contesté y me sorprendieron los gritos y las risas, y lo que parecía una fiesta a gran escala de fondo. Pensé que se trataba de una llamada de broma. Al final, una voz eufórica flotó por encima del caos y dijo:

—¡Hemos ganado!

Todavía desconcertado, murmuré un «¿Qué?».

—¡Hemos ganado el caso! Ganamos en casi todos los puntos.

Por fin reconocí la voz de Richard Page, de Greenpeace. Richard era un ferviente y apasionado defensor de los océanos al más puro estilo Greenpeace, lo que favorecía la acción directa. Las mariposas me recorrieron el estómago, y tuve que sentarme en las escaleras mientras mis miembros perdían toda su fuerza y mis manos empezaban a temblar.

—Tus pruebas fueron cruciales, el juez estuvo de acuerdo en todos los puntos. ¡Bien hecho! Es una pena que no estés aquí. Tendremos que celebrarlo la próxima vez que vengas a Londres.

Mi corazón latía con fuerza, pero se sentía cada vez más ligero a medida que comprendía la realidad de lo que habíamos logrado y la victoria que habíamos alcanzado.

—Envíe mis felicitaciones a Debbie y a los demás —logré tartamudear, a pesar del caos que se escuchaba en de fondo.

—Lo haré. Lo haré, ¡y espero que tengas una buena noche! Te la mereces.

Después colgó, y me senté a ordenar mis pensamientos antes de ir a decírselo a Candida.

Resultó que Greenpeace había ganado el caso de forma espectacular. Al parecer, en respuesta a mis nuevas pruebas, el testigo experto de la industria petrolera había enviado una simple carta de tres líneas desde un hotel de París en la que afirmaba que la información que había proporcionado en un informe en 1997 seguía siendo la misma en la actualidad. El juez, que claramente no estaba muy impresionado, explicó que, en vista de esta deficiencia, había procedido sobre la base de que la *Lophelia pertusa* encajaba en la definición de formación de arrecifes de la Directiva Hábitats. La industria petrolera había considerado que, aunque la *Lophelia pertusa* estuviera presente en la zona de concesión de licencias de exploración, era poco probable que sufriera daños por las actividades de exploración petrolífera. Esto era algo que había abordado específicamente en mi informe para Greenpeace, y el juez había estado de acuerdo con mi argumento de que la *Lophelia pertusa* podía verse perjudicada por las actividades de perforación asociadas a la exploración y producción de petróleo. Sin embargo, el aspecto más significativo de la sentencia era que la Directiva europea sobre hábitats se aplicaba a los ecosistemas de aguas profundas a lo largo del margen continental del Reino Unido y, por extensión, al resto de la zona económica exclusiva europea. Estas son las aguas sobre las que los Estados costeros europeos tienen jurisdicción a efectos de extracción de recursos. Al parecer, la noticia de la sentencia fue tan impactante que uno de los abogados de la parte contraria se fue corriendo a los lavabos para vomitar.

En mi mente, esta había sido una verdadera situación de David contra Goliat. Me había imaginado que los engranajes del Gobierno, la industria petrolera y «el sistema» simplemente aplastarían a Greenpeace y, por las buenas o por las malas, la derrotarían en los tribunales o desestimarían el caso. Sentía que el sistema estaba destinado a ser corrupto. Esta era la prueba más contundente de que mi cinismo era infundado y de que la ley, a pesar de los intereses creados por el Gobierno y el poder económico de las compañías petroleras, había tenido una visión justa de las pruebas y había dado la razón a Greenpeace.

En las semanas siguientes fui invitado a una reunión entre lord Melchett, director ejecutivo de Greenpeace, y varios representantes de departamentos gubernamentales implicados en el caso. Melchett reprendió a los tímidos funcionarios por haber contemplado siquiera la posibilidad de luchar contra la revisión judicial que Greenpeace había llevado a los tribunales. Su razonamiento fue que había sido un caso tan claro que no entendía por qué habían impugnado el punto de vista de Greenpeace. Fue una de las reuniones más incómodas a las que he asistido. Los funcionarios se tomaron la reprimenda como si fueran colegiales humillados por el director de la escuela por alguna fechoría. En el Centro Nacional de Oceanografía apenas se comentó lo que había sucedido, aunque todo mi grupo de investigación se regodeó en las mieles de la victoria. Había una sensación de que el jefe había hecho algo bueno por los océanos.

En los meses y años siguientes, el impacto total de la sentencia iba a quedar claro. Las compañías petroleras siguieron perforando al oeste de Escocia y encontraron petróleo. Sin embargo, en 2001, Margaret Beckett, secretaria de Estado de

Medio Ambiente, Alimentación y Asuntos Rurales, declaró la intención del Gobierno de crear una zona marina protegida alrededor de los Darwin Mounds. En 2002, los montículos se cerraron a la pesca con medidas de emergencia y, tras un acuerdo con los ministros de pesca europeos, la zona quedó finalmente protegida por completo en 2004. En 2013 se habían creado veinte zonas especiales de conservación en las aguas marinas del Reino Unido, entre ellas el monte submarino Anton Dohrn, partes del banco Rockall y la cresta Wyville-Thomson. El caso de Greenpeace pasó a la jurisprudencia europea, y por primera vez hubo un mecanismo para proteger la biodiversidad de los mares profundos de Europa. Científicos y juristas estudiaron el caso, y a menudo me pidieron que participara en entrevistas o cuestionarios relacionados con estos estudios. Dieciocho años más tarde, iba a celebrar una reunión con representantes de la industria acerca de un amplio informe que estaba redactando sobre la ciencia de los fondos marinos en el siglo XXI para el Consejo Europeo de la Marina (EMB por sus siglas en inglés). Un científico de una de las principales compañías petroleras estaba presente en la reunión y lo primero que se mencionó fue el caso de Greenpeace y mi participación. Evidentemente, la derrota seguía escociendo dieciocho años después. Esto es notable, dado que el desastre de *Deepwater Horizon* había demostrado claramente que los accidentes petroleros pueden dañar gravemente la vida de las profundidades marinas, incluidos los corales formadores de hábitat.

Volví a visitar Rockall en mayo de 2016 para investigar los hábitats coralinos y los montes submarinos de la zona. Esta vez, fui en el RRS *James Cook,* que estaba equipado con el vehículo submarino operado a distancia *Isis.* El crucero —dirigido por uno de mis exalumnos de doctorado y al que asistieron dos de mis posdoctorandos y algunos representantes de English Nature— partió de Southampton. Todos nos quedamos en el castillo de proa viendo pasar las terminales petroleras y otros barcos mientras navegábamos por el Solent. Navegamos en aguas azules por el canal de la Mancha y luego hacia el norte. Pasando St Kilda y en dirección a Rockall, la costa de Escocia era escarpada y atmosférica entre la niebla y la luz dorada del atardecer. A bordo, preparamos nuestro equipo, incluidos los microscopios y las cámaras para fotografiar especímenes, así como los laboratorios para el trabajo que teníamos por delante. Los ingenieros prepararon el *Isis*, el ROV que tan buen servicio nos había dado en la Antártida. Era mi primera oportunidad de ver de cerca los arrecifes de *Lophelia pertusa*. No me decepcionaron.

Soltamos el *Isis* en el flanco del monte submarino Anton Dohrn y empezamos a ascender por la ladera del volcán submarino. Los ROV siempre tienen que ascender en una inmersión para evitar que el cable, que está unido a la nave, se cuelgue en algún saliente o acantilado submarino. Los parches de coral estaban esparcidos por las rocas y el lecho de roca expuesto. El coral vivo variaba de blanco a un dorado pálido, con esponjas amarillas y corales blandos de color rojo carmín intenso, que parecían bolas con antenas que sobresalían de ellas. Un gran rape se mantuvo en su sitio al vernos, de color verde grisáceo y negro con dos ojos de bordes dorados, una enorme boca llena de dientes afilados como agujas, bordeada por una franja de protuberancias que parecían una barba. Debajo de este depredador acechante se refugiaba un cangrejo, una pareja muy extraña que ninguno de nosotros había visto antes. A medida que avanzábamos por la pendiente, la arena gris y el limo daban paso a más y más parches de coral. Luego había más coral que arena, campos de coral muerto con parches de colonias vivas que crecían sobre él, y *Lepidion*, el pez azul tan comúnmente asociado con *Lophelia*, navegando sobre el coral. Por último, llegamos al arrecife propiamente dicho, un gran banco de armazón coralino, gran parte del cual era un esqueleto de color marrón grisáceo, cubierto de limo, pero en el que crecía una corteza de *Lophelia pertusa* de color blanco y dorado y la forma en zigzag del coral *Madrepora oculata*.

Los arrecifes tropicales de aguas frías, superficiales y profundas se componen principalmente de entramados de corales muertos consolidados con una cubierta de colonias vivas, por lo que este era un arrecife de *Lophelia* natural tal y como debe ser. Casi se puede pensar en él como un árbol formado por muchos individuos, con las partes en crecimiento justo debajo de la corteza y las hojas y los frutos, así como la mayoría de la madera muerta formando el grueso de la estructura. Me maravilló la diversidad de este bosque submarino. Aquí y allá crecían corales negros, perversamente coloreados de naranja o rojo, como grandes arbustos de plumas. Había erizos rosados de espinas gruesas desperdigados por doquier. El *Lepidion* se agazapaba en el entramado para protegerse. También había abanicos de mar de color amarillo brillante y estrellas de mar brisíngidas, como elaborados paraguas volcados de brazos espinosos, de color rojo escarlata brillante y a veces en grupos de decenas de individuos. Una inspección más detallada reveló anémonas de color rojo intenso y blanco brillante, esponjas azules, pepinos de mar que se alimentan por filtración y una miríada de otros animales. Se trataba de una ciudad submarina tan bella e impresionante como cualquier arrecife de coral tropical, pero sin duda con menos peces. Los científicos que miraban las pantallas de la furgoneta de control del ROV murmuraban entre ellos mientras David, el piloto del ROV, maniobraba a *Isis* sobre el bosque submarino.

Para mí fue un momento especial, y en las semanas siguientes descubrimos nuevas zonas de coral, algunas casi vírgenes, pero otras casi destruidas por la actividad humana. Rockall nos trató con amabilidad, y tuvimos muchos días de navegación sobre mares tranquilos como el cristal, bajo un sol brillante, acompañados por delfines y grupos de calderones. El hecho de que las frías aguas de Reino Unido pudieran ofrecer tales vistas y albergar tales tesoros nos conmovió a todos: tripulación, científicos e ingenieros por igual. Demuestra que incluso en las aguas relativamente frías del norte de Europa existe una rica diversidad de vida marina a lo largo de nuestras costas y en las profundidades del mar. Dado que el conocimiento humano disminuye con la distancia a la costa, existe la tentación de creer que estas aguas profundas y oscuras no tienen vida y que podemos hacer lo que queramos con pocas perspectivas de daño. En los últimos treinta años he oído a los Gobiernos y a las empresas vender esta tontería una y otra vez. Nada más lejos de la realidad, y cuanto más descubrimos sobre el océano, más comprendemos la importancia de la vida que contiene para el mantenimiento de nuestro ecosistema planetario, del que dependemos para sobrevivir. Es de vital importancia que invirtamos en la ciencia que nos permitirá tomar decisiones racionales y basadas en el conocimiento sobre lo que permitimos, como sociedad, que ocurra en el océano. La alternativa es el *status quo* actual, en el que los servicios del océano, de los que todos nos beneficiamos ahora y en el futuro, se destruyen deliberada o accidentalmente para el enriquecimiento de unos pocos. El siguiente capítulo expone gráficamente lo que ocurre cuando se permite que una industria que explota las profundidades marinas se desarrolle sin conocimiento previo del entorno que explota o del recurso que extrae.

4

Pesca de altura

¿Talarías un bosque para atrapar a los ciervos?

Estábamos a principios de noviembre de 2011 y, tras un par de días muy agradables desembalando el equipo en el barco e investigando los restaurantes y bares locales, el RRS *James Cook* zarpó de Ciudad del Cabo. El sol brillaba sobre nosotros mientras el barco se mecía a través del puerto de Waterfront, en dirección al mar. Todos nos dirigimos a la cubierta de proa para fotografiar la montaña de la Mesa, que corona majestuosamente la ciudad, y el barco viró al este, hacia la primera parada. Los lobos marinos retozaban en balsas, aquí y allá, y nadaban con pereza o se zambullían de pronto cuando el barco se acercaba. Las gaviotas nos adelantaban y los alcatraces volaban a baja altura sobre el agua, sin prestarnos atención.

Mientras miraba el mar, cavilé sobre nuestra misión. Nuestro objetivo era investigar los montes submarinos de la dorsal del Índico sudoccidental, una cadena de montañas submarinas que se extiende desde el este de Madagascar hasta el Antártico, cerca de la isla Bouvet. Los organismos que viven en estos montes nunca se habían investigado, pero nuestros modelos —que se basaban en la información sobre los entornos en los que se habían tomado muestras de corales con anterioridad para predecir dónde podrían aparecer a nivel mundial— suge-

115

rían que era probable encontrar corales en ellos y que podría haber arrecifes de coral de agua fría. Para probar estos modelos fue necesario explorar una zona que nunca antes había sido visitada por científicos, para ver si los corales estaban presentes. También sabíamos que los montes submarinos habían sido objeto de pesca de arrastre en aguas profundas, y quería averiguar la magnitud de los daños. Aunque la producción de petróleo y gas en aguas profundas era un problema potencial para los arrecifes de coral de los márgenes continentales, la pesca era una actividad mucho más extendida, y la de arrastre de fondo, en concreto, tenía la capacidad de dañar gravemente los ecosistemas del lecho marino. Si pudiera medir los daños, lograría demostrar lo destructiva que puede ser esta industria para el océano si no se regula adecuadamente. Y si así fuera, tal vez lograría introducir nuevos cambios en la forma en que la industria pesquera operaba en nuestros mares.

Al cabo de una hora y media, nos detuvimos a las afueras de las rutas marítimas que conducen a Ciudad del Cabo y desplegamos el CTD, un instrumento muy similar al que habíamos utilizado en la Antártida, para tomar muestras del agua bajo el barco. A continuación, llegó el momento de calibrar las ecosondas multifrecuencia, dispositivos acústicos utilizados para observar el comportamiento de los animales marinos. Se trataba de una operación muy complicada que requería la suspensión de una pequeña esfera metálica bajo las ecosondas, previamente montadas en el casco del barco, utilizando una combinación de tres cables desplegados desde lo que parecían cañas de pescar sobre las bandas de babor y estribor. Habíamos oído historias de terror sobre lo mucho que podía durar esta operación, un día o más, pero tuvimos mucha suerte con el tiempo en calma y enseguida conseguimos obtener ecos de la esfera. Mientras estábamos absortos en esta actividad tan minuciosa, las focas nadaban a nuestro alrededor. Eran muy sociables y a menudo se reunían en pequeños grupos, pinchándose unas a otras con la nariz, o rascándose y acicalándose con los dientes o las aletas. Alguna saludaba, de vez en cuando, con la cola fuera del agua y la cabeza bajo la superficie. Los lobos marinos de Ciudad del Cabo son las más grandes de toda su especie, y los machos llegan a pesar hasta trescientos sesenta kilogramos. Se dice que su población es estable, entre un millón y medio y dos millones de adultos, pero, y esto es un tema polémico, en Namibia se mata a palos a ochenta mil cachorros y se dispara a seis mil adultos al año. Esto se justifica con el argumento de controlar el impacto de las focas en la pesca, pero las pieles se exportan principalmente a Turquía, donde un acaudalado empresario controla la mayor parte de la industria, convirtiendo dichas pieles en ropa. No solo se trata de un problema importante de bienestar animal, sino que, en mi opinión, la pesca debe gestionarse de manera que haya suficiente alimento para la fauna, ya sean focas, aves marinas, ballenas u otros peces.

A última hora de la tarde, nuestra esfera metálica y los cables salieron disparados hacia la popa. La curiosidad de las focas se había apoderado de ellas y habían venido a investigar nuestro dispositivo, pero, afortunadamente, lo dejaron intacto. Pudimos ver sus movimientos en las ecosondas, ya que hacían estelas de burbujas mientras se sumergían hasta setenta u ochenta metros por debajo del barco, subiendo de vez en cuando a perseguir pececillos. Vimos a un gran macho atrapar algunos entre el muro del puerto y el barco, mientras estaba amarrado, y luego proceder a atiborrarse durante media hora o más.

A las dos de la mañana, tras más de doce horas de calibración, reemprendimos el viaje hacia el primer monte submarino, llamado Coral. La luna se asomaba entre las nubes y la estela del barco brillaba con bioluminiscencia, la luz producida por algas microscópicas agitadas por el paso de la embarcación. La Cruz del Sur brillaba en el cielo nocturno. Era un espectáculo precioso, y lo tomé como un buen presagio para la siguiente etapa de nuestra expedición.

Cinco días más tarde llegamos a Coral, cuya cima estaba a ciento veinte metros de profundidad. Lo habíamos cartografiado en un viaje anterior, en el barco noruego *Fridtjof Nansen*, que lleva el nombre del popular explorador y oceanógrafo que realizó la primera travesía por Groenlandia y un famoso intento de alcanzar el Polo Norte. La cumbre, estrecha pero bastante plana, daba paso a una suave pendiente hasta los mil metros de profundidad en su lado sur, pero a pendientes menos regulares, más empinadas y escarpadas, en el norte, el este y el oeste. El equipo parloteaba, nervioso por la emoción. El monte había sido bautizado con el nombre de Coral porque los pescadores de altura habían recuperado grandes cantidades de coral pétreo en sus redes de arrastre cuando lo habían explorado en busca de poblaciones de peces de valor comercial. Esta evidencia indicaba que, si había arrecifes de coral de aguas profundas en algún lugar, sería aquí. La actividad se tornó febril mientras se preparaba el ROV para su lanzamiento inmediato.

Navegábamos con el *Kiel 6000*, un ROV alemán que nos habían traído con muy poca antelación después de que nuestro precioso *Isis* hubiera sido absorbido por las hélices del *James Cook* en un viaje a la Antártida y resultara gravemente dañado. El *Kiel 6000* se lanzó por la popa, en lugar de por el costado, como el *Isis*, lo que supuso una operación más precaria, pues implicaba un cabrestante, un cable a través de un gran marco metálico en forma de A, en la parte trasera del barco, y cuerdas para estabilizar el giro del vehículo. Una vez que el ROV estuvo en el agua, nos apresuramos a entrar en la furgoneta de control. El lecho marino quedó a la vista y el ROV aterrizó en una suave pendiente arropada por una cama de conchas ennegrecidas del tamaño de un dedo; eran placas de percebes muertos, restos subfósiles de, posiblemente, miles de años de antigüedad.

Después de realizar las comprobaciones previstas, el *Kiel 6000* despegó y continuó escalando la pendiente, filmando todo el trayecto. Entre los percebes se encontraban afloramientos de roca volcánica negra salpicados de gorgonias púrpuras, rosas y blancas. También había grandes estrellas de color rojo rosado, con un aspecto frágil y brazos de múltiples ramificaciones, llamadas *Gorgonocephalus* por su parecido con la cabeza de la criatura Medusa de la antigua leyenda griega. El ROV comenzó a cruzar la arena, habitada por algún que otro cangrejo rojo. Esta dio paso a una ramificación de coral pétreo y muerto. Empezamos a entusiasmarnos, ya que los fragmentos de coral suelen ser la primera señal de un arrecife de coral de aguas frías. En efecto, una barrera de coral surgió de la oscuridad y el ROV se elevó sobre ella y comenzó a atravesarla. Estaba eufórico: nuestra primera inmersión prácticamente confirmaba los resultados de nuestros modelos informáticos, que sugerían la presencia de corales formadores de arrecifes en estos montes submarinos.

La maraña de ramas de coral estaba, casi en su totalidad, muerta, como en un arrecife de *Lophelia,* con solo unas pocas zonas de esqueleto blanco brillante con pólipos vivos de color rojo anaranjado. Se podían ver grandes caracoles con conchas cónicas de un tono perlado alimentándose de estas zonas supervivientes. Se trataba de un arrecife de agua fría formado, principalmente, por una especie de coral llamada *Solenosmilia variabilis,* documentada sobre todo en el sur de Australia y en los alrededores de Nueva Zelanda. Sabía que era el primer arrecife de coral de agua fría documentado en todo el océano Índico, lo cual, aunque era un espectáculo que esperábamos ver, nos dejó fascinados. El descubrimiento de este arrecife no solo significaba que habíamos alcanzado uno de nuestros principales objetivos de la investigación, sino que era, en sí misma, una visión increíble, tan engalanada de vida. Había diversos y hermosos tipos de gorgonias de colores amarillo brillante, blanco y rosa. El entramado de coral estaba cubierto por esponjas de cristal que parecían piezas de artesanía delicadamente talladas. Aquí y allá había grupos y alfombras de cientos de criaturas, semejantes a las anémonas, de un amarillo brillante, melocotón y rosa. A medida que el ROV pasaba por encima del coral, las langostas rosas se escabullían por los agujeros. Un examen minucioso con las cámaras del ROV reveló varios pares de ojos que reflejaban la luz desde los hoyos negros de la estructura. Era como sobrevolar una ciudad y ver a sus habitantes huir para esconderse de una invasión alienígena. Había erizos rosas con finas espinas y estrellas de mar espinosas de color blanco que se arrastraban por el arrecife. De vez en cuando encontrábamos gorgonias carnosas moradas con pequeños pólipos en forma de flor y grandes estrellas rojas que se aferraban, testarudas, a sus ramas. También se podían avistar esponjas gelatinosas con forma de cerebro, de un tono crema. Tratar de asimilar todo el arrecife y sus numerosos habitantes fue una sobrecarga sensorial. No podía quitarme la sonrisa de la cara ante una vista tan impresionante. Hasta que, de repente, vimos algo que me la borró de un plumazo.

Habíamos tropezado con una red perdida. Había sido arrastrada por el lecho marino, raspando y rompiendo el coral a su paso y envolviendo los trozos de arrecife rotos en un lío enmarañado en el fondo. Me invadió una oleada de furia. Se trataba de un monte submarino supuestamente protegido, de forma voluntaria, por la industria pesquera de altura. Debido a que habían encontrado corales en sus redes de arrastre al explorar este monte, varias empresas acordaron respetarlo para evitar hacer más daño a los arrecifes. Por desgracia, estas medidas solo las aplicó un número limitado de buques de unos pocos países. La red y las cuerdas enredadas se extendían a lo largo de un gran tramo del lecho marino, y finalmente abandonamos el intento de seguirla, entre otras cosas por la preocupación de que el ROV quedara atrapado en aquellos cables sueltos. La razón por la que estábamos en esta parte tan remota del océano era porque sabíamos que los montes submarinos del suroeste del océano Índico habían sido víctimas de la pesca de altura. La flota, que contaba con docenas de barcos, había durado solo dos años antes de que la pesca cayera en picado, dejando solo unas pocas embarcaciones de Nueva Zelanda, las islas Cook y Japón que seguían haciéndolo, especializadas en la pesca de arrastre de los montes submarinos.

Aunque resultaba sorprendente que los pescadores se aventuraran a una zona tan remota del océano, situada a días de tierra entre África y la Antártida, en estos picos submarinos se había descubierto oro rojo en forma de un pez de aguas profundas llamado reloj anaranjado. El reloj anaranjado era una captura muy rentable para la industria pesquera de aguas profundas, pero aquí estábamos comprobando de primera mano las consecuencias de la pesca con redes de arrastre de fondo en un arrecife de coral de aguas frías. Ya estábamos reuniendo nueva información sobre los daños causados a esta remota cordillera submarina antes de que los científicos tuvieran siquiera la oportunidad de explorarla e identificar los frágiles ecosistemas que vivían en ella. Mi misión era recoger todos estos datos, y nos pusimos a buscar más pruebas de lo sucedido como si investigáramos la escena de un crimen del tamaño de toda una cordillera.

El reloj anaranjado es un nuevo nombre para una especie de pez de aguas profundas originalmente llamado *slimehead*, lo que se traduciría como «cabeza de moco». Se encuentra, sobre todo, en los taludes de los márgenes continentales y en los montes submarinos, entre los cuatrocientos y los mil metros de profundidad, pero puede vivir a menor altura. Es un pez robusto de un vibrante color rojo, que alcanza los setenta y cinco centímetros de longitud, aunque los que se capturan suelen ser más pequeños. Tiene una cara huesuda con un patrón estrellado alrededor del ojo, una cresta y una boca grande con expresión permanentemente triste. Tienen una buena razón para esa mirada abatida. El reloj anaranjado fue descubierto por buques soviéticos y neozelandeses sobre la elevación de Chatham, al este de Nueva Zelanda, a finales de la década de 1970. Se trata de una enorme extensión de la plataforma continental neozelandesa que forma una meseta, con numerosos montes submarinos y colinas que se extienden hasta mil kilómetros, desde la costa hasta las profundidades. Esta área de aguas poco profundas, que alcanza los 350-400 metros de superficie, es el lugar donde las aguas cálidas subtropicales del norte se encuentran con las aguas frías del océano Austral. Estas zonas, en las que confluyen masas de agua de diferentes temperaturas, salinidades y contenidos de nutrientes, se conocen como frentes. Donde se mezclan las aguas, el océano es muy productivo. Sin duda, esta es la razón por la que había tan altas concentraciones de relojes anaranjados y otros peces sobre la meseta y, en poco tiempo, su captura alcanzó las cincuenta mil toneladas al año.

Evidentemente, el público no estaba dispuesto a comer «cabeza de moco», así que los comerciantes pensaron en el nombre de reloj anaranjado. Además de su nombre, poco atractivo, la piel y la capa de aceite que tiene debajo provocan diarrea si se comen, por lo que hay que eliminarlas al procesar el pescado, un problema técnico que fue resuelto sin mayor conflicto. En la actualidad, el aceite se utiliza como cosmético para hidratar la piel. Se descubrió que los filetes de reloj anaranjado tenían un sabor muy suave, se congelaban bien y eran un buen vehículo para una salsa, y la especie pronto ganó popularidad en Nueva Zelanda, Australia y Estados Unidos. Los arrastreros de Australia decidieron probar suerte en los montes submarinos del sur del continente. Al sur de Tasmania, encontraron su presa: un monte llamado St Helen's Hill produjo más de diecisiete mil toneladas de reloj anaranjado en un solo año.

Este monte submarino cónico, o cono volcánico, alcanza los seiscientos metros de profundidad en la cima desde unos mil metros en la base. El reloj anaranjado desova sobre el monte formando densos bancos, como un dónut alrededor de los flancos. Se dice que la pesca alcanzaba una tonelada por segundo cuando las redes de arrastre eran remolcadas a través de las agitadas masas de peces. Hasta setenta y ocho barcos pescaban en esta zona al mismo tiempo; los arrastreros hacían cola para intentar capturar los bancos de reloj anaranjado. Tanto los patrones como los tripulantes hacían fortuna. En un momento dado, la pesca fue tan copiosa que las instalaciones locales de procesamiento de pescado se vieron desbordadas y camiones llenos de reloj anaranjado acabaron en los vertederos. Estaba claro que este ritmo no podía durar mucho, y, efectivamente, las poblaciones neozelandesas y australianas de reloj anaranjado mermaron con rapidez. Esto no fue solo el resultado de una pesca intensa: los científicos pesqueros no supieron apreciar que el mar profundo era muy diferente, en términos de productividad, a las aguas poco profundas. La industria pesquera, en su búsqueda de nuevos recursos e impulsada, en parte, por la sobrepesca y la regulación de las poblaciones de peces de la costa y del océano abierto, había empezado a explotar un mundo del que sabíamos muy poco.

Para entender la historia y la importancia de la misión en el océano Índico, tengo que retroceder algunos años hasta el momento en que comenzaron las rencillas entre la industria de la pesca de altura y los científicos como yo. En 1992 me estrené con mi primer puesto posdoctoral como investigador en la Asociación de Biología Marina de Plymouth. Cada vez me interesaba más el mar profundo, porque, de todas las partes del océano que conocía, esta albergaba los animales más interesantes y extraños de la Tierra. En un mundo sin luz y sometido a una presión aplastante, la vida prosperaba e incluía criaturas que producían su propia luz, peces con enormes colmillos y aparentemente compuestos en su totalidad por el estómago, así como comunidades enteras alimentadas por la energía química en torno a las fuentes hidrotermales de las profundidades.

Me fascinaban, en concreto, los montes submarinos. Estaban muy poco estudiados, pero parecían atraer una gran cantidad de vida. Como se relata en el primer capítulo, los había encontrado por primera vez en una expedición a las Azores, un lugar en el que estos picos estaban asociados a un gran número de peces, incluidos depredadores como los tiburones y los atunes. También había encontrado fotografías de cumbres de montes submarinos con jardines de corales en forma de abanico, en un libro titulado *The Face of the Deep ('El rostro de las profundidades')*, de Bruce Heezen y Charles Hollister.

Fue durante la investigación para un artículo que publiqué en una revista científica —un estudio que señalaba por primera vez que la sobrepesca de peces y corales en los montes submarinos para la industria de la joyería suponía un problema importante de conservación— cuando descubrí la inusual longevidad del reloj anaranjado. Aunque resultó que no era tan extraordinario para las profundidades marinas. El pez que aparecía en los platos de los países ricos del mundo podía tener ciento cincuenta años o más. El reloj anaranjado tiene un crecimiento muy lento, y no madura hasta los treinta o cuarenta años. Compare estas cifras con las del bacalao del Atlántico, que vive alrededor de veinticinco años y madura a los dos o cuatro años. Además, las hembras de reloj anaranjado no desovan cada año, a diferencia de muchos peces de aguas poco profundas, sino que esperan un periodo desconocido hasta que han acumulado suficiente energía para producir sus huevos. Todos estos rasgos han evolucionado en respuesta a un entorno en el que el alimento es limitado y las tasas de mortalidad natural son bajas. Para empeorar las cosas, el reloj anaranjado se reúne en bancos sobre puntos prominentes del fondo marino para desovar, incluyendo montes submarinos. Las ecosondas modernas permitían detectar fácilmente estas enormes agrupaciones desde la superficie, y la navegación por satélite permitía a los pescadores encontrar fácilmente los mismos puntos, una y otra vez, en la época adecuada del año. La lentitud de la reproducción del reloj anaranjado, unida a lo sencilla que era su pesca, hizo que las pesquerías dedicadas a esta especie se hundieran, pues las poblaciones acabaron sobrexplotadas. Los pescadores respondieron buscando más montes submarinos sin explotar, explotando así, una tras otra, las restantes poblaciones de reloj anaranjado.

Pero el reloj anaranjado no era la única especie en apuros. La primera pesquería industrial de montes submarinos se desarrolló a finales de la década de 1960, más o menos cuando yo nací, en el Pacífico norte. Allí, las flotas japonesa y soviética descubrieron vastos bancos de peces que desovaban por encima de la cadena de montes submarinos Hawái-Emperor. Esta cadena de más de ochenta montes se extiende a lo largo de 5800 kilómetros, desde la fosa de las Aleutianas hasta el monte submarino Loihi, al sureste de Hawái. Es tan extensa que incluso desvía la poderosa corriente de Kuroshio que fluye desde Filipinas hacia el Ártico. Aunque nunca se ha explorado a fondo, los arrastreros oceánicos empezaron a recoger una enorme cosecha de un nuevo pez, cuyas capturas alcanzaron las 133 000 toneladas en 1969. La identidad de este pez ni siquiera se conocía, ya que se destripaba y fileteaba en los buques factoría en el mar. Hasta 1972 no identificó como un pez acorazado pelágico llamado *Pentaceros richardsoni* o «pez jabalí de Richardson», una especie que hasta entonces se consideraba poco común. En aquella época, las capturas ya habían descendido a 20 000-30 000 toneladas, y en 1977 se habían reducido aún más, hasta las 3500 toneladas.

Se sabe poco sobre este pez. Es posible que sea semélparo, como el salmón del Pacífico, y que muera tras desovar una vez sobre los montes marinos Emperador y la cresta norte de Hawái. Las larvas viven en la superficie del océano y se convierten en peces subadultos que migran a los bordes del Ártico, donde se alimentan durante uno o dos años y medio, acumulando grandes reservas de grasa. A continuación, regresan a los montes submarinos, donde metabolizan sus reservas de grasa y se alimentan de las capas migratorias de plancton y de animales nadadores más pequeños durante tres o cuatro años, mientras maduran. Al igual que el reloj anaranjado, el pez jabalí de Richardson se reúne sobre los picos submarinos para desovar, y es aquí donde son víctimas de las flotas de arrastre. En diez años se extrajo casi un millón de toneladas de esta especie en la cordillera submarina Hawái-Emperador, y el caladero colapsó. En el *Fridtjof Nansen*, el barco con el que visitamos por primera vez la dorsal india sudoccidental, habíamos capturado un par de estos peces con una red de arrastre pelágica, una red deslizada por el agua en lugar de por el lecho. En esta dorsal, solo se encontraban en un único monte submarino, el banco Atlantis, una isla hundida con una cima plana cubierta de arena situada a setecientos metros de profundidad. Eran peces de aspecto magnífico, de hasta medio metro de longitud, con un cuerpo de color gris azulado intenso y muchas escamas. Tenían una cabeza acorazada en forma de cuña con un gran ojo negro ribeteado en plata y una boca pequeña. Una cola ancha y una aleta dorsal espinosa recorrían su espalda. Los antiguos registros rusos indicaban que el banco Atlantis era el único monte submarino en la dorsal india sudoccidental en el que se capturaban estos peces en tan grandes cantidades y, por misterioso que resulte, parece que solo este monte proporcionaba el hábitat adecuado para esta especie en esta parte del océano Índico.

En ninguna parte de la bibliografía pesquera encontré referencias a los impactos en el ecosistema de la eliminación de una biomasa de peces tan grande. En los estómagos de los rorcuales cazados por la flota ballenera japonesa se encontró un gran número de peces jabalí de Richardson. Es de suponer que esta fuente de alimento para las ballenas fue aniquilada en el Pacífico norte por esta forma de pesca tan agresiva. En el caso del reloj anaranjado, tampoco se registraron las implicaciones más amplias de la eliminación de múltiples poblaciones de los montes submarinos. Sin embargo, había otro problema más preocupante con estas pesquerías.

En 1997, después de trabajar en la Asociación de Biología Marina de Plymouth, acepté una beca en Southampton y, durante mi estancia, un científico de Australia, Tony Koslow, pasó por allí para dar un seminario sobre montes submarinos. Tony se emocionó al encontrar al autor del artículo sobre los montes submarinos de 1994 en el Centro de Oceanografía, ya que no sabía que me había trasladado a Southampton. Lo que reveló en su charla de aquel día aún me acompaña como la visión de algún gran desastre natural o de un horrible accidente. Tony habló de las actividades pesqueras en los montes submarinos y de la premisa que explicaba por qué estos podían albergar poblaciones tan densas de depredadores en las profundidades marinas, un entorno que sabíamos que era de alimentación limitada. Durante la investigación para mi artículo había reunido pruebas de que un método probable era la captura de zooplancton migratorio y pequeños animales nadadores (micronecton) por parte del monte submarino. Es un hecho poco conocido que la mayor migración del mundo se produce cada día a través del océano.

Al anochecer, millones de zooplancton y micronecton, como medusas, camarones, pequeños peces y calamares, migran desde las aguas profundas a la superficie para alimentarse. La oscuridad de la noche los oculta de los rápidos y ágiles depredadores de las aguas del océano poco profundo iluminadas por el sol. Algunos peces migran hasta mil seiscientos metros para llegar a la superficie. Al amanecer, estos animales huyen de nuevo a la seguridad de las aguas sombrías de la zona crepuscular, o incluso a la zona batial, por debajo de los mil metros de profundidad. Durante la noche, capas de estos animales flotan a la deriva sobre los montes submarinos y, cuando se sumergen al amanecer para ponerse a salvo, su migración queda bloqueada por el fondo poco profundo de la cima y los flancos del monte. Los peces y otros animales del monte submarino atacan a los viajeros atrapados que intentan desesperadamente volver a las profundidades mientras las aguas se iluminan, sin miramientos, con el sol naciente.

En el *Fridtjof Nansen* habíamos observado este fenómeno con una ecosonda multifrecuencia, un dispositivo que emite unos pitidos que rebotan en los animales bajo el barco, sobre el banco Atlantis. Los reflejos se mostraron como píxeles de colores en la pantalla, pasando del azul al rojo a medida que se detectaban formas cada vez más sólidas. Se podía ver una densa capa azul que se hundía hacia la cima del monte submarino y, a continuación, unas manchas rojas surgían del monte e interceptaban a los migradores. Se trataba de los depredadores del monte submarino, y al lanzar la red a estos bancos se atrapó un pez jabalí de Richardson, otra especie comercial, el alfonsino, y depredadores más grandes, como el pez sable, un pez plateado que crece hasta más de un metro de largo, con forma de espada recta y una mandíbula llena de dientes afilados como agujas. Se descubrió que estos peces tenían los estómagos llenos, sobre todo, de peces linterna y calamares típicos de las masas migratorias.

Durante este crucero observamos en la ecosonda que los depredadores del monte submarino respondían a cualquier estímulo en el agua. Cuando sumergimos los instrumentos sobre el monte, pudimos ver cómo los peces se escabullían en busca de la seguridad del fondo. Por esta razón, peces como el reloj anaranjado y el jabalí de Richardson se pescan a menudo con redes de arrastre de fondo.

En su seminario, Tony describió la pesca en los montes submarinos al sur de Tasmania. Los arrastreros neozelandeses de aguas profundas habían desarrollado un equipo de pesca robusto para los terrenos rocosos y escarpados de los montes submarinos. Las redes de arrastre contaban con pesadas puertas de acero, de varias toneladas, para mantener las redes abiertas mientras se arrastraban por el lecho. También se les habían adjuntado unos rodillos en la parte inferior de la boca de la red para poder rodar o saltar sobre las rocas.

Tony mostró una diapositiva de un monte submarino sin explotar, a unos mil trescientos metros de profundidad, cubierto por un exuberante arrecife de coral. Se podían ver erizos arrastrándose por aquellos laberintos salpicados de delicadas esponjas de cristal y crinoideos amarillos, muy similares a lo que veíamos en el monte submarino de coral en 2011. A continuación, nos mostró uno de los montes submarinos afectados por la pesca: solo puedo describirlo como las consecuencias de la explosión de una bomba nuclear. El lecho estaba completamente limpio, apenas cubierto por una sábana de fino polvo pálido y grava. Las marcas de las puertas de las redes de arrastre marcaban la escena, perdiéndose hasta más allá de lo que captaban las luces de la cámara. Quedaba un único coral blando y rojo que crecía en primer plano. El público jadeó y comenzó a murmurar. Tal escena de absoluta devastación me dio náuseas. Había que hacer algo.

A principios de la década del 2000, se unieron dos iniciativas significativas que iban a resultar importantes a la hora de cambiar las prácticas en la gestión de las pesquerías de aguas profundas. El primero fue el Censo de Vida Marina. Se trataba de un esfuerzo internacional patrocinado por la Fundación Alfred P. Sloan e impulsado por el difunto Fred Grassle, un apasionado científico estadounidense que había realizado las primeras investigaciones biológicas de las fuentes hidrotermales cerca de las islas Galápagos. El objetivo era explicar la distribución y la diversidad de la vida en los océanos. El programa incluía el Censo de Montes Marinos, dirigido por Malcolm Clark, un ecologista de los fondos marinos y biólogo pesquero de Nueva Zelanda. Malcolm era un hombre alto y con barba que ya se había ocupado de la industria pesquera de aguas profundas en Nueva Zelanda durante varios años. Habían sido los capitanes de arrastreros neozelandeses los que habían desarrollado el equipo y las técnicas para pescar el reloj anaranjado, primero en las aguas de Nueva Zelanda y luego más allá, en alta mar. Se trata de la zona del océano que está fuera de la jurisdicción de los Estados costeros, normalmente fijada a doscientas millas náuticas (unos trescientos setenta kilómetros) de la línea de costa. Malcolm trabajó para el Instituto Nacional de Investigación del Agua y la Atmósfera (NIWA) en la gestión de la pesca de altura. Era increíblemente trabajador y, bajo su liderazgo, los científicos de todo el mundo empezaron a cohesionar lo que se sabía sobre la ecología y los impactos de la pesca de altura en los montes submarinos. Al mismo tiempo, empecé a asesorar a la Unión Internacional para la Conservación de la Naturaleza (UICN) en cuestiones relacionadas con la conservación de los ecosistemas de aguas profundas en alta mar.

La UICN tenía una posición política poco habitual al ser una organización intergubernamental. Esto le daba un estatus de observador en las reuniones políticas a nivel internacional, incluyendo la Asamblea General de la ONU y la Organización de las Naciones Unidas para la Agricultura y la Alimentación (FAO por sus siglas en inglés). La primera tenía un cierto grado de supervisión de la gestión de los océanos, especialmente en alta mar. La segunda debía coordinar las acciones de gestión de la pesca, incluidas las de las organizaciones regionales de ordenación pesquera (conocidas como OROP), que aplicaban estas normas en alta mar. Bajo la dirección de Carl Gustav Lundin, jefe del programa marino, la UICN estaba desarrollando el argumento de que la alta mar, así como los ecosistemas costeros, también necesitaban protección. Carl había trabajado anteriormente para el Banco Mundial y estaba bien dotado de las habilidades diplomáticas necesarias para comprender el panorama político de la gobernanza de los océanos. También colaboraba con la UICN la abogada estadounidense Kristina Gjerde, dedicada a mejorar la gobernanza de los océanos, especialmente en lo que respecta a la pesca en alta mar. Conocí asimismo a Matt Gianni, un expescador que había trabajado en un buque de pesca de altura frente a la costa del Pacífico de Estados Unidos. Estaba tan consternado por la destrucción de los ecosistemas de aguas profundas que se unió a Greenpeace como activista oceánico. Matt trabajó incansablemente en todo el tema de la pesca de altura; tenía un conocimiento muy amplio de lo que ocurría en las distintas OROP encargadas de la pesca de altura en alta mar.

La industria pesquera lo negaba. Cuando empezaron a salir a la luz fotografías de la devastación causada por la pesca de arrastre de fondo, insinuó que se trataba de casos aislados.

Sin embargo, a medida que se fueron acumulando las pruebas gráficas, las evidencias de los daños causados por la pesca de arrastre de fondo en diferentes partes del mundo se hicieron innegables. Frente a la costa de Noruega, un científico presentó pruebas en vídeo de la destrucción de los arrecifes de *Lophelia pertusa* por esta pesca. Los estudios realizados a lo largo del borde de la plataforma continental revelaron fragmentos de coral destrozados y dispersos, rocas volteadas, surcos profundos de las puertas de las redes de arrastre y diversos elementos de equipos de pesca perdidos, como anclas, redes de enmalle, redes de arrastre y cuerdas. Las redes de arrastre por roca habían permitido a los pescadores mover sus redes por un terreno accidentado, con el resultado de que se estima que entre el 30 % y el 50 % de las zonas de coral de Noruega fueron dañadas o destruidas.

Irónicamente, habían sido los pescadores quienes habían alertado a los científicos, preocupados porque la disminución de las capturas de peces fuera consecuencia de la pérdida del hábitat que proporcionaba el coral. Los cruceros del Centro Oceanográfico de Southampton sobre los montículos de Darwin habían obtenido imágenes acústicas de montículos totalmente borrados por las huellas de las redes de arrastre que los atravesaban. En el Atlántico noroccidental, los vídeos captados desde los montes submarinos de Corner Rise mostraban las cumbres despejadas de vida y con claras marcas de las redes y puertas de arrastre, demasiado evidentes en la roca desnuda que quedaba. El impacto de la pesca de arrastre era tan fuerte que incluso había roto las duras costras de manganeso de la superficie del monte submarino. Estos montes submarinos habían sido invadidos por arrastreros soviéticos desde mediados de los años setenta hasta mediados de los noventa. Greenpeace se involucró y los siguió hasta sus zonas de pesca en el Pacífico sur. Las imágenes que recogieron de enormes gorgonias rojas con tallos tan gruesos como troncos de árboles, más grandes que una persona, incluso con la mayoría de las ramas rotas por las redes de arrastre y arrojadas de vuelta al océano, me resultaron especialmente inquietantes. Los estudios isotópicos de los esqueletos de los corales han demostrado que algunas especies de coral negro pueden tener más de cuatro mil años. Son los pinos de las profundidades. La antigüedad de estos ejemplares que eran devueltos al océano era mera especulación, pero yo estaba seguro de que debían tener miles de años, como después se descubrió que tenían los arrecifes formados por *Lophelia pertusa*.

Las pruebas que revelaban el verdadero alcance del daño que la industria pesquera estaba causando a nuestros océanos, destruyendo estos antiguos ecosistemas sin comprender ni responsabilizarse de las consecuencias, eran profundamente preocupantes. En 2002, en la revista *Nature*, Daniel Pauly, un científico pesquero de renombre mundial, estableció la analogía de que la pesca de arrastre era como la tala de bosques en la caza de ciervos. La imagen que evocaba de la destrucción de los complejos ecosistemas de las profundidades marinas, causante de la pérdida de hábitat de miles de otras especies, era muy acertada. Más tarde, los científicos, las organizaciones no gubernamentales (ONG) y los defensores del medio ambiente sustituyeron el término «ciervo» por el de «ardilla», que refleja las capturas aún más pequeñas de la pesca de arrastre en aguas profundas. El escenario para la batalla entre la industria pesquera y los científicos que comprendían el peligro que corría el océano en sus manos estaba listo. A partir de 2003, en el Congreso Mundial de Parques de Durban (Sudáfrica), comenzaron los enfrentamientos entre científicos y ecologistas contra la industria pesquera, sus grupos de presión y los gestores de la pesca. Invitado por la UICN, di una charla sobre las profundidades marinas que incluía los últimos descubrimientos sobre la rica diversidad asociada a los montes submarinos y los arrecifes de coral de aguas frías, y las amenazas que la pesca suponía para estos ecosistemas. Aquí me encontré por primera vez con Javier Garat, un miembro de un grupo de presión de la industria pesquera española, a la que defiende con fervor. Javier, siempre inmaculado, con americana, corbata y pantalones chinos, nació en el seno de una familia que fundó una empresa de pesca industrial, Albacora; se formó como abogado y trabajó para Cepesca, una organización de presión pesquera, y, por sus esfuerzos en favor de la industria pesquera española, fue honrado con el nombramiento de Caballero de la Orden Internacional del Toisón de Oro.

Nuestro primer encontronazo se produjo en una pequeña sala destinada a eventos menores. Fue frente a una mesa redonda que discutía la gestión de la pesca en alta mar. En un momento dado, Javier se levantó y afirmó con elocuencia que la pesca de altura evitaba los corales porque eran peligrosos para los aparejos de pesca, y que la mayoría se desarrollaba en fondos blandos —fangos— donde no había vida. Se me dispararon las alarmas. La ausencia o casi ausencia de vida en las profundidades era la misma falacia que Shell y el Gobierno de Reino Unido habían esgrimido durante su disputa con Greenpeace por la plataforma petrolífera abandonada *Brent Spar*. De inmediato, intervine desde el hemiciclo y afirmé que, de hecho, se había descubierto que los sedimentos de aguas profundas albergaban una gran diversidad de vida marina y que esta alcanzaba un máximo en las profundidades medias, entre mil y tres mil metros. Javier titubeó visiblemente y luego dio marcha atrás diciendo que no había querido decir que *no* hubiera vida en esos ecosistemas. Para mí fue un claro indicio de lo que la industria podía estar susurrando al oído de los políticos cuando no había científicos en la sala que aportaran datos sobre los ecosistemas de aguas profundas afectados por la pesca. Que los científicos ni siquiera llevasen la batuta en estos asuntos me hizo bullir de frustración. El hecho de que se tomen decisiones clave basadas en información sesgada o falsa es muy preocupante. Como descubriría más tarde, Cepesca y otros grupos de presión de la industria pesquera estaban presentes de forma más o menos permanente en el Parlamento Europeo, argumentando a favor de cuotas menos estrictas y más dinero de los contribuyentes en forma de subvenciones para apoyar la modernización de las flotas pesqueras, con mejores buques y equipos más eficientes. ¿Cómo íbamos a asegurarnos de que nuestras voces fueran escuchadas y de que los políticos tuvieran toda la información a mano a la hora de tomar decisiones tan cruciales sobre lo que ocurre con nuestros mares?

Siguió un torbellino de reuniones, la Conferencia de las Partes del Convenio sobre la Diversidad Biológica en Kuala Lumpur (Malasia) y el Congreso Mundial de la Naturaleza en Bangkok (Tailandia), ambos en 2004, y luego la reunión del Comité de Pesca de la FAO en Roma, en 2005. La abogada estadounidense Kristina Gjerde, Carl Gustav Lundin y Matt Gianni, todos ellos colaboradores del programa marino de la UICN, estaban siempre presentes, ya fuera tratando de aumentar la comprensión de la biodiversidad y la vulnerabilidad de los ecosistemas de aguas profundas como abogando por una mejor gobernanza de la alta mar, las aguas que están fuera de la jurisdicción nacional. En esas aguas no existía un marco legal para la protección de ecosistemas diversos y frágiles como los arrecifes de coral de aguas frías o los montes submarinos. Cuando se negoció la Convención de las Naciones Unidas sobre el Derecho del Mar (UNCLOS), no se tenía conciencia de la diversidad de la vida en las profundidades del océano. Además, el concepto de «libertad de los mares» significaba que los Estados se resistían a los intentos de regular las actividades más allá de sus aguas. En muchas zonas del océano no existía ninguna supervisión de las actividades pesqueras, que se suponía que eran gestionadas por el Estado cuya bandera ondeara en el barco en cuestión. En el mejor de los casos, a las pesquerías las supervisaban las OROP, empresas privadas formadas por representantes de los Gobiernos de los Estados de abanderamiento, que se reunían y acordaban por consenso los reglamentos pesqueros y las cuotas. Estas organizaciones funcionaban con un bajo nivel de transparencia, y los procesos de toma de decisiones se regían, generalmente, por el mínimo común denominador, es decir, por lo que aceptaban las naciones pesqueras más agresivas. Los grupos de presión eran omnipresentes y, aunque estas organizaciones contaban con comités científicos, gran parte de la atención se centraba en el establecimiento de cuotas sostenibles para las especies de peces de interés, no en los impactos ambientales de la pesca. La falta de pruebas fue utilizada a menudo por Estados movidos por los intereses de la industria pesquera, como Japón, para sofocar las medidas destinadas a reducir las cuotas o modificar las prácticas pesqueras para proteger el medio ambiente.

Por supuesto, algunas OROP eran mejores que otras, en concreto aquellas en las que los Estados responsables invertían en más asesoramiento científico y los objetivos de la gestión se basaban no solo en el mantenimiento de la pesca, sino también del medio ambiente. Sin embargo, en general, lo que vi fue muy preocupante. Parecía que no habíamos aprendido mucho de la experiencia de la Comisión Ballenera Internacional, en la que los Estados presidieron la sucesiva diezma de las poblaciones de ballenas, pasando de las especies más grandes y valiosas a las más pequeñas. Las discusiones sobre las cuotas por parte de Estados como Japón estrangularon cualquier esperanza de controlar la matanza de ballenas, y esto, a su vez, se vio agravado por la subnotificación masiva de la caza por parte de Rusia (entonces la Unión Soviética). Solo cuando hubo una protesta pública, tras las revelaciones de Greenpeace sobre lo que estaba ocurriendo, se detuvo esta cacería; de lo contrario, muchas especies de ballenas habrían desaparecido.

Aunque muchos de nosotros vivimos en democracias, sigue siendo muy difícil lograr un cambio en cuestiones relativas a los daños medioambientales por parte de una industria, sobre todo cuando otros asuntos económicos y sociales exigen cada vez más la atención de los políticos. Esto es aún más cierto en el caso concreto de la pesca de arrastre en aguas profundas, en la que la actividad tiene lugar en aguas demasiado distantes de la percepción del público. Conseguir que la voz de la sociedad civil sea escuchada en los organismos gubernamentales nacionales e internacionales es increíblemente difícil, y exige una variedad de habilidades y estrategias que van desde la educación pública y la publicidad, hasta el contacto personal y la discusión con los responsables políticos, y el conocimiento y la comprensión íntimos de, en este caso, la legislación ambiental. Los comunicadores experimentados son, por tanto, una parte fundamental de cualquier campaña para cambiar la política pública. Fue durante la avalancha de reuniones de 2004 cuando me encontré por primera vez con Mirella von Lindenfells y Sophie Hulme, cofundadoras de Communications INC, una empresa especializada en trabajar con varias ONG en la comunicación de temas al público y a los responsables políticos. Mirella hablaba bien y era muy expresiva. Era una apasionada del océano y de los problemas relacionados con su abuso. Sophie era una activista seria y trabajadora. Los tres conectamos de inmediato. Sophie había trabajado para alguna ONG, como Amnistía Internacional, en temas muy diferentes, y Mirella tenía experiencia con Greenpeace. Sin embargo, todos compartíamos la visión de un futuro mejor en el que tanto las personas como el medio ambiente fueran valorados y tratados con más consideración. Como parte del trabajo de información a los políticos sobre la devastación causada por la pesca de altura, Communications INC organizó una gira de científicos por Europa para que expertos como yo pudieran hablar con los representantes de los Gobiernos, cara a cara, sobre los problemas asociados a la pesca de altura. En uno de esos viajes a Polonia, nuestro periplo terminó con una presentación y un debate con un ministro de Pesca polaco al que intentábamos convencer de que apoyara la normativa europea para pescar de forma más sostenible y que pareció bastante desconcertado durante gran parte de la reunión.

—Pero nosotros no tenemos este tipo de pesca, según tengo entendido.

—Puede que Polonia no, pero otros países de Europa sí, y sus opiniones y sus votos cuentan en el Parlamento Europeo —explicó Sophie pacientemente.

Todos los miembros del Parlamento Europeo y de la Comisión tienen influencia en las decisiones tomadas con respecto a la gestión de la pesca realizada por la flota pesquera europea. Europa es uno de los principales usuarios de pesca de altura a nivel mundial, por lo que era fundamental informar a los políticos europeos de la devastación causada por esta pesca y conseguir su apoyo para la reforma. A continuación se celebró un acto en el Parlamento Europeo organizado por Carl Gustav Lundin, en el que hice una presentación sobre la biodiversidad de las profundidades marinas y las repercusiones de la pesca de arrastre de fondo en los montes submarinos y los ecosistemas coralinos de aguas frías. Javier Garat expuso con contundencia el punto de vista de la industria pesquera. Había traído consigo a un pescador español que trató de transmitir lo empobrecido que estaba el sector. Durante la sesión de preguntas y respuestas, uno de los representantes del Gobierno de un Estado europeo afirmó que los arrastreros irlandeses habían destruido deliberadamente una población de reloj anaranjado frente a Irlanda con el mero propósito de evitar que los franceses, y otros, «se llevaran su pescado». De ser cierto, era otro ejemplo de cómo se trataba a las poblaciones vivas de peces como simples recursos mineros. Espero que los comisarios y parlamentarios europeos, escépticos al principio, se hayan dejado convencer por las pruebas de la sobrepesca y los daños medioambientales que se les presentaron. El hecho de que algunos de sus propios miembros estuvieran viendo los resultados de la sobreexplotación descuidada y la destrucción de las poblaciones de peces añadió aún más peso a los argumentos que presentamos. Esto era fundamental, porque la Unión Europea era una voz destacada dentro de la Asamblea General de la ONU.

Poco a poco, la postura de la ONU en Nueva York empezó a cambiar con una serie de resoluciones de la Asamblea

General. A partir de 2004, se pidió el cese de las prácticas pesqueras destructivas que dañaban los ecosistemas marinos vulnerables, incluidos los montes submarinos y los corales de aguas frías. Esto se reiteró en 2006 con otro llamamiento de la Asamblea General de la ONU para que se establecieran medidas de gestión que impidieran el daño a los mencionados ecosistemas. Aquí empezamos a encontrarnos con elementos de la industria pesquera implicados en el suroeste del océano Índico. Los representantes de la industria, algunos miembros de la Organización de las Naciones Unidas para la Agricultura y la Alimentación y las OROP se conocían muy bien entre sí. Los había visto cenar juntos en las reuniones, beber juntos hasta altas horas de la noche y eran puro ardor en su apología de una industria que había participado en la destrucción indefendible del medio ambiente marino. A medida que los argumentos ecologistas iban ganando terreno, las discusiones en las reuniones de la industria pesquera se volvían menos lógicas y más difíciles de seguir. Muchos de los científicos que aportaron pruebas del daño que la pesca estaba causando en las profundidades marinas fueron vapuleados verbalmente por la mala ciencia o la extrapolación de resultados basados en estudios locales. Personalmente, fui testigo de que esto ocurría cuando los científicos en cuestión no estaban en la sala para defenderse: era una estrategia claramente dirigida a socavar su credibilidad ante la audiencia, normalmente conformada por políticos. Fue un aspecto de la batalla que me pareció especialmente ladino. No tengo dudas de que yo recibí un trato similar cuando no estaba presente para defender mi trabajo. Algunos representantes de la Organización de las Naciones Unidas para la Agricultura y la Alimentación (FAO), con sede en Roma, y algunas empresas de pesca de altura sabían que las Naciones Unidas tenían la sartén por el mango, y habían trabajado juntos para declarar áreas protegidas voluntarias a lo largo de las cordilleras del suroeste y del sureste del Índico y así proteger los arrecifes de coral de aguas frías y las zonas de especial interés científico. Fue un paso adelante, y el monte submarino de coral fue una de las zonas bajo protección voluntaria.

A pesar de las resoluciones de la Asamblea General de la ONU, las acciones para reducir los efectos perjudiciales de la pesca de arrastre de fondo en aguas profundas fueron muy lentos o insuficientes. Sin embargo, en 2007 se había acumulado suficiente presión para que la Asamblea General de la ONU actuara con decisión. Se ordenó a la FAO de la ONU que tomara medidas para mejorar la sostenibilidad medioambiental de la pesca de fondo en alta mar. Me invitaron a participar en un taller en 2007 para ayudar a desarrollar nuevas directrices para la gestión de dicha pesca. La reunión se celebró en un hotel de Bangkok. Además de Matt Gianni y Kristina Gjerde, había una serie de científicos, todos ellos expertos en pesquerías de aguas profundas o en ecosistemas de montes submarinos, muchos de ellos colegas con los que había trabajado con anterioridad. En representación de la industria estaba Graham Patchell, de la empresa pesquera Sealord, propiedad de intereses neozelandeses (maoríes) y japoneses; había también representantes de la FAO y de diversos organismos pesqueros, entre ellos Ross Shotton, que había participado en la creación de las áreas protegidas voluntariamente en el sur del Índico. Las discusiones fueron, en general, constructivas y de carácter empresarial. Todas las partes se dieron cuenta de que las Naciones Unidas, y por tanto la FAO, estaban sometidas a una gran presión para mejorar la gestión de la pesca de fondo en alta mar.

El peso de la experiencia científica hizo que las tertulias se basaran en pruebas. Un tema especialmente delicado fue el de qué se entiende por daño temporal a los ecosistemas de aguas profundas. Si la pesca afectaba a los ecosistemas pero estos se recuperaban antes de sufrir nuevos impactos, se consideraba que esos daños eran aceptables en el transcurso de la captura de peces. Se produjo un intenso debate sobre si debía establecerse un límite de tiempo para los impactos «temporales». Esto era fundamental para garantizar la protección de los arrecifes de coral de aguas frías y otras comunidades animales en peligro.

Si no se establecía un límite temporal, los gestores de las pesquerías tendrían libertad para imponer su propia definición, con el riesgo de que nunca se protegieran los ecosistemas con una capacidad más limitada de recuperación. Insistí mucho en que había que convenir lo que se entendía por temporal, y, al final, acordamos que eso significaba una falta de recuperación de entre cinco y veinte años. Fue un momento especialmente gratificante para mí, y sentí que había podido utilizar mis conocimientos para influir en las directrices de gestión de las pesquerías de aguas profundas que estaban tomando forma. Muchos de los científicos presentes en la mesa habían sido testigos de la destrucción de estos ecosistemas que, probablemente, tardarían cientos de años en recuperarse, si es que lo hacían.

En 2008, la UICN me pidió que asistiera a la reunión en la sede de la FAO, en Roma, donde los representantes de los Estados acordarían el texto final de las directrices. Pasé varios días observando, junto con otros científicos, cómo abogados y representantes de los Ministerios de Pesca discutían sobre la redacción final de las pautas, hasta el punto de si las palabras «y» u «o» debían colocarse en una u otra zona del texto. Lo triste es que esas pequeñas diferencias de redacción tuvieron un impacto significativo en la aplicación de estas normas en el océano. Cuando se aprobó el texto final, hubo un suspiro colectivo de alivio. Después de cinco años de esfuerzos por parte de científicos, ONG y la UICN, habíamos llegado al primer esfuerzo internacional serio para hacer frente a la horrible destrucción causada por la pesca de arrastre de fondo en los vulnerables ecosistemas de aguas profundas.

Me embargó un verdadero sentimiento de satisfacción por sacar adelante el trabajo a pesar de la oposición tan vocal de la industria, la relación más que insidiosa entre las organizaciones destinadas a aplicar la pesca sostenible en alta mar y los intereses comerciales creados. Los Estados de abanderamiento y las organizaciones regionales de gestión de la pesca se enfrentaban ahora a la tarea de aplicar las nuevas directrices, incluido el límite de captura sostenible para los peces de aguas profundas, la protección de los ecosistemas marinos vulnerables mediante el cierre de las caladeros y la elaboración de protocolos para identificar nuevas zonas que se caracterizaran por una elevada captura accidental de corales y otras delicadas formas de vida marina. Sin embargo, este no era el final del asunto. Cuando partí en mi primera expedición a la dorsal del Índico sudoccidental, a finales de 2009, y luego a la Antártida, a principios de 2010, estaba redactando un informe sobre la aplicación de las directrices de la FAO con Matt Gianni. La adhesión a estas normas era muy desigual entre los Estados y las OROP. El informe del que Matt y yo fuimos autores concluía que algunos países y OROP se tomaban en serio las directrices, pero otros no. La Asamblea General de la ONU presionó para que se aplicaran mejor mediante otras resoluciones en 2010 y 2012. Sin embargo, tenía poca capacidad para obligar a los Estados a cumplir, y en grandes partes del océano seguían siendo el salvaje Oeste.

De vuelta al Índico meridional en el RRS *James Cook,* en 2011, avanzamos de monte submarino en monte submarino, viendo cada vez más pruebas de pesca. Buceamos en el Banco Melville, un monte muy complejo con dos picos distintos y un revoltijo de acantilados y terreno escarpado. Las laderas estaban cubiertas de basalto negro roto y había pequeñas langostas rosadas y anaranjadas, *Projasus*, esparcidas aquí y allá. Nos encontramos con laderas de coral fragmentado y sedimentos, y luego con una cuerda que surgía de la oscuridad y se extendía por encima del ROV. En ella había una olla para langostas, no muy diferente de la que usaba mi abuelo en Irlanda. Que la pesca de langostas se llevara a cabo aquí, a cinco o seis días de navegación de la tierra más cercana, era simplemente inconcebible. Nos alejamos de la cuerda por si habíamos pasado inadvertidamente por debajo de otros equipos de pesca. Atravesamos el monte submarino, encontrando crestas de roca con gorgonias de color rojo escarlata y púrpura que crecían donde estaban más expuestas a la corriente. En un terreno más accidentado vimos campos de gorgonias de color amarillo brillante.

Los acantilados volcánicos albergaban delgados peces cardenales grises, otra especie de interés para la pesca en los montes submarinos que puede vivir más de setenta años. Pero la evidencia de la pesca estaba siempre presente. En uno de los precipicios encontramos dos remolques de langostas enredados entre sí. Uno de ellos estaba formado por las nasas tradicionales cubiertas de red que conocemos de Irlanda, mientras que la otra estaba formada por nasas de plástico azul pálido que se parecían a las jaulas que usábamos para llevar al gato al veterinario. Había docenas de trampas para langostas. Me di cuenta de que se trataba de una pesquería completamente desconocida, no declarada ni regulada, pero que se desarrollaba en el lejano océano Índico. Era una prueba más de la completa anarquía en alta mar y de lo que ocurría fuera de la vista del mundo. Entonces vimos lo que parecía ser una junta de motor, obviamente arrojada por la borda de un barco pesquero.

La cima del monte submarino, a menos de cien metros de la superficie, estaba formada por una serie de crestas de basalto negro adornadas con vegetación. Pequeñas colonias de coral gris oscuro daban al fondo marino un aspecto peludo y, entre ellas, asomaban corales de tipo *Balanophyllia*, de color dorado brillante y amarillo anaranjado. Estos últimos parecían racimos de anémonas con forma de flor, como soles en miniatura También había estilasteridos o hidrocorales de color blanco brillante, como esbeltas astas que crecían en el lecho marino. En un barranco yacía un ancla, probablemente parte de una red o cabo abandonado en el monte submarino. Tenía una costra de vida, y la cuerda atada a ella se perdía en la oscuridad. A medida que avanzábamos hacia la cima del monte, nos perseguía un grupo de meros de roca. Eran enormes, de color gris pizarra, cuerpo ancho, grandes ojos dorados y unas fauces depredadoras en la parte baja de la cabeza. Cazaban con las luces del sumergible, pero eran demasiado lentos. Grandes jureles plateados pasaban por delante del ROV para atrapar a cualquier pez más pequeño desprevenido y atrapado en las luces del *Kiel 6000*. La cantidad de vida en el banco Melville era impresionante. Michelle, la científica posdoctoral que trabajaba en el proyecto del monte submarino, gritó de repente:

—¡Para! ¡Para!.

Todos miramos a la pantalla de vídeo, a una pequeña forma que flotaba sobre el fondo. Se convirtió en un pez pálido con forma de caja y cubierto de manchas negras.

—Oh, Dios mío, eso es *Ostracion cubicus*. Los he visto en los arrecifes de coral de Madagascar.

El anuncio, bastante dramático, provocó algunas risas. En efecto, se trataba del pequeño pez globo de los arrecifes de coral, y todos nos maravillamos de verlo tan al sur y a doscientos metros o más de profundidad por debajo de la cima de un monte submarino. Michelle conocía bien al animal, ya que había dirigido una ONG llamada Reef Doctor ('Doctores de Arrecifes')en Madagascar, en cuyas aguas costeras este pez era común. La cámara se acercó y pudimos ver las aletas pectorales trabajando como locas, impulsando al torpe animal por el lecho marino. Su ojo negro brillaba con destellos azul verdosos. No era el único visitante del arrecife.

Cerca de la cima vimos peces de colores del arco iris que iban de un escondite a otro. Esto probó la vieja teoría de que los montes submarinos podían actuar como trampolines para que los animales cruzaran grandes distancias del océano con el paso del tiempo. Los montes submarinos eran como islas de aguas poco profundas situadas en el amplio mar abisal. También nos topamos con una enorme langosta espinosa, de color rosa con patas de bandas rojas y blancas, agazapada bajo un saliente. Esto era lo que buscaban las nasas. Las langostas del océano Índico eran uno de los principales objetivos de las pesquerías frente a Sudáfrica y las islas Crozet, en el subantártico, al sur. Sólo vimos unos pocos de estos espectaculares animales en nuestras inmersiones en el banco Melville. Es probable que muchos hayan sido capturados por los caladeros. Cuando llegamos a la cima del monte, fue como entrar en una calle muy concurrida de Londres, si Londres fuera un acuario gigante. Nubes de morenas de rayas verdosas revoloteaban en la oscuridad. Los meros de roca pasaron junto al ROV mirando el vehículo con lo que parecía ser una intensa curiosidad. No solo estaban los de color gris pizarra, sino también una especie más oscura con manchas pálidas: meros de roca hapuku. Un delgado tiburón azul grisáceo pasó perezosamente, acariciando con su cola la corriente. En la oscuridad se extendía un campo de corales dorados, blancos y grises, con peces más pequeños que se ocupaban de sus asuntos, nadando de un lado a otro, entrando y saliendo de los recovecos.

En nuestra última inmersión en el banco Melville, el *Kiel 6000* rastreó una de sus escarpadas laderas. Cruzamos campos de rocas negras rotas, brotes de arena y crestas. En ellos crecían enormes tallos de color blanco brillante coronados por una esponja con forma de copa. También encontramos una extraña medusa roja con filamentos finos, adherida a la piedra. Nos detuvimos para intentar tomar una muestra, pero se soltó y flotó hacia la corriente. Entonces, en la distancia, vimos un pez de color rojo brillante. Cuando el ROV se acercó, se orientó hacia nosotros y vi que era un reloj anaranjado. Se trataba del pez que todos habíamos visto tantas veces en fotografías en las cubiertas de los barcos de pesca. Aquellos animales eran de un color naranja enfermizo y tenían las aletas hechas jirones, mutiladas por una red de arrastre al ser elevados en masa a la superficie desde la agradable oscuridad de su hogar. Visto en su hábitat natural, era una criatura hermosa. De un rojo rosado intenso, con aletas redondeadas y extendidas sobre su cuerpo como las alas de una mariposa, y una fina cola bifurcada. Sus ojos oscuros nos miraban desde las esqueléticas placas óseas de la cabeza, y una boca abatida le daba una eterna expresión de tristeza. Se alejó hacia la azulada negrura, oscura como la tinta, dejándonos a todos contentos de que al menos quedaran algunos de estos majestuosos peces en estos montes submarinos. Me conmovió tanto que escribí un cuento sobre él para mis hijos.

Más allá de la cresta, en un monte submarino llamado banco Sapmer, encontramos una agallera de malla fina extendida a lo largo de parte del monte. Atrapada entre la agallera y el suelo había una langosta que luchaba sin fuerzas por liberarse, mientras moría lentamente. Incluso los pilotos del ROV querían arriesgar su robot de varios millones de euros por rescatar al animal, tan angustioso era el espectáculo. Seguimos la red durante un trecho corto, pero seguía extendiéndose en la oscuridad, con peces muertos que yacían debajo atrayendo a más animales, que eran a su vez atrapados. Este era el primer ejemplo real de red fantasma que presenciaba en las profundidades marinas: equipos de pesca perdidos que seguían atrapando con avidez a todos los que se acercaban, ya fueran peces, cangrejos o langostas. Lo que empeoró aún más las cosas fue ver cómo aparecía un arrastrero japonés, disparaba sus redes y procedía a rastrear los bordes del monte submarino. Obviamente, estábamos estorbando.

El último monte submarino del crucero fue el banco Atlantis. Este no se había originado como un volcán, sino como un trozo de corteza terrestre ascendente. Por lo tanto, Atlantis era de gran importancia científica, porque ofrecía roca profunda de interés para el estudio geológico y la posibilidad de comprender los procesos en la corteza y el manto terrestre que se encuentran debajo. Tiempo atrás, había sido perforada por el Programa Internacional de Descubrimiento de los Océanos (IODP por sus siglas en inglés), un gran proyecto destinado a comprender la historia de la Tierra mediante el estudio de las rocas y los sedimentos marinos. En su día fue una isla, y la acción de las olas había erosionado su cima hasta convertirla en una llanura incrustada en piedra caliza con una fina capa de arena. Había pequeños tiburones, alguna langosta *Projasus* y un extraño pez blanco y rojo con un largo hocico, un pez fuelle, que revoloteaba en el fondo del mar. Estos peces se asemejaban a un antiguo fuelle multicolor y estaban emparentados con los caballitos de mar. Aquí y allá había afloramientos dentados de roca negra, algunos de los cuales albergaban grandes árboles de corales blancos, engalanados a su vez por erizos de mar con espinas especialmente finas y afiladas llamados *Dermechinus horridus*. Era horrible tratar de recogerlos cuando se tomaban muestras con el ROV. Hacia los bordes de la montaña submarina había zonas más interesantes. Encontramos colonias de corales burbuja de varios metros de altura. En sus ramas se enroscaban ofiuras, crinoideos y estrellas cesta, parecida esta última a la cabeza de una gorgona. Había campos de anémonas rojas atacadas por grandes arañas de mar rojas del género *Colossendeis,* del tamaño de platos. También había delicadas cestas de flores de Venus, animales que parecían estar hilados con el más fino bordado de sílice, formando racimos de tubos delgados. Dentro de cada uno de ellos había una sola pareja de camarones, un macho y una hembra, una nueva especie. De vez en cuando veíamos un pez jabalí de Richardson nadando sobre el monte submarino. Luego, en uno de los flancos del Atlantis, nos vimos recompensados con el último vistazo a un reloj anaranjado. Este era de color rosa pálido y estaba sentado con su nariz tocando la roca desnuda de la montaña submarina. Cuando nos acercamos, el animal se volvió blanco, lentamente, antes de alejarse en la distancia. Está claro que el reloj anaranjado no está hecho para la velocidad; el pez se balanceó de un lado a otro mientras aleteaba en la oscuridad.

La lucha por gestionar lo que ocurre en los confines y profundidades del océano continúa hoy en día. La Unión Europea finalmente acordó limitar la pesca de especies de aguas profundas a una profundidad máxima de ochocientos metros, tras años de campaña de la Coalición para la Conservación de las Aguas Profundas (DSCC, por sus siglas en inglés) y otras ONG. El límite debería haber sido menor, a cuatrocientos metros, ya que es a esta profundidad donde las capturas de especies de aguas profundas de crecimiento lento aumentan drásticamente en relación con las capturas de especies de valor comercial. La Asamblea General de la ONU sigue pidiendo a los Estados y a las OROP que mejoren la aplicación de las directrices de la FAO. En algunas partes del mundo se han producido verdaderos avances. Se han cerrado a la pesca zonas del Atlántico norte, el Atlántico sur y la Antártida, donde hay ecosistemas marinos vulnerables. Las poblaciones de reloj anaranjado en algunas zonas, sobre todo las que se caracterizan por su alta productividad, como la elevación de Chatham en Nueva Zelanda, han mostrado signos de recuperación.

Sin embargo, en otras zonas, como el Pacífico norte, sigue habiendo poca idea de lo que se pesca y dónde y, desde luego, ningún intento de moderar el impacto medioambiental.

En el sur del océano Índico existe ahora una nueva organización regional de gestión de la pesca, y algunos de los montes submarinos que investigamos han sido protegidos de la pesca de altura. Los avances son, por desgracia, muy lentos. Como relaté en el capítulo anterior, en 2016 estuve de nuevo en el RRS *James Cook*, esta vez investigando los bancos y montes submarinos situados al oeste de Escocia junto con colegas de la Universidad de Plymouth y el Comité Conjunto de Conservación de la Naturaleza (JNCC, por sus siglas en inglés). Aquí encontramos, para nuestro deleite, zonas de espectacular crecimiento coralino ahora protegidas de la pesca de arrastre. Sin embargo, también encontramos zonas en las que los arrecifes estaban siendo gradualmente destruidos, con el rastro de las redes claramente visible en el coral. En aguas más profundas, sobre un lecho marino de arena fangosa, las zonas que habían sido arrastradas estaban más o menos vacías de vida en comparación con las que no habían sido pescadas. Quedaba algún que otro pepino de mar, y muchos de ellos estaban visiblemente heridos.

Los montes submarinos son oasis biológicos en el océano. No sólo albergan ricas comunidades coralinas y una gran cantidad de especies, sino que también son importantes zonas de alimentación para muchas especies de depredadores oceánicos, entre los que se incluyen peces de gran tamaño como el atún y los tiburones, así como focas, ballenas y aves marinas. También son importantes lugares de cría para ciertos peces e incluso actúan como puntos de navegación para animales tales como las tortugas, que realizan migraciones transoceánicas como parte de su ciclo vital. La destrucción de comunidades tan vulnerables de montes submarinos y otros ecosistemas marinos ha sido rápida y, en gran medida, no documentada: lo que los científicos han registrado es la punta del iceberg. Esta destrucción continúa hoy en día, y a ella se suman las amenazas de las nuevas industrias en el océano, como la minería de aguas profundas, a la que volveré más adelante. La protección de estos ecosistemas de aguas profundas, especialmente los que se encuentran en alta mar, aguas que están fuera de la jurisdicción nacional, es una cuestión de máxima urgencia. Sin embargo, por extraordinario que parezca, no existe un marco legal para la protección de la biodiversidad más allá de las aguas nacionales, la mayor parte del ecosistema más grande de la Tierra. Desde 2004, un grupo no oficial auspiciado por la ONU ha estado trabajando en cómo proteger la biodiversidad en alta mar. En 2017, tanto su labor como la presión de científicos, alguna ONG, Gobiernos y políticos de mente más abierta que reconocen la importancia del océano impulsaron finalmente a los Estados a entablar negociaciones para elaborar un nuevo instrumento jurídico internacionalmente vinculante que protegiera la biodiversidad marina más allá de las aguas costeras. En 2018, la Asamblea General de la ONU celebró la primera conferencia intergubernamental para debatir estas nuevas normas internacionales y cómo aplicarlas. Están previstas más conferencias en 2019. Algunos Estados se oponen a estas normativas o intentan que sean ambiguas. El declive de las relaciones internacionales como consecuencia del auge del nacionalismo no ayuda. Afortunadamente, las naciones más progresistas reconocen que es necesario un esfuerzo global urgente para que la biodiversidad del océano pueda mantenerse, junto con las muchas funciones críticas del ecosistema que realiza para nosotros y para las generaciones venideras. Ahora que muchos Estados ven su océano como una nueva área de crecimiento económico, incluyendo las profundidades marinas, nos jugamos más que nunca.

5

Encuentro de arrecifes

¿Cómo evitar la destrucción del ecosistema más emblemático del océano?

Era el verano de 2015 y yo estaba de camino al Caribe para unirme a la expedición Thinking Deep, cuyo objetivo era estudiar las conexiones entre las zonas poco profundas de los arrecifes de coral y las situadas por debajo de las profundidades a las que nadan los buceadores. Los corales que forman los arrecifes de aguas poco profundas necesitan luz para sobrevivir, pero pueden vivir a mucha más profundidad de lo que la mayoría de la gente cree: el récord es de 165 metros, ¡más de tres tramos verticales de una piscina olímpica! Algunos científicos habían sugerido que estas zonas de arrecife más profundas podrían ser importantes para la supervivencia de los arrecifes de coral en el futuro, y esta era una cuestión que nos habíamos propuesto resolver en las islas de la Bahía de Honduras.

Como en muchas islas tropicales del mundo, llegar a la expedición fue una aventura en sí misma. Había volado de Londres a Miami, donde pasé la noche, y luego a Roatán, una de las islas más grandes del archipiélago de las islas de la Bahía. Después de una angustiosa espera en el pequeño aeropuerto y de pasar de una persona uniformada a otra, por fin conseguí subirme a un pequeño Cessna bimotor. Estaba lleno de turistas que se dirigían a Utila, la vecina de Roatán, un destino con la reputación

150

de tener la instrucción de buceo más barata del mundo. A pesar de la estrechez del interior del avión, cuando despegamos tuve una buena vista de la isla, que todavía parecía estar cubierta, en su mayor parte, por una exuberante selva, pero con un desarrollo a lo largo de las lagunas costeras muy evidente. Una vez que aterrizamos, tomé un tuk tuk hasta la ciudad de Utila y me registré en el hotel Coral View y en el centro de buceo. Había una actividad frenética, ya que se estaba preparando una inmersión nocturna para monitorizar el desove del coral. Estábamos de pie sobre grava de coral en la parte trasera del edificio de madera del centro de buceo, bajo el castigador sol de la tarde. Dominic, un estudiante de doctorado mío que investiga las comunidades de peces de los arrecifes, estaba a cargo de la expedición. Yo estaba cansado después del viaje, pero Dominic me había dicho que los corales podrían desovar esa noche, algo que nunca había visto antes. Tenía muchas ganas de ir.

Ed, un australiano alto y moreno encargado de la seguridad de las inmersiones, me explicó que tendría que hacer un control del equipamiento de buceo al comienzo de la inmersión. Me dispuse a preparar mi equipo y, cuando oscureció, me enfundé el traje de neopreno, me até la botella y el resto del equipo y me dirigí a lo largo del muelle, con la máscara y las aletas en la mano, hasta un bar que tenía unos escalones que bajaban al mar. Ed esperó en el agua mientras yo me intentaba poner las aletas con una sola mano, agarrado a la barandilla de los peldaños con la otra. Después de unas cuantas contorsiones todo estaba listo; me metí en el mar y, tras Ed, me deslicé hacia delante, boca abajo, en el mar del Caribe.

Al principio me sentí desorientado. Hacía un año que no iba a Utila, era mi segunda visita y el coral que me rodeaba me resultaba desconocido. Además, el agua estaba muy caliente, como la de un baño relajante. No la recordaba así; era casi incómodo. Seguí a Ed hasta una brecha en la piedra caliza, donde nos asomamos a la cara del arrecife que se extendía por debajo de nosotros.

Una de las cosas que tiene el buceo nocturno es que tu mundo se reduce a lo que te deja ver el haz de la linterna. Es como tener visión de túnel, así que cuando algo me golpeaba en la cara no tenía ni idea de lo que era. Esto sucedió varias veces seguidas hasta que, por fin, pude ver con la linterna un pequeño pez plateado que giraba en un bucle vertical, como si fuera un juguete con una cuerda que un niño hiciera girar. Fui consciente de que el agua estaba llena de vida. En aquella vorágine solo pude identificar a esa extraña criatura rastreándola con los ojos. Había gusanos segmentados llamados poliquetos; salpas, animales gelatinosos con forma de tubo que surcaban el agua; y millones de copépodos, pequeños crustáceos, como pulgas bailarinas, suspendidos ante mis ojos. Vi un *Phronima* y me quedé boquiabierto. Era un animal típico de la zona crepuscular, un gran crustáceo anfípodo que siempre me recordaba al monstruo de *Alien* y que vivía en una casa de salpas hueca. Se alejó dando tumbos en la oscuridad. Mirando la negrura con la linterna apagada, vi puntos de luz verdiazulada que se encendían y apagaban. Bioluminiscencia.

El arrecife bullía de actividad. Al igual que nosotros, los animales esperaban a que los corales desovaran, produciendo un festín de huevos y esperma para todos los bichos residentes y visitantes. El desove de los corales solo tiene lugar una vez al año, en función de una fase específica de la luna, y siempre de noche. Max, un estudiante de Oxford, me hizo señas para que me acercara a una colonia de *Orbicella*, también conocida como coral estrella montañoso. La colonia era de un color marrón verdoso intenso y estaba cubierta de pólipos, es decir, los animales individuales y regordetes semejantes a anémonas que componen el coral. Mientras los observábamos durante veinte o treinta minutos, los pólipos empezaron a abultarse. Poco a poco, una masa blanca se hizo visible a través de la boca de cada pólipo de coral y se mantuvo allí. Me preocupaba que, por alguna razón, los corales no liberaran lo que sería su progenie. El loco remolino de los enjambres de plancton zumbaba ante nuestros ojos. De repente, como si se hubiera dado una señal invisible, cada uno de los pólipos de coral dio a luz a un globo blanco perfectamente esférico, cientos de ellos liberados por una sola colonia. Se elevaron lentamente en forma de nubes. A nuestro alrededor ocurría lo mismo, ya que los corales trataban de superar en número a los depredadores con sus preciados huevos. Nunca había visto esto antes, y observé con fascinación cómo las esferas se elevaban como globos aerostáticos en miniatura, desapareciendo hacia la superficie, arrastradas por la corriente. Se trataba de un acontecimiento que se repetía tal vez desde hacía cientos de millones de años. Más allá de nuestra vista, los haces de óvulos y espermatozoides se descomponían, y los óvulos eran fecundados para producir larvas plánula. Estas parecían pequeñas babosas cubiertas de finos pelos batientes que las impulsaban. Había leído sobre el desove del coral y lo había visto en programas de historia natural, pero nunca lo había contemplado con mis propios ojos. Me quedé en trance y me sentí muy privilegiado por poder ver un evento tan profundamente importante para la continuación de los arrecifes de coral, generación tras generación. También me encontré deseando que los diminutos propágulos escaparan a la oscuridad y evitaran los enjambres de depredadores que acosaban a los corales en reproducción.

Encontramos el camino de vuelta al arrecife. El paso a la planicie del arrecife estaba marcado por una enorme colonia de *Dendrogyra,* un coral que parecía una serie de torres peludas en forma de tubo. El cambio de temperatura era muy notable al atravesar la termoclina, la profundidad a la que el agua caliente de la superficie se encuentra sobre el agua más fría de abajo. El contraste era tan marcado que el agua caliente se asentaba en una capa distinta sobre el agua más fría y densa de abajo. La mezcla de las mismas empañaba nuestra visión, ya que el agua de diferentes densidades se arremolinaba. De nuevo me encontré en lo que parecía un baño caliente. Mientras nadábamos por las aguas poco profundas, empecé a notar que muchos de los corales eran de un color extraño. En lugar de un intenso color marrón o verde, eran de color verde pálido, azul o incluso rosa. Cuando empecé a ver colonias blancas, me di cuenta, con una sensación de malestar cada vez mayor, de que lo que estaba viendo eran las primeras fases de la decoloración del coral.

Para entender qué es el blanqueo masivo de corales y la grave amenaza que supone para los arrecifes de coral, hay que comprender algo sobre la biología de los corales formadores de arrecifes. Los corales pétreos, o *Scleractinia*, son animales antiguos que llevan más de 200 millones de años construyendo arrecifes en nuestros océanos. Evolucionaron durante el periodo Triásico, hace entre 252 y 201 millones de años, cuando los primeros dinosaurios vagaban por la tierra. Su éxito está relacionado con su íntimo vínculo con unas algas microscópicas llamadas zooxantelas, que viven en los tejidos de los corales y les dan sus colores verde o marrón. Las zooxantelas realizan la fotosíntesis, como las plantas en tierra, y producen más del 90 % de los nutrientes que los corales necesitan para crecer. Los corales, a su vez, proporcionan a las zooxantelas refugio frente a los depredadores que se las comerían, y les suministran nutrientes, como el nitrógeno, que necesitan para crecer. Esta relación simbiótica es fundamental para que los corales puedan crecer y formar arrecifes. Los corales extraen el carbonato de calcio disuelto en el agua de mar y lo segregan como aragonito para formar sus esqueletos.

En Honduras, estos corales existen en una desconcertante variedad de formas, desde esqueletos arbóreos ramificados, hasta grandes crecimientos cilíndricos (como *Dendrogyra),* pasando por esteras incrustadas, líneas delicadas en forma de placa y montículos burbujeantes (como *Orbicella),* hasta estructuras robustas con aspecto de cerebro (como *Diploria).* Como en el caso de *Lophelia pertusa,* los corales formadores de arrecifes están formados por colonias de pólipos individuales producidos por gemación, una forma de reproducción asexual. A medida que los corales crecen y mueren, sus esqueletos se incorporan al arrecife, formando las enormes estructuras calcáreas que tan famosas son. La Gran Barrera de Coral de Australia es la mayor estructura formada por organismos vivos en la Tierra y puede verse desde el espacio. El segundo sistema de barrera de coral más grande es el Arrecife Mesoamericano en el Caribe, y los arrecifes que estábamos estudiando alrededor de Honduras forman las partes más meridionales de este sistema.

El blanqueo masivo de corales se produce cuando las temperaturas del agua superan su rango normal durante un periodo de semanas. Los corales tienen que estar expuestos a la luz solar, lo que da una pista de por qué se produce el blanqueo. Un subproducto natural de la fotosíntesis es el oxígeno, y las algas microscópicas que flotan en el océano como plancton producen cerca de la mitad del oxígeno generado por la biosfera y liberado a la atmósfera terrestre. Sin embargo, cuando las temperaturas son demasiado elevadas, las algas microscópicas, las zooxantelas, entran en sobrecarga fotosintética y producen las llamadas especies reactivas de oxígeno (ROS por sus siglas en inglés). Entre ellas se encuentran el superóxido y el peróxido de hidrógeno, el agente blanqueador utilizado para teñir el cabello. Estas sustancias químicas son muy reactivas y dañan las proteínas, el ADN y otras moléculas importantes del tejido coralino. En los seres humanos, las ROS están relacionadas con el envejecimiento y el cáncer, debido a sus efectos nocivos en nuestras propias células. Los corales, en un esfuerzo por reducir este daño, expulsan las zooxantelas y pierden la coloración marrón o verde que las algas confieren a sus tejidos blandos. El tono blanquecino típico de esta condición se debe a que los esqueletos blancos de aragonito de los corales son visibles a través de su tejido, ahora transparente. Si las temperaturas se mantienen anormalmente altas durante varias semanas o más, los corales mueren de hambre o sucumben a las enfermedades. Se denomina «blanqueo masivo de corales» porque se produce en zonas muy vastas. Los corales se blanquean a escala local en respuesta a la enfermedad o la contaminación, y puede ser un mecanismo natural que ha evolucionado para limitar los daños por una alteración en el delicado vals fisiológico entre el huésped y sus algas simbióticas.

Mientras yo corría por las costas de Irlanda de niño, a finales de los años setenta, se detectaron los primeros episodios de blanqueamiento masivo de corales en la Gran Barrera de Coral de Australia. Entre 1997 y 1998, un único evento de blanqueamiento masivo en los océanos Pacífico e Índico acabó con el 16 % de todos los arrecifes de coral del mundo de una sola vez. En algunos lugares del Índico la mortalidad fue superior al 90 %. Solo hay que imaginar que el 16 % de las selvas tropicales del mundo se perdiera en un año. Habría un gran revuelo. Sin embargo, este acontecimiento pasó casi desapercibido en el mundo desarrollado. Con el paso del tiempo, los blanqueamientos se han vuelto más frecuentes y más extendidos. Las señales de advertencia en Honduras, en 2015, anunciaron el peor blanqueamiento masivo hasta la fecha, que se produjo durante tres años consecutivos. Fue un evento global en el sentido de que afectó a casi todas las regiones de los trópicos donde hay arrecifes de coral. Fue el tercer evento de este tipo, siendo el primero el de 1997-1998, con un segundo en 2010, que fue especialmente grave en el sudeste asiático pero que también afectó a los corales del Caribe y Australia.

Mientras escribo, todavía estamos calculando los daños del último acontecimiento en el que el 70 % de los arrecifes de coral del mundo experimentaron altos niveles de estrés térmico asociados a un blanqueamiento masivo y a la muerte de los corales. Junto con muchas otras personas, vi los deprimentes reportajes sobre la devastación causada en la parte norte de la Gran Barrera de Coral, donde se mostraban campos enteros de coral blanco. El programa *Planeta azul II* de la BBC mostraba imágenes tomadas a intervalos de tiempo de corales que pasaban repentinamente de un verde saludable a un blanco esquelético. En otros lugares, muchos Estados insulares del Pacífico central y sudoccidental fueron devastados por el blanqueamiento. La isla de Navidad, perteneciente a la nación insular de Kiribati, perdió el 80 % de sus corales. Más al norte, las islas Ryukyu de Japón se vieron gravemente afectadas, y el mayor arrecife, el de Sekiseishoko, sufrió un blanqueamiento del 90 % que provocó la muerte del 70 % de los corales. China, Vietnam y Taiwán también se vieron afectados. En el Caribe, además del blanqueamiento que vimos en Honduras, también se observaron los mismos daños en Cuba, las islas Turcas y Caicos, las Bahamas, Haití, la República Dominicana y México.

En 2016, un año después de haber presenciado el blanqueamiento del coral de primera mano con el proyecto Thinking Deep, mi propio equipo estaba buceando en el archipiélago de Chagos, un conjunto remoto de atolones de coral situados en el océano Índico central. Chagos tiene la reputación de ser uno de los arrecifes de coral más prístinos del mundo. Esto se debe probablemente a que sus islas no tienen población humana, exceptuando una gran base aérea estadounidense en uno de los atolones. En 2010, el Gobierno británico declaró toda la zona marítima como protegida de toda forma de pesca comercial, una medida muy controvertida en su momento debido a la existencia de una pesquería de atún muy activa en la región y también a una disputa sobre la soberanía con Mauricio. La zona tenía una superficie de quinientos cincuenta mil kilómetros cuadrados e incluía no solo el mayor atolón del mundo, el Gran Banco de Chagos, sino también una porción importante de los montes submarinos del océano Índico. El equipo, que incluía a Dominic y también a una científica posdoctoral, Catherine Head, estaba buceando en los arrecifes de todo el archipiélago en un proyecto financiado por la Fundación Bertarelli para examinar la biodiversidad de los arrecifes. Yo trabajaba en Oxford y empecé a recibir por correo electrónico la sombría noticia de que Chagos se había visto gravemente afectado por el blanqueamiento masivo. La cobertura de coral vivo había caído del 30 % al 12 % en profundidades de hasta quince metros, y, en algunos lugares, de más del 40 % al 7 %. Los corales blandos habían sido prácticamente eliminados de las aguas poco profundas. Lo que otrora había sido un arrecife vibrante y colorido era ahora una piedra caliza gris erosionada y cubierta por una pelusa de algas. El arrecife había pasado de un estado saludable, en el que crecía con vigor, a una situación de erosión. Cuando Cath y Dom regresaron, estaban visiblemente deprimidos por toda la experiencia. Cath había trabajado en los arrecifes de coral de Chagos durante su doctorado. Ver cómo un arrecife tan próspero y bello quedaba reducido en muchas zonas a desiertos estériles en cuestión de pocos años era devastador.

La decoloración masiva de los arrecifes de coral es el resultado del aumento de la temperatura del océano por culpa del calentamiento global. Las emisiones de dióxido de carbono hacen que la atmósfera atrape el calor del sol y no lo deje escapar, y el océano ha absorbido más del 90 % del calor resultante de este proceso. Aproximadamente una cuarta parte de las emisiones de CO_2 proceden de la quema de combustibles fósiles para la producción de electricidad y calor, otra cuarta parte de la agricultura y la deforestación, y una quinta parte de los procesos industriales. El transporte por carretera, ferrocarril, aéreo y marítimo contribuye con otro 14 %, y el resto proviene de la calefacción y la cocina en los edificios, y de la generación de combustibles fósiles (extracción, refinado, etc.). El calentamiento global inducido por las actividades humanas es un fenómeno bien conocido. Ya en la década de 1890, el científico sueco Svante Arrhenius se dio cuenta de que el aumento del CO_2 atmosférico incrementaría las temperaturas globales. Un colega suyo, Arvid Högbom, calculó que la industria ya producía cantidades de CO_2 comparables a las de las fuentes naturales. A finales de los años cincuenta, Charles Keeling, un científico estadounidense que trabajaba en el Instituto Scripps de Oceanografía, instaló un observatorio de CO_2 en las laderas del mayor volcán del mundo, el Mauna Loa, en Hawái. La ubicación era importante porque estaba en el Pacífico central, lejos de las fuentes continentales de contaminación, y era lo suficientemente alta como para evitar la medición de las emisiones locales de CO_2. En pocos años demostró que los niveles de CO_2 en la atmósfera estaban aumentando. Cualquiera que niegue que las emisiones humanas de CO_2 están aumentando la temperatura del clima está ignorando deliberadamente un conjunto muy amplio de pruebas científicas, revisadas por expertos, que no hacen más que reforzarse con el paso del tiempo. Sin embargo, los políticos siguen negando las abrumadoras pruebas del cambio climático provocado por el hombre. Un ejemplo de ello ha sido la ampliamente difundida eliminación de términos como «cambio climático», «gases de efecto invernadero» o «calentamiento global» de la web de la Agencia de Protección Ambiental de Estados Unidos (EPA, por sus siglas en inglés) tras la elección de Donald Trump como presidente. Incluso los informes del IPCC, que resumen los resultados de los estudios científicos sobre el cambio climático, han sido criticados por la eliminación de datos y textos importantes durante las negociaciones entre los Gobiernos sobre la redacción final de estos documentos, tan importante para los legisladores.

Que los líderes mundiales y sus Gobiernos sigan negando el cambio climático, su magnitud y la devastación que ya está causando en el mundo natural es un crimen contra la naturaleza, la humanidad y, en particular, las generaciones futuras. Mientras algunos políticos y sus aparatos estatales suprimen las conclusiones de los científicos, nos enfrentamos nada menos que a una emergencia mundial. En 2007 asistí a un taller en Filipinas. En una sala de reuniones encalada bajo el calor húmedo de los trópicos, los expertos discutían sobre el declive de las poblaciones de corales mientras un equipo de la UICN dibujaba mapas y rellenaba informes sobre la situación actual de cada especie. Al final de la reunión, nos reunimos todos para evaluar lo que se había concluido. De las setecientas especies de corales formadores de arrecifes de las que había suficiente información para evaluar, *un tercio estaba en peligro de extinción,* por culpa, sobre todo, del impacto del blanqueamiento masivo. El grupo de científicos allí sentados, con una llamativa gama de camisas hawaianas, camisetas y pantalones cortos, estaba visiblemente conmocionado. Era increíble que, en tan solo unas décadas, el calentamiento de los océanos hubiera empujado a tantas especies hacia la extinción. Los arrecifes de coral se habían convertido en el ecosistema más amenazado de la Tierra.

Los expertos de la sala decidieron enviar un artículo basado en los resultados del taller a la revista *Science* para intentar alertar al mundo de la difícil situación de los arrecifes de coral. Cuando regresé a Reino Unido, me reuní con Mirella y Sophie, de Communications INC, y planeamos una reunión de científicos para intentar dar a conocer el aprieto en que se encontraban los corales antes de la conferencia sobre el cambio climático de Copenhague, que iba a celebrarse en 2009. La Sociedad Zoológica de Londres también había mostrado interés por este asunto y produjo un cortometraje, *Corals on the Edge ('Corales al borde del desastre').* Trataba de una niña del futuro que hablaba de un trozo de esqueleto de coral que había encontrado en la playa, y su abuelo le contaba que cuando él era niño había un gran arrecife construido por los corales, lleno de peces de colores y otras formas de vida. Cada vez que lo oía me emocionaba, porque pensaba en mis propios hijos y en lo que se estaba perdiendo de cara al futuro.

La reunión de científicos se celebró en la Real Sociedad de Londres, en julio de 2009, con expertos en arrecifes de coral y cambio climático de todo el mundo. La reunión fue copresidida por *sir* David Attenborough. Sin duda, mi sensación de alarma creció a lo largo de la reunión, sobre todo en lo que respecta a las consecuencias de la acidificación de los océanos. Además de absorber el 90 % del exceso de calor que se acumula a consecuencia del cambio climático, los océanos absorben, aproximadamente, un tercio del CO_2 que producimos. Ambas acciones contribuyen a un menor calentamiento de la atmósfera. Sin embargo, el CO_2 absorbido se convierte en ácido carbónico, y esto, a su vez, altera el equilibrio entre el carbonato de calcio y el bicarbonato de calcio en el agua de mar. El carbonato cálcico, en forma de aragonito, es el material con el que los corales construyen sus esqueletos. A medida que el agua de mar se vuelve menos alcalina, la cantidad de carbonato en ella disminuye. Ken Caldeira, científico neoyorquino experto en cambio climático del Instituto Carnegie para la Ciencia de California, mostró una serie de mapas de colores en los que el océano cambiaba a lo largo del tiempo de púrpura a azul, a amarillo y luego a rojo, a medida que pasaba de un estado saturado de carbonato a otro en el que era corrosivo para el carbonato cálcico. El panorama que Ken pintó era sombrío. A medida que su presentación avanzaba en el tiempo y entraba los siguientes cien años, la zona del océano en la que los niveles de carbonato eran adecuados para el crecimiento del coral se redujo de manera drástica.

El nivel de acidez se mide en la escala de pH, una medida de lo ácida o alcalina que es una solución. La H representa los iones de hidrógeno, que son los responsables del nivel de acidez de una solución. La escala es negativa o recíproca, por lo que el ácido clorhídrico concentrado tiene un valor de pH bajo, de 0,1; el vinagre tiene un pH de 3; el agua del grifo es neutra, alrededor de 7; el agua de mar, antes de la revolución industrial, era ligeramente alcalina, con un pH de 8,2; y la lejía doméstica, que es muy alcalina, tiene un pH de 12. El agua de mar ha cambiado su pH en unas 0,1 unidades, lo que parece una cantidad insignificante, pero se trata de una escala logarítmica que se utiliza para representar una amplia gama de cantidades. Los valores de pH representan los cambios de la concentración de iones de hidrógeno en órdenes de magnitud y no en una escala lineal, de modo que el cambio de 0,1 unidades de pH significa en realidad un aumento del 30 % de la acidez. Un cambio tan grande en la concentración de iones de hidrógeno afecta profundamente al comportamiento de las sustancias químicas en el agua de mar y, a su vez, a los organismos que viven en ella. Los estudios ya sugerían que el crecimiento de los corales formadores de arrecifes en zonas como la Gran Barrera de Coral se estaba ralentizando. Que nuestra quema de combustibles fósiles y otras actividades hayan cambiado realmente la química del océano es casi inconcebible. El volumen del océano es de unos mil trescientos millones de kilómetros cúbicos, una masa de agua casi inimaginable. Sin embargo, la humanidad ha conseguido este dudoso logro, por lo que nuestro impacto podría reconocerse ahora en escalas de tiempo geológicas. Bienvenidos al Antropoceno, la era en la que las actividades humanas se han convertido en una influencia significativa en nuestro clima y medio ambiente.

La reunión fue tan alarmante como deprimente. Charlie Veron, un veterano científico especializado en corales al que se le atribuye la responsabilidad de nombrar el 20 % de los corales formadores de arrecifes del mundo, no se contuvo. Si no se hacía algo pronto, los arrecifes de coral desaparecerían. Todos los científicos firmaron una Declaración de Preocupación, y varios de nosotros decidimos elaborar un documento: «La crisis de los arrecifes de coral: la importancia crítica de <350ppm de CO_2». Los arrecifes de coral eran el canario en la mina de carbón del cambio climático. *Sir* David Attenborough dirigió la conferencia de prensa que siguió a la reunión y resumió el problema de forma elocuente: «Si no hacemos nada, los arrecifes de coral acabarán siendo montones de escombros cubiertos de limo».

Fue una exposición honesta de los hechos. La prensa estuvo pendiente de cada una de sus palabras y fue una actuación fascinante, justo lo que necesitábamos para que el mundo se sentara y prestara atención.

La conferencia sobre el cambio climático de Copenhague, que tuvo lugar unos meses después, en diciembre de 2009, fue una gran juerga.

La Sociedad Zoológica de Londres envió una delegación, así como lo hicieron muchas ONG. Todo el mundo esperaba una decisión trascendental, porque ya era imposible obviar las pruebas de que el cambio climático estaba devastando el planeta. En lugar de ello, nos enfrentamos a una aplastante decepción cuando Estados Unidos, China, India, Brasil y Sudáfrica elaboraron una declaración no vinculante y muy vaga. La frustración con el resultado de la reunión era palpable dentro de la comunidad científica. Para muchos de mis colegas de las ONG, la sensación de pérdida fue como un duelo. Para otros, se vio como una traición a los ciudadanos por parte de Gobiernos indiferentes y alejados de ellos, a los que solo interesaba en el beneficio económico a costa de todo lo demás.

Los políticos de Copenhague se habían dedicado a procrastinar mientras la casa seguía ardiendo.

Los arrecifes de coral del Caribe se enfrentaban, además, a otros problemas. En Honduras nos acostumbramos a caminar por la ciudad de Utila hasta el centro de buceo Coral View a primera hora de la mañana. Había que sortear jaurías de perros callejeros, montones de basura, tuk tuks, ciclomotores a gran velocidad y otros peligros de lo más variopintos. A veces me recogía Marie, la instructora jefe de buceo, en un *quad*. Empezamos haciendo más inmersiones en el bar de Coral View. Una vez más, me sorprendió lo cálida que estaba el agua mientras nadábamos a través del intervalo de la pared de coral a pocos metros de profundidad, hacia los escalones. Al mirar hacia arriba, vi una gran colonia de coral cuerno de alce, llamado así porque las ramas anchas e irregulares se asemejan a la cornamenta de un alce. Me llamó la atención porque era raro verlos en los arrecifes de Utila. Sin embargo, aunque dos tercios de la colonia eran verdes, varias manchas blancas brillantes se extendían desde el eje principal del coral y por varias de sus ramas. Al principio pensé que se trataba de una decoloración del coral, pero luego me di cuenta de que probablemente se trataba de la enfermedad de la banda blanca.

El coral cuerno de alce y el coral cuerno de ciervo dominaban antaño las aguas poco profundas del Caribe. El coral cuerno de ciervo forma colonias de ramas puntiagudas irregulares (que, no le sorprenderá oír, se asemejan a la cornamenta de un ciervo). Antes de finales de la década de 1970, estos corales eran los principales constructores de arrecifes en estas aguas. Una rápida ojeada a un libro de Hans y Lotte Hass, dos estrellas del buceo de las películas submarinas de los años cincuenta y sesenta, o el visionado de una de las películas de Jacques Cousteau en el Caribe revelarán lo comunes que eran. Hay fotos de Lotte colgándose de las ramas de hoja ancha de enormes colonias de coral cuerno de alce (lo que no se aconseja con ningún coral, ya que mata los delicados pólipos). En *Misterios de los arrecifes ocultos*, emitido a mediados de los años setenta, se ve a los buzos de Cousteau entre bosques submarinos dominados por el coral cuerno de ciervo en busca de especímenes para el Laboratorio Marino de Discovery Bay, en Jamaica. Los arrecifes han desaparecido, convertidos en montones de escombros cubiertos de algas, y con ellos, la mayor parte de la vida marina que pululaba por la bahía. El coral cuerno de alce podía formar enormes lechos en aguas poco profundas con una estructura tan compleja como la de las selvas tropicales. Entre las ramas y el sotobosque del coral se refugiaba una enorme variedad de peces de arrecife, entre otras criaturas. Daba la sensación de que los corales cuerno de alce intentaban alcanzar el sol por encima de la superficie del mar.

Los primeros informes de mortalidad de corales a gran escala asociados a una enfermedad se produjeron en Florida, donde una enfermedad llamada viruela blanca acabó con un gran número de colonias de un coral llamado *Mycetophyllia ferox*, una especie que forma placas rugosas semiincrustantes en el lecho marino. Fue a principios de los años ochenta cuando apareció por primera vez la enfermedad de la banda blanca, que acabó con grandes zonas de corales cuerno de alce y cuerno de ciervo. Los campos de corales blancos se volvían rápidamente de un verde sucio al estar cubiertos de algas, y luego el armazón se derrumbaba. Pronto aparecieron otras enfermedades, como la enfermedad de la banda negra, la plaga blanca, la enfermedad de la banda roja y la mancha amarilla. Las epidemias no solo afectaban a los corales. En 1983, apareció frente a Panamá una enfermedad que afectaba al erizo de mar de púas largas, *Diadema antillarum*. El *Diadema* era una especie clave en los arrecifes de coral del Caribe, ya que se alimentaba de las algas que podían competir por el espacio con el coral y asfixiarlo. Esta importancia aumentó después de que las poblaciones de peces que se nutren de algas, como el pez loro, fueran eliminadas por la sobrepesca. Un año después de que se detectara la enfermedad, esta se había extendido a las poblaciones de erizos de todo el Caribe. Entre el 95 % y el 99 % de los erizos murieron, con lo que las algas empezaron a dominar el espacio en los arrecifes. En Discovery Bay (Jamaica), la cobertura de algas pasó del 30 % a más del 70 %. Los corales fueron tomados por las algas y, si morían, estas ocupaban su lugar. Las nuevas comunidades de algas tenían una menor diversidad de peces y otros animales asociados a ellas, y no eran ni de lejos tan ricas como las comunidades de coral a las que habían desplazado.

La situación se hizo aún más catastrófica con la temporada de huracanes de 2005, que tuvo las peores tormentas jamás registradas en una sola temporada en aquel momento. Huracanes como el Katrina, que sigue siendo uno de los más mortíferos y costosos registrados hasta la fecha, arrasaron con grandes zonas de arrecifes de coral que ya estaban en peligro. El resultado de esta serie de catastróficas desdichas fue un cambio en la estructura de los arrecifes del Caribe. Los científicos reunieron estudios en los que se midió la complejidad tridimensional de estas estructuras. En su forma más simple, esto se hace colocando un tramo de cadena a través del arrecife. La distancia entre cada extremo de la cadena dividida por la longitud de la cadena colocada sobre el arrecife, incluidas las subidas y las bajadas que realiza por todos los recovecos, da una puntuación de complejidad. Una puntuación de 1 indicaría una superficie plana, y el aumento de la puntuación indicaría una superficie más compleja. Se comprobó que, desde finales de los años sesenta hasta 1985, los arrecifes de todo el Caribe habían sufrido una notable reducción de su complejidad. A continuación comenzó a estabilizarse, al menos hasta el blanqueo masivo de 1998, cuando el colapso se reanudó y la complejidad comenzó a disminuir aún más. Al igual que en los arrecifes formados en aguas profundas, la complejidad tridimensional de un hábitat es importante para muchos de los otros animales asociados al arrecife. El colapso general de la estructura de los arrecifes significaba menos hábitat para muchas otras especies.

¿Cuáles fueron las causas de las epidemias que arrasaron los arrecifes de coral del Caribe? En muchos casos no está del todo claro. La enfermedad de la banda blanca parece estar asociada a varias bacterias diferentes, pero no se ha identificado ningún organismo como el patógeno definitivo. Lo que sí se sabe es que la aparición de la enfermedad parece estar asociada a las altas temperaturas de la superficie del mar. Se ha descubierto que los corales tienen una comunidad muy compleja de microorganismos asociados a ellos. Estos microbios viven en la mucosa que recubre la superficie de los corales, en sus tejidos, en el equivalente coralino del intestino e incluso en su esqueleto. Este microbioma incluye una gran variedad de bacterias, virus, hongos y protozoos. Esta variedad de vida microbiana parece estar íntimamente relacionada con muchas funciones de las colonias de coral, como la nutrición de los corales anfitriones, el reciclaje de nutrientes y la prevención de enfermedades. Cada vez hay más pruebas de que, cuando las temperaturas alcanzan niveles estresantes, se producen cambios en el microbioma de los corales, incluido un aumento de las bacterias causantes de enfermedades.

Para otras enfermedades, como la viruela blanca, se ha identificado una causa más directa. En este caso, la bacteria *Serratia marescens* es el patógeno en cuestión. Esta bacteria está asociada al intestino humano y, por tanto, a las aguas residuales. La causa más probable de la enfermedad son los grandes volúmenes de aguas residuales no tratadas que se vierten en el océano, lo que hace que la *Serratia* entre en contacto con los corales y tenga otros efectos perjudiciales, como fomentar el crecimiento de las algas. La epidemia de *Diadema* se originó cerca de la desembocadura del canal de Panamá, por lo que se sospecha que tal vez la enfermedad no fuera autóctona y se introdujera a partir de la descarga de las aguas de lastre de los barcos que atraviesan el canal.

Unos días después de ver la majestuosa pero enferma colonia de coral cuerno de alce, buceé en la costa adyacente al aeropuerto de Utila. Nos dejamos caer en un arrecife poco profundo y luego nadamos hacia la bajada, hasta los veinte metros de profundidad, para colocar trampas de sedimentos, pesados trozos de tuberías de plástico. Nuestro primer encuentro fue una gran tortuga tumbada en el arrecife, masticando esponjas que había en las rocas. No le preocupaba en absoluto nuestra presencia. Colocamos nuestras trampas y nos dimos la vuelta, casi chocando con una gran raya águila moteada, que mostraba una evidente curiosidad y pasaba cerca para estudiarnos. Me encantan estos animales, con extrañas cabezas en forma de caja, ojos a ambos lados y alas puntiagudas de un hermoso color azul oscuro salpicado de manchas blancas brillantes que desembocan en una cola larga y puntiaguda. Después de ver a la raya nadar grácil hacia el azul, como un cisne a cámara lenta, nos dirigimos al arrecife para terminar de colocar nuestras trampas. Pasamos por encima de corales pétreos y gorgonias oscilantes, todos verdes y morados con alguna salpicadura de el rojo, amarillo o naranja de las esponjas. Los peces ballesta azules nadaban por encima de nosotros, y los coloridos peces loro entraban y salían de las grietas en busca de algas. Dispuestas las últimas trampas, tuvimos que encontrar una cinta que había dejado uno de los equipos de buceo el día anterior a cinco metros de profundidad. Esto nos llevó a la cresta del arrecife, una zona menos animada con afloramientos de coral, piedra caliza y piscinas de arena.

Mientras buscábamos la cinta, apareció una rémora que empezó a seguir a Max, uno de los estudiantes que trabajaba con nosotros. Son peces bastante grandes con un gran disco succionador en la parte superior de la cabeza y una franja negra que recorre el cuerpo. Tienen aletas triangulares puntiagudas y se asemejan a un tiburón, que es a lo que suelen adherirse. Esta decidió que, pasara lo que pasara, se iba a pegar a Max. A pesar de que él la ahuyentó varias veces mientras nadaba alrededor de su cabeza, finalmente se instaló en su tanque de aire. Nos encontramos con la cinta, de un amarillo brillante bastante difícil de pasar por alto. Cuando miré hacia arriba, casi me quedé sin aliento. Allí, en estas aguas poco profundas, estaba el fantasma de un arrecife. El agua era excepcionalmente clara y en la luz azul verdosa que reflejaban el arrecife y la arena se veían los esqueletos pétreos, muertos, de numerosas colonias de coral cuerno de alce. Estaban esparcidos al azar hasta donde mi vista alcanzaba, a metros de distancia, y no eran más que muñones erosionados, como la prueba de un asesinato reciente. Me sentí desolado, pues aquí estaba la prueba de lo que había sucedido en el Caribe en un periodo de apenas treinta o cuarenta años, menos de una vida, un abrir y cerrar de ojos. Esta zona había estado dominada por grandes corales ramificados, un bosque poco profundo, probablemente repleto de peces y con una copa inferior ricamente alfombrada en una vida pasada. Ahora lo que quedaba parecían las consecuencias de una bomba atómica bajo el agua. La extraña estructura aún en pie, muerta, decadente y gris. Era un ejemplo gráfico del aplanamiento del arrecife. Todavía guardo la imagen de ese campo de coral muerto en mi mente, y la veo siempre que siento que la batalla para salvar nuestro planeta es demasiado dura. Me obliga a seguir luchando.

Buceamos de vuelta, con el ánimo por los suelos y la rémora intentando animarnos. Había decidido que ahora yo era un método de transporte más cómodo que Max y, después de mirarme a través de la máscara varias veces, desapareció. Cuando salí a la superficie, Max me dijo que se había acoplado a mi tanque la mayor parte del camino de vuelta al barco.

A medida que nos adentrábamos en la expedición, mi equipo de buceo comenzó a prepararse para las inmersiones realmente profundas en el arrecife. Se revisaron una y otra vez los recicladores, se empaquetaron cuidadosamente los botes de Sofnolime que depuran el dióxido de carbono exhalado por el buceador y se prepararon cilindros de gas de «rescate», utilizado en casos de emergencia, y de gas para la descompresión. Al principio, Dan, un científico colaborador, y yo habíamos hablado de trabajar en las partes más profundas del arrecife, la zona mesofótica. Dan era enjuto y enérgico, y trabajaba en una ONG que ofrecía experiencias educativas a los estudiantes, la Operación Wallacea, que llevaba varios años operando en el Caribe. Había identificado Utila, en Honduras, como un lugar en el que podríamos desarrollar capacidades de buceo técnico para sumergirnos a las profundidades necesarias, hasta noventa metros. Esto se debía a la presencia de una escuela de buceo técnico en Coral View y a la posibilidad de enviar oxígeno y helio a las islas, que serían necesarios para desarrollar dicho programa.

Los arrecifes mesofóticos son las partes más profundas de los arrecifes coralinos tropicales que se encuentran en aguas poco profundas. Se encuentran entre la mayor profundidad del buceo convencional —treinta metros— y la mayor en la que pueden vivir los corales zooxantelados o recolectores de luz. En algunas partes del mundo, esta profundidad puede superar los ciento cincuenta metros. Los arrecifes mesofóticos se encuentran en tierra de nadie en cuanto a la tecnología de acceso. A profundidades inferiores a los treinta metros, los buceadores pueden investigar realizando estudios, recogiendo muestras y llevando a cabo experimentos. Los equipos de inmersión profunda, del tipo que he utilizado habitualmente para la exploración de fuentes hidrotermales y montes submarinos, suelen utilizarse a profundidades de entre trescientos y miles de metros. Es difícil utilizarlos en aguas menos profundas, porque tienen que desplegarse desde grandes barcos que no pueden acercarse demasiado a un arrecife por razones obvias. Por ello, los científicos habían dejado de lado los arrecifes mesofóticos. Sin embargo, en el contexto del cambio climático y de los impactos como el blanqueamiento masivo de corales y otros más directos en los arrecifes, la zona mesofótica podría ser importante en términos de resiliencia de los arrecifes. Esto se debe a que las aguas más profundas están protegidas de algunas de las condiciones más extremas que afectan a los arrecifes de aguas poco profundas. Están menos expuestas a la luz solar brillante, ya que el agua de mar absorbe la luz. También se encuentran a temperaturas más bajas y sufren una menor acción de las olas, especialmente durante las tormentas. Teniendo en cuenta esto, los científicos comprendieron que, si estos entornos de arrecifes más profundos compartieran especies de corales, peces y otros animales con los arrecifes menos profundos, podrían actuar como fuentes para recolonizar las aguas poco profundas tras un acontecimiento tan extremo como un blanqueamiento masivo. Podemos imaginar los arrecifes mesofóticos como una especie de banco de semillas natural para los arrecifes de aguas poco profundas, un refugio contra las tensiones que ejercemos los seres humanos sobre estas aguas. Esto se conoce como la Hipótesis del Refugio de Arrecifes Profundos (DRRH por sus siglas en inglés). Si esta hipótesis fuera cierta, la distribución de los corales y los peces debería extenderse tanto a las aguas superficiales como a las profundas. También debería haber pruebas de que los factores de estrés de los arrecifes disminuyen con la profundidad. La expedición Thinking Deep pretendía estudiar la posibilidad de que los arrecifes mesofóticos que rodean Utila pudieran reponer los arrecifes de aguas poco profundas en caso de una catástrofe como el blanqueamiento masivo de los corales.

A lo largo de las semanas, empezamos a construir una imagen de los arrecifes mesofóticos de los alrededores de Utila. Dos descubrimientos realizados durante la expedición fueron muy alentadores para apoyar la idea de los arrecifes profundos como refugios. En primer lugar, las propias comunidades de coral parecían estar compuestas por un grupo de corales especializados en aguas poco profundas que se encontraban a unos cinco metros de profundidad en el arrecife. Muchos de los demás corales se encontraban a diversas profundidades, desde los cinco metros hasta la zona mesofótica. Solo unas pocas especies estaban restringidas en su distribución a profundidades superiores a los veinticinco metros. Esto significa que, si las aguas poco profundas del arrecife se vieran fuertemente perturbadas, por ejemplo, por un evento de blanqueamiento masivo, los corales que mostraban poca preferencia por alguna profundidad en particular podrían reponer las zonas menos profundas del arrecife. En las aguas más superficiales, esto puede significar la pérdida de los corales especializados en aguas poco profundas, pero al menos podría seguir habiendo un arrecife de coral. En segundo lugar, tuvimos cierto éxito con los corales trasplantados. Jack, un estudiante de la expedición y uno de nuestros buceadores de profundidad, había recogido algunos fragmentos de corales vivos de aguas superficiales y profundas, los había mezclado y los había trasplantado a lo largo del gradiente de profundidad. Esto significó una mezcla de corales de origen superficial y profundo en todas las profundidades por todo el terreno de trasplante. Este experimento coincidió con la decoloración del arrecife y demostró que los corales trasplantados a mayor profundidad mostraban una menor mortalidad por el evento de decoloración que en aguas poco profundas. Esto encaja con la idea de que los corales situados a mayor profundidad estaban protegidos, en cierta medida, de algunos de los factores de estrés que afectan a los arrecifes más superficiales. Se trataba de un requisito necesario para que la Hipótesis del Refugio de Arrecifes Profundos funcionara, y explicaba por qué en algunos lugares algunas especies de coral se habían perdido por completo en las aguas poco profundas pero permanecían en las profundidades mesofóticas. En 2016, mi equipo había encontrado los arrecifes de aguas poco profundas del archipiélago de Chagos devastados por el blanqueamiento masivo que había provocado el calentamiento anómalo de las aguas durante un periodo de dos años. Pero también, mediante un pequeño vehículo operado por control remoto, descubrieron que en algunos lugares había una densa cubierta de coral a una profundidad de entre treinta y sesenta metros. Esto era muy alentador.

Sin embargo, durante la expedición nuestro trabajo demostró que no todas las molestias provocadas por el hombre disminuían con la profundidad en el arrecife. El trabajo sobre las comunidades de peces en Honduras pretendía mostrar cómo la diversidad, la abundancia y la biomasa de las especies cambiaban con la profundidad. Durante las inmersiones profundas, nuestro equipo descubrió grandes agregaciones de peces león, un depredador originario de los océanos Pacífico e Índico que ha invadido el Caribe. Su aspecto es espectacular, con rayas blancas y rojas y un conjunto de largas aletas que parecen banderillas de torero dispuestas como abanicos. Estas aletas están cargadas de veneno para ahuyentar a los posibles depredadores. La cabeza es cuadrada, con una gran boca rodeada de volantes de plumas y una antena redondeada en forma de diamante sobre cada ojo.

A principios de la década de 1980, el pez león fue introducido en el norte del Caribe, ya fuera de forma deliberada o accidental. Se extendió rápidamente por los arrecifes de la región, alimentándose de las especies autóctonas de peces. Conocí al pez león buceando en los arrecifes poco profundos de Honduras. De vez en cuando, los veíamos revoloteando justo por encima del coral, pero en cuanto nos acercábamos desaparecían, sin remedio, por una grieta. Esto se debía a que en Honduras, como en el resto del Caribe, los peces león eran cazados en aguas poco profundas por los buceadores y habían aprendido a evitarlos. Sin embargo, en las profundidades mesofóticas, nuestros buceadores descubrieron que los peces león eran mucho más numerosos. En lugar de los tímidos individuos que se escondían en fisuras en las aguas poco profundas, los buceadores volvían con historias de una docena o más de peces león reunidos en agregaciones frente a las paredes del arrecife. Alison, la fotógrafa de la expedición, regresó con fotografías de más de seis peces león en un solo lugar. Al igual que otros peces de arrecife, los peces león jóvenes comienzan su vida en aguas poco profundas, entre las hierbas marinas de la laguna del arrecife o en los manglares, antes de trasladarse al arrecife propiamente dicho. Luego, a medida que crecen, se van moviendo a aguas cada vez más profundas. Dado que por debajo de los treinta metros de profundidad están, en gran medida, protegidos de los buceadores con arpones, es probable que el impacto de esta especie invasora sea mayor ahí que en aguas poco profundas. Esta era una amenaza que parecía aumentar con la profundidad, en lugar de disminuir.

Un año más tarde, me encontraba buceando frente a las Bermudas, en un lugar llamado North-North-East, en una expedición para la Fundación Nekton. Estaba en uno de los dos sumergibles, un submarino de investigación construido por Triton, una empresa con sede en Florida. En el otro submarino iba un aventurero-escritor de la revista *Forbes,* Jim Forbes. Había conducido coches a más de trescientos veinte kilómetros por hora y escalado el Matterhorn, y ese día estaba dispuesto a hundirse a trescientos metros en un sumergible. Estaba muy emocionado por la inmersión, y charlamos sobre lo que podíamos esperar. Yo también estaba deseando hacerla, ya que para mí las aguas más profundas *siempre* son mejores. Descendimos por la pendiente de piedra caliza de la plataforma de las Bermudas en el sumergible *Nemo,* con Jim siguiéndonos en el *Nomad.* La pendiente se acentuó un poco a medida que nos acercábamos a los trescientos metros de profundidad, y nos encontramos recorriendo un terreno formado por crestas de piedra caliza y plataformas cubiertas de rodolitos erosionados, concreciones pétreas irregulares formadas por algas. El fondo rugoso estaba cubierto por una rica alfombra de corales de alambre retorcidos que parecían un gran colchón de muelles, de dos metros o más de altura. Aquí y allá había gorgonias amarillas y colonias de un coral blanco muy delicado que podrían ser hidrocorales, también conocidos como estilasteridos. Nubes de peces rosados con colas amarillas flotaban ante nosotros, y los adultos más grandes lucían una cola y una aleta dorsal de color amarillo brillante. Con la ayuda de los científicos del Gobierno de las Bermudas, los identificamos provisionalmente como cachuchos de lengua rasposa. Eran, con mucho, los peces más comunes por debajo de los cien metros de profundidad. Entonces vi un pez de color rojo dorado brillante, con forma de barril, cabeza huesuda y un dibujo de estrella alrededor del ojo. Me emocioné mucho porque pensé que era un reloj anaranjado, pero no podía serlo, ya que estábamos a muy poca profundidad. El pez se detuvo frente a un pequeño agujero y se dio la vuelta para encararnos, presentando un perfil bastante estrecho. Me di cuenta de que debía tratarse de un reloj de Darwin, un pariente cercano del reloj anaranjado que no se había registrado antes en las Bermudas.

Mientras descendíamos a trescientos metros para que Jim alcanzara su profundidad mágica y comenzáramos los sondeos, divisé, estupefacto, un pez león revoloteando justo por encima del fondo. Estaba seguro de que estos animales nunca se habían visto a tales profundidades. Estábamos en el verdadero fondo del mar, por debajo de los doscientos metros de profundidad, en la zona submesofítica. Resultó ser una profundidad récord para el pez león en el Caribe y el Atlántico norte, y un año después publicamos estas observaciones en el primer artículo científico de la expedición. A medida que continuábamos buceando durante las siguientes semanas, encontrábamos cada vez más peces león a profundidades de doscientos metros o más. Empecé a darme cuenta de por qué estos animales eran unos depredadores tan eficaces. A distancia, los rayos de las aletas en forma de abanico y el patrón de rayas del cuerpo desintegraban el contorno del pez león, por lo que era muy difícil de detectar. Esto ocurría, sobre todo, cuando se encontraba entre otros peces. El pez león a menudo se situaba en medio de los bancos de cachuchos de lengua rasposa, que eran completamente ajenos al asesino que se camuflaba entre ellos. A veces había dos o tres de estos sigilosos peces león dentro de un banco de lubinas, cazando perezosamente algún que otro pez cuando se les antojaba. Era una característica muy siniestra de este hermoso pero mortal invasor de los arrecifes del Caribe.

Así, los arrecifes de coral se han convertido en uno de los ecosistemas más amenazados, si no el que más, de la Tierra, por delante incluso que los bosques tropicales u otros ecosistemas terrestres. Esto se debe al cambio climático, que está provocando un blanqueamiento masivo de los corales, la acidificación de los océanos y una intensificación de los huracanes y ciclones. Las epidemias de enfermedades también parecen ser causadas por el calentamiento de los océanos, quizá interfiriendo en el equilibrio del delicado microbioma de los corales. Otras amenazas para el intrincado ecosistema de los arrecifes de coral son la epidemia de erizos, que casi acabó con estos espinosos devoradores de algas, así como especies invasoras como el pez león. Al leer estas páginas, quizá el lector se pregunte si hay alguna esperanza para los arrecifes de coral. No se puede incidir lo suficiente en la importancia de estos ecosistemas. Albergan una cuarta parte de todas las especies de peces marinos y quizá casi un millón de otras especies de organismos, el equivalente marino de una selva tropical en términos de biodiversidad. Para muchas comunidades humanas de la costa, constituyen una barrera contra los fenómenos meteorológicos extremos y son una rica fuente de alimentos y, en algunos casos, de ingresos turísticos. Sin embargo, estas joyas construidas de forma natural solo cubren alrededor del 0,1 % de la superficie del océano, y la mayoría se encuentra en el Pacífico sur. Su destino pende de un hilo, y los efectos del cambio climático en particular son cada año más devastadores. Existe realmente la posibilidad de que, para cuando mis hijos sean adultos y quizá hayan tenido sus propios hijos, cuestión de unas pocas décadas, los arrecifes de coral hayan desaparecido o estén cayendo en picado hacia el olvido. Puede que se conviertan en lo que un colega mío ha llamado arrecifes zombis, que siguen ahí pero ya no crecen ni producen descendencia.

Sin embargo, hay motivos para mantener la esperanza. El descubrimiento de la reserva de biodiversidad en las profundidades mesofóticas es un aspecto de la ecología de los arrecifes que podría dotar a estos de una mayor resistencia a los impactos del cambio climático en el futuro. Algunos arrecifes están protegidos de forma natural de las causas de estrés gracias a su ubicación; ya sea por estar protegidos por los acantilados de la luz solar directa o por estar situados cerca de un afloramiento de agua más fría, lo que impide que las temperaturas de las aguas que los rodean superen la termotolerancia del coral. También estamos empezando a comprender que algunas poblaciones de coral parecen ser más tolerantes que otras a las condiciones de estrés. Estas suelen vivir en contextos naturalmente más extremos que otros arrecifes, donde las temperaturas son más altas, por ejemplo, y donde los corales y sus algas simbióticas se han adaptado para tolerar el estrés ambiental. El establecimiento de zonas protegidas donde las actividades humanas, como la pesca, amenazan con dañar directamente los arrecifes de coral también contribuye a la conservación de estos ecosistemas.

Se ha demostrado que, cuando los arrecifes están sanos, con grandes poblaciones de peces, son más resistentes a los impactos del cambio climático. En ocasiones, esto se debe a que la presencia de grandes poblaciones de peces herbívoros impide que las algas superen al coral cuando un arrecife se está recuperando de una conmoción como el blanqueamiento masivo inducido por las altas temperaturas. Los científicos también están estudiando enfoques alternativos para mejorar la resistencia de los arrecifes al calentamiento del océano. Se trata de la cría artificial de corales y quizás, en el futuro, de la modificación genética de los corales y de las algas simbióticas que viven en sus tejidos y les proporcionan alimento para tolerar temperaturas más altas o agua de mar con menos carbonato cálcico. La restauración de los arrecifes también se está intentando en todo el mundo, aunque con distintos grados de éxito en el mantenimiento de aspectos de la biodiversidad de los arrecifes, como las poblaciones de peces.

Se ha calculado que los beneficios económicos que los arrecifes de coral aportan a la humanidad ascienden a casi diez billones de dólares estadounidenses al año. Este es el valor global que confiere el suministro de alimentos, protección de las costas, el turismo y los muchos otros servicios que nos prestan los arrecifes de coral. Sin embargo, creo que, en última instancia, tenemos la obligación moral de evitar que se extingan. Bucear en un arrecife de coral es una experiencia impresionante, que parece de otro mundo. La exuberancia de la vida, los colores y las relaciones íntimas construidas a lo largo de doscientos millones de años de evolución son una maravilla. Para muchas personas, una experiencia así cambia la vida y es inspiradora. Deberíamos hacer todo lo posible por conservar estos ecosistemas para las generaciones presentes y futuras. Su pérdida sería una negligencia criminal a escala planetaria. Es hora de que los países dejen de lado sus diferencias y de que los inversores y la industria se den cuenta de que la globalización y la obtención de beneficios conllevan una responsabilidad. Si no se hacen esfuerzos serios para descarbonizar la economía mundial, los arrecifes de coral y muchos otros preciados ecosistemas de la Tierra se perderán para siempre. La acción a todos los niveles de la sociedad, desde los Gobiernos hasta lo que hacemos nosotros mismos como ciudadanos individuales, es realmente importante para la supervivencia de los arrecifes de coral. Este es un tema al que volveré en el último capítulo del libro. El lector se sentirá aliviado al saber que las acciones individuales tomadas colectivamente sí que pueden marcar la diferencia para el futuro de nuestro océano.

6

Plásticos y otros contaminantes

Ojos que no ven, corazón que no siente

Los desechos de la humanidad están ahora por todo el océano. Plásticos, poliestireno, fibra de vidrio… Sea cual sea el envase que utilicemos, una parte acaba en el océano. La prensa lleva años informando de la existencia de una gigantesca isla de basura en el centro del Pacífico, de ríos de plástico que desembocan en el océano en el Extremo Oriente, y de montones de plástico y otros residuos tan altos como una persona en las playas de ciudades como Bombay. A pesar de lo inquietante de estos informes, parece que no han tenido mucho efecto en nuestra conciencia sobre el tema. En Reino Unido, no fue hasta que se emitió *Planeta azul II* de la BBC, un programa que mostraba a su audiencia los resultados gráficos de nuestra cultura del despilfarro en la vida marina, que la gente pareció ponerse en guardia y prestar la debida atención. Ahora el plástico oceánico es un tema importante en todas las conferencias a las que asisto sobre conservación marina. Sin embargo, no es el único problema de contaminación al que se enfrenta el océano, y algunos pueden tener incluso graves consecuencias para la salud humana.

La primera vez que me di cuenta del problema de los plásticos fue a raíz de mi trabajo en un proyecto que dirigí en el

178

sur del océano Índico, en 2011. Los montes submarinos de la dorsal india sudoccidental se encuentran entre Madagascar/Sudáfrica y la Antártida. Están muy alejados de tierra y se tarda una semana en llegar a ellos en un buque de investigación moderno que viaje a 10 nudos, el equivalente a unos 18,5 kilómetros por hora en tierra. Como ya he relatado, en los montes submarinos encontramos muchos restos de origen humano; la mayoría de ellos eran aparejos perdidos, pero también había pruebas de basura arrojada por la borda de estos buques: botellas de cerveza, guantes, trozos de motor y trozos de tuberías de plástico, por ejemplo.

Durante el crucero tomamos muestras de sedimentos utilizando unos simples tubos de plástico que se insertan en la arena o el lodo y se retiran lentamente, llevándose consigo una muestra cilíndrica del lecho marino. Sin embargo, hacer esto en los montes submarinos era un asunto doloroso, ya que muchos de los sedimentos estaban compuestos por granos grandes y no consolidados, con trozos de coral dispersos. Por ello, muchos de los tubos se vaciaban en cuanto se retiraban del fondo marino, lo que provocaba horas de frustración.

Varios meses después, me encontraba en el laboratorio de Investigación y Conservación de los Océanos del Departamento de Zoología de Oxford cuando sonó el teléfono. Era Lucy Woodall, una investigadora posdoctoral del proyecto de los montes submarinos con sede en el Museo de Historia Natural de Londres.

—Solo quiero comentarte algo para ver qué te parece —dijo.

—Dispara.

—Estoy encontrando lo que parecen fibras de plástico en las muestras de los tubos.

—¿Qué aspecto tienen?

—Bueno, son fibras diminutas... Parecen ser de diferentes colores, lo que podría indicar diferentes tipos de plástico. Y están en todas las muestras.

Eso llamó mi atención inmediatamente. Nadie había visto antes tales cantidades de microfibras de plástico en las profundidades marinas. Habíamos recuperado muestras de sedimentos hasta los mil quinientos metros. Si estaban allí abajo, en la dorsal india sudoccidental, una de las partes más remotas del océano, estarían por todas partes en las profundidades marinas. Entonces se nos encendió la bombilla y el horror se apoderó de nosotros. Esto significaba que los plásticos habían llegado a *todas* las partes del océano. En ese momento experimenté lo que solo puedo describir como vértigo. Las consecuencias de este descubrimiento serían inmensas.

—Lucy, tenemos que estar absolutamente seguros de esto.

—Lo he comprobado con Michelle. Las fibras también parecen estar en las muestras de coral.

Esta era una noticia aún peor. Si las fibras estaban en los corales que Michelle Taylor, investigadora posdoctoral en Oxford, estaba observando, era muy posible que ya les estuvieran afectando de alguna manera. Si los corales tenían que limpiar los plásticos de sus pólipos, las pequeñas partes blandas del coral, parecidas a las anémonas, que utilizan para alimentarse, esto podría ser importante en términos energéticos, frenando el crecimiento de los animales.

Colgué el teléfono con una sensación de profunda perturbación. ¿Cuál era el origen de esas fibras de plástico y cómo llegaban a las profundidades marinas? ¿Eran de flotación neutra o de flotación negativa, o incluso positiva? La respuesta obvia era que las fibras se esparcían por la superficie del océano gracias a las olas, las mareas, las corrientes y el viento, y luego se enredaban en el fitoplancton que se hundía y en otros materiales. En otras palabras, debían quedar atrapadas en la nieve marina, un agregado de detritus orgánicos que caían desde las aguas superficiales iluminadas por el sol hasta las profundidades del océano, donde eran la principal fuente de alimento para los animales de la columna de agua y del fondo marino.

Hay varias fuentes de partículas y fibras microplásticas. En algunos casos, los plásticos se fabrican para que sean pequeños, como las microperlas de plástico que se añaden a algunos productos de cuidado personal, como los exfoliantes corporales y los dentífricos. En la actualidad se están prohibiendo en países de todo el mundo, y existen muchas alternativas biodegradables a su uso. En otros casos, proceden de la descomposición de materiales plásticos en tierra o en el océano. A medida que los grandes trozos de plástico se desgastan por la radiación ultravioleta de la luz solar, la oxidación y el impacto mecánico de las olas del mar, se descomponen en partículas cada vez más pequeñas, que acaban convirtiéndose en microplásticos. Se cree que la mayoría de los microplásticos presentes en el océano proceden de la descomposición de trozos de plástico más grandes, pero no se conocen bien las cantidades relativas de plástico procedentes de distintas fuentes ni su destino.

Otra fuente de microfibras son los textiles. Cada año se fabrican unos nueve millones de toneladas de textiles, de los cuales un 30 % son de algodón, un 10 % de otras fibras naturales como la seda y la lana, y el 60 % restante son sintéticas. La mayoría de estas fibras naturales y no naturales se tratan con un cóctel de tintes y químicos, y también pueden acumular contaminantes cuando están en el agua de mar. Las partículas y fibras de microplástico llegan al océano a través de los desagües pluviales, la escorrentía de la tierra, los vertidos de las plantas de tratamiento de aguas residuales y el polvo que vuela por la atmósfera. El material grande, los llamados macroplásticos (trozos de 2,5 a 50 centímetros de longitud) y los megaplásticos (trozos de más de 50 centímetros) acaban en el océano porque muchos países simplemente no tienen la infraestructura necesaria para gestionar sus residuos sólidos. Entre cinco y quince millones de toneladas de estos residuos acaban en el océano cada año desde la zona costera o a través de los ríos. También es importante reconocer que se trata de un problema creciente. En la década de 1950, se fabricaban alrededor de 1,5 millones de toneladas de plástico al año. En 2015 esta cifra había crecido hasta los 299 millones de toneladas. Los bajos precios del petróleo y las escasas perspectivas de venta de petróleo en el futuro, impulsadas por la descarbonización de la economía mundial, están animando a algunos Estados productores de petróleo a invertir en el crecimiento de su industria de fabricación de plásticos como uso alternativo del petróleo. Esto, por supuesto, hará que el material sea aún más barato en el futuro.

Yo ya era consciente del problema de los residuos plásticos, tanto por la lectura de artículos científicos como por las visitas a la playa en Reino Unido, las islas Canarias y otros destinos en los que siempre había cierto nivel de basura. Sin embargo, fue la expedición de Thinking Deep a Honduras, en 2015, que describo en el capítulo anterior, la que realmente me hizo entender la gravedad del problema.

Llevábamos un par de semanas buceando por la isla de Utila, que solían ser maravillosamente claras, lo que siempre era un placer comparado con las aguas del norte de Europa. Normalmente podía ver a una distancia de treinta metros o más bajo el agua, lo que daba una sensación de amplitud enorme, mirara donde mirara. Sin embargo, a medida que íbamos buceando, el espacio se iba tornando cada vez más cálido. El aire estaba cargado de calor y humedad cuando salimos un día a bucear en el Laberinto, al otro lado de la isla respecto al centro de buceo, un lugar de arrecifes muy confusos cerca de la costa que dan paso a paredes escarpadas. El cielo se veía amenazante, con nubes pesadas, cuando salimos, y para cuando amarramos a la boya de buceo en el Laberinto, el cielo se había vuelto negro y el viento había empezado a soplar. Los truenos retumbaron y empezaron a formarse trombas de agua a nuestro alrededor y en el mar. El vendaval arrastraba una espiral de nubes hacia el mar, formando un embudo, a veces tocando el agua y otras disipándose y deshaciéndose. Nunca había visto este fenómeno de la naturaleza y me encontré profundamente fascinado. Había un murmullo de nervios entre los buceadores —un rayo puede caer y matar a un buceador que esté en la superficie o cerca de ella—, pero seguimos adelante de todos modos, ya que la tormenta todavía no había llegado.

Las inmersiones se desarrollaron según lo previsto. Al regresar a la isla, llegaron las fuertes lluvias de la estación húmeda tropical, con grandes gotas que lo empaparon todo en cuestión de segundos. Los días posteriores trajeron consigo nubes de moscas de arena y mosquitos. Los primeros se agolpaban en nuestros labios, en nuestros ojos y en nuestras caras mientras tratábamos de preparar nuestro equipo de buceo, picándonos y acosándonos incesantemente a cada oportunidad.

El día siguiente estaba despejado, y volvimos a dar la vuelta al Laberinto. Esta vez, una escena muy diferente me dio la bienvenida. Hasta donde alcanzaba la vista, desde la costa hasta el horizonte, había una gigantesca balsa flotante de desperdicios. Botellas de plástico sucias, cartones, otros tipos de envases alimentarios, palés, poliestireno roto, trozos de vegetación, fibra de vidrio rota: toda la basura que se pueda imaginar yacía alrededor del barco. Cuando miré por encima de la parte trasera de la embarcación de buceo, incluso pude ver bolsas de plástico que pasaban a la deriva, hacia el arrecife. No podíamos creer lo que veíamos. Erika, nuestra joven buceadora mexicana, tomó fotografías alrededor del barco, pero estas no podían transmitir las espantosas dimensiones de la manta de basura sobre la que flotábamos. Una silenciosa depresión se apoderó de todos nosotros, envuelta en una mezcla de conmoción y, de alguna manera, una vergüenza compartida por lo que los humanos estaban haciendo al océano. La mancha de plástico en la superficie era tan espesa que incluso tuvimos que apartarla de la parte trasera de la embarcación para que nuestros buzos pudieran entrar en el agua.

Me pregunté de dónde venía todo esto, sin saber cómo era posible que un día el océano estuviera limpio de escombros y al día siguiente nos encontráramos en una escena del apocalipsis.

Erika respondió que había leído que el Gobierno hondureño había presentado una queja a Guatemala por las enormes cantidades de basura que bajaban por uno de sus ríos y llegaban a las playas turísticas cercanas a la frontera.

Cuando volvimos al centro de buceo, busqué en los periódicos locales y, efectivamente, había fotos de excavadoras intentando limpiar montones de basura en las playas. La falta de gestión de los residuos en varias ciudades grandes del río hacía que fueran a parar a sus aguas, y de ahí al golfo de Honduras. El alcalde local del otro lado de la frontera, en Honduras, se quejaba al Gobierno de que la basura estaba arruinando la industria turística local. ¿Quién quiere ir a una playa llena de porquería plástica? Me sorprendió que el problema de los residuos hubiera alcanzado un nivel tan grave como para agriar las relaciones entre un país y otro. Los científicos y la sociedad civil empezaban a darse cuenta del daño que se estaba causando a los océanos.

Cuando buceaba en Honduras, esas semanas, a veces me encontraba con tortugas, normalmente en el arrecife, navegando entre las algas o esponjas que crecían ahí en abundancia. Ver cómo la balsa de plástico llegaba al arrecife me hizo pensar, de inmediato, en estos animales, de los más vulnerables a los problemas de enredo e ingestión de desechos humanos en el medio marino.

Hace muchos años, cuando mi mujer, Candida, y yo fuimos a las Maldivas de luna de miel, ambos pudimos ver estas criaturas de cerca por primera vez. Se dice que las tortugas tienen aspecto de sabias, lo que no es de extrañar, ya que viven mucho tiempo, tanto como los humanos o a veces más. Tienen una boca en forma de pico, ojos oscuros e inteligentes y una gran cabeza que se parece a la de un erudito calvo. Recuerdo el deleite que sentimos cuando vimos pasar a nuestra primera tortuga carey nadando por el arrecife, con la piel escamosa en un hermoso mosaico de verdes y amarillos, y el caparazón en un desconcertante patrón de esmeraldas, marrones, rojos y amarillos. Eran nadadoras sorprendentemente vigorosas y a menudo se acercaban a ver a los buceadores con esa curiosidad que sugiere inteligencia.

En aquel momento, los arrecifes de las islas Maldivas aún no habían sufrido su primer blanqueamiento y eran espectaculares. Nubes de peces damisela de vivos colores, grandes burros listados, peces loro y otras especies danzaban entre impresionantes jardines de corales, gorgonias y esponjas. Los tiburones de puntas blancas y de puntas negras eran omnipresentes; el primero parecía una versión verde y mucho más grande de la mielga que vi en Irlanda cuando era niño. Pero el mayor placer que nos dimos fue una inmersión nocturna en el arrecife. Candida y yo éramos buceadores algo más experimentados que la mayoría del resto del grupo en el *dhoni,* un barco de madera largo y de fondo plano que se utiliza para bucear en las islas. El monitor que nos guiaba nos indicó que podíamos salir a explorar el arrecife por nuestra cuenta antes que los demás buceadores, que aún eran lentos y torpes en el agua. Así lo hicimos, y todo un mundo nuevo se abrió ante nosotros a través de los túneles de luz formados por nuestras linternas. A diferencia de lo que ocurría durante el día, el arrecife estaba ahora engalanado con crinoideos —lirios de mar— que aparecían como grandes flores negras que brotaban de las cabezas de los corales. Los peces león desplegaban sus aletas, hermosas con sus rayas blancas y rojas. Las morenas buscaban sus presas en todos los agujeros y salientes donde los incautos peces se hubieran podido esconder. Pero lo más destacable era una gran tortuga verde, aparentemente dormida, descansando en el arrecife. Floté, observándola con asombro a menos de un metro de distancia de ella y, sin embargo, el animal no respondió. Estaba, sin duda, dormida; no podía creer que un animal que respiraba aire fuera capaz de permanecer bajo el agua durante tanto tiempo. No sabía entonces que las tortugas verdes pueden sumergirse hasta cinco horas sin respirar. Sus cuerpos están magníficamente adaptados para almacenar oxígeno en la sangre y en los tejidos, lo que las convierte en uno de los superbuceadores de los vertebrados acuáticos que respiran aire.

Hay siete especies de tortugas marinas, y la mayoría de ellas tienen ciclos vitales similares. Tienen que venir a tierra para poner sus huevos, que se entierran en la arena, en la parte superior de las playas de anidación. Una vez que los huevos se han incubado, generalmente durante unos dos meses, eclosionan por la noche como versiones diminutas de los adultos y se abren paso hasta la superficie. Las crías tienen que correr como locas hacia el mar para evitar ser devoradas por los numerosos depredadores que las esperan. Sus enemigos pueden ser desde mapaches hasta aves marinas, como gaviotas o pelícanos, según el lugar del mundo en el que se encuentren. Esta carrera hacia la seguridad es una escena que muchos conocemos por haber visto en programas de historia natural en la televisión. Sin embargo, lo que ocurre a partir de entonces son los llamados «años perdidos». Durante este tiempo, las crías, que en el caso de una tortuga verde pueden medir solo cinco centímetros, pasan el tiempo en mar abierto. Gran parte de lo que ocurre durante este periodo sigue siendo un misterio, pero los científicos han ido descubriendo que las tortugas jóvenes se alimentan de zooplancton, como las medusas, mientras van a la deriva en las corrientes oceánicas, a menudo alrededor de cuencas oceánicas enteras. En el caso de las tortugas verdes y las caguamas o tortugas bobas, pueden orbitar el océano de tres a diez años. Mientras realizan este increíble viaje, muchas de ellas mueren, por supuesto, devoradas o al sucumbir a alguno de los muchos peligros del océano. Las que sobreviven se convierten en tortugas juveniles y acaban migrando de vuelta a las zonas de alimentación costeras, generalmente cerca del lugar donde nacieron, con la excepción de la tortuga laúd, la más grande, de hasta setecientos kilos de peso, que pasa la mayor parte de su vida en el océano y solo pisa la costa para poner sus huevos.

Dependiendo de dónde se encuentren y de la población a la que pertenezcan, las tortugas, incluso cuando son adultas, pueden sufrir migraciones asombrosas entre las zonas de alimentación y sus playas de anidación, a las que las hembras regresan constantemente, y que suelen ser las mismas en las que nacieron. Una tortuga boba adulta ha sido rastreada desde una playa de anidación en Papúa Nueva Guinea hasta la costa oeste de América, frente a Oregón, una distancia de casi veintiún mil kilómetros. Estas milagrosas hazañas de navegación se consiguen, al menos en parte, gracias a su percepción del campo magnético de la Tierra. Las tortugas tienen una brújula magnética incorporada y, mientras están en el océano, pueden mantenerse dentro de los límites de las corrientes detectando los cambios en el campo magnético. Las tortugas adultas incluso memorizan mapas magnéticos de sus zonas de alimentación costeras. Este tipo de brújulas es utilizado por otros animales, como las aves migratorias.

Las tortugas, como grupo, son increíblemente antiguas, ya que sus ancestros evolucionaron por primera vez en los albores de la era de los dinosaurios. Son un grupo de animales de un éxito extraordinario, que se encuentra en todos los océanos tropicales y en latitudes templadas. Sin embargo, se enfrentan a graves problemas: tres especies están clasificadas como en peligro o en peligro crítico, y otras tres, como vulnerables a la extinción. Por supuesto, es el impacto humano el que las está arrastrando hacia los confines de la desaparición. Si bien la depredación humana directa y las capturas accidentales en la pesca son las dos mayores amenazas para las tortugas, los residuos plásticos son un problema cada vez mayor. La cuestión es que el plástico, al estar en todas partes en el océano, está afectando a las tortugas en todas las etapas de su desarrollo vital. Esto es más grave aún por el hecho de que son animales longevos y tardan mucho tiempo en convertirse en adultos. Las playas de anidación están contaminadas con residuos de plástico. Incluso antes de que las tortugas salgan del cascarón, la presencia de plásticos en la playa altera el ritmo de calentamiento y enfriamiento de la arena, y también su capacidad de retener la humedad. La temperatura del nido determina el sexo de las tortugas en desarrollo, de modo que si el nido es más frío pueden nacer más tortugas macho de lo normal. La tasa de desarrollo de los embriones en los huevos también se ve reducida, y una mayor permeabilidad de la arena a la humedad puede provocar la deshidratación de los huevos. Una vez que las crías salen del nido, son vulnerables a quedar atrapadas o enredadas en los desechos que hay en la playa, especialmente en los aparejos de pesca perdidos, como redes o cuerdas. Las hembras que anidan son igualmente vulnerables a quedar atrapadas en la basura arrastrada o desechada en las playas cuando cavan los agujeros en los que ponen los huevos.

En el océano, tanto cuando son jóvenes en desarrollo como cuando son adultos en migración, las tortugas se enfrentan a dos peligros: la ingesta de plásticos o el enredo. Los animales se reúnen bajo casi cualquier cosa que flote en el océano, porque puede proporcionarles refugio o ser el hogar de una presa. Antes de los seres humanos, esos objetos podían ser algas flotantes o vegetación terrestre, como árboles flotantes arrastrados lejos de la tierra. Ahora, gran parte de lo que flota en el océano es plástico. Las tortugas pueden ingerir este plástico accidentalmente, por ejemplo en su comida, especialmente cuando las algas crecen sobre él, o deliberadamente, como en el caso de los trozos de plástico blanco o transparente que pueden parecerse a las medusas. Este plástico puede causar daños directos en el sistema digestivo o una obstrucción intestinal. Se ha comprobado que tan sólo 0,5 gramos de plástico y fibras son suficientes para bloquear el sistema digestivo de una tortuga verde juvenil y matarla. Por otra parte, el plástico puede llenar parcialmente el estómago de una tortuga, reduciendo su apetito o la capacidad de alimentarse, lo que causa desnutrición, una aflicción llamada dilución dietética. Esto puede hacer que las tortugas mueran de hambre, especialmente los animales jóvenes con estómagos pequeños.

En algunas partes del mundo, el 100 % de las tortugas varadas tienen basura de origen humano en sus intestinos, la mayor parte de la cual es plástico, y se estima que alrededor del 50 % de las tortugas en general han ingerido al menos una vez dicho material. Algunas especies son más vulnerables que otras a los efectos mortales de esta ingesta. Por ejemplo, las tortugas bobas tienen una dieta muy general y, en consecuencia, un tracto intestinal amplio. Esto significa que son más capaces de deshacerse del plástico ingerido a través de la defecación que otras especies. Los casos en los que las tortugas se han visto enredadas en algún objeto se han asociado, por norma general, a distintos componentes de equipos de pesca, como las redes. Esto provoca una serie de lesiones, como la mutilación o amputación de miembros, daños por exceso de arrastre, restricción de movimiento, pérdida de control de la flotabilidad y, en última instancia, la muerte. Alrededor del 5 % de las tortugas varadas se enreda en redes u otros desechos humanos, y de este porcentaje, más del 90 % muere. Esta causa de mortalidad y la manera tan terrible en la que acontece no solo supone una tragedia para las poblaciones de tortugas, sino para el bienestar animal. Las tortugas pueden tardar mucho tiempo en morir por asfixia o debido a las consecuencias de las lesiones causadas por las redes u otros residuos plásticos y, sin duda, el proceso es agónico. Pensar en esto, sobre todo después de ver fotografías de la forma en que mueren, me hace llorar.

Por desgracia, las tortugas suelen concentrarse en zonas como los frentes oceánicos o áreas de convergencia, donde confluyen masas de agua de diferentes propiedades. Esto se debe a que tales regiones suelen ser fructíferas y concentran las presas de las que se alimentan las tortugas. Sin embargo, las propiedades físicas de esos territorios facilitan que también acumulen basura. Este fenómeno es conocido por ser una trampa ecológica en la que los hábitats migratorios y de alimentación de las tortugas las sitúan en las zonas del océano con las mayores concentraciones de residuos plásticos, lo que aumenta los riesgos de ingestión o enredo. Estimar el número de tortugas que mueren cada año a causa de los desechos plásticos es imposible dado nuestro conocimiento actual del problema. Muchas tortugas muertas por plásticos se pudren en el mar, se hunden o son devoradas por carroñeros, y solo una pequeña proporción llega a la costa. La opinión de los expertos sugiere que los niveles de mortalidad causados por la basura son significativos a nivel de poblaciones y, por tanto, están contribuyendo a la desaparición de estos maravillosos animales. Por desgracia, no son los únicos.

Se ha descubierto que más de setecientas especies de animales marinos han ingerido plástico o se han enredado en él. Los grandes depredadores marinos, como las aves marinas, las ballenas y las focas, son vulnerables a la contaminación por plástico. Esto se debe a que son longevos, con vidas de decenas o incluso hasta doscientos años, en el caso de la ballena de Groenlandia. Esto significa que tienen mucho tiempo para recogerlo y acumularlo. También pueden confundir el plástico con la comida, vivir o pasar por zonas con altos niveles de basura, o ser curiosos y enredarse en el proceso de investigar un objeto extraño en el mar. Por ejemplo, de las veintiún especies conocidas de albatros, se ha descubierto que al menos doce han comido plástico. El impresionante albatros viajero, tan familiar para mí por mis expediciones al océano Antártico, es una de esas especies afectadas. Estas grandes aves blancas surcan las olas del Antártico con unas alas estrechas que pueden llegar a medir hasta 3,5 metros, las más largas de cualquier ave. Los albatros viajeros se alimentan capturando presas en la superficie del océano, principalmente calamares y peces. Pero también son voraces carroñeros, y siguen a los barcos de pesca engullendo, como si estuvieran compitiendo entre sí, cualquier pez desechado u otro alimento potencial. Esta estrategia de alimentación generalista significa que estas grandes aves tragan plástico, pero parecen ser capaces de regurgitarlo o pasarlo por su sistema digestivo con poco daño visible para el animal. Sus nidos pueden estar llenos de trozos de equipos de pesca, principalmente de la pesca con palangre, en lugares tan lejanos como la costa de Sudamérica.

En otras especies, como el albatros de Laysan, que se cría principalmente en las islas de Hawái y se alimenta en el Pacífico norte, se sabe que la ingestión de plásticos por parte de los polluelos reduce significativamente su peso, lo que es muy probable que provoque una reducción de la supervivencia. Los adultos de esta especie se alimentan tanto hurgando en la basura como cazando presas vivas, y, de nuevo, esta estrategia de alimentación parece conducir a niveles extremadamente altos de ingestión de plásticos, desde trozos rotos hasta fragmentos de equipos de pesca. La presencia de dichos residuos en estas aves es elevada, oscilando entre más del 80 % de los individuos evaluados y el 100 %, dependiendo del estudio. El Pacífico norte es famoso por albergar el llamado «continente de plástico». Este se identificó inicialmente en una zona entre California y Hawái, donde los científicos que desplegaban redes descubrieron una densidad de desechos plásticos de más de 330 000 piezas de más de cinco kilogramos por kilómetro cuadrado. Aunque el número de piezas de plástico superaba al del plancton en unas cinco veces, su peso era unas seis veces superior. Los trozos de plástico van desde grandes restos de redes de pesca, boyas y flotadores, hasta diminutos fragmentos, cachos de láminas y sedales de monofilamento.

Las corrientes oceánicas que atraviesan el Pacífico norte son complicadas, pero pueden representarse como dos grandes paquetes de agua que se mueven en forma circular: el giro subtropical, al sur, y el giro subpolar, al norte. Los puntos en los que estos giros se encuentran se conocen como zonas de convergencia y, aquí, una masa de agua tiende a deslizarse por debajo de la otra, provocando así un movimiento descendente del agua. Las zonas de convergencia de las aguas atraen los plásticos hacia ellas y, si los residuos poseen la flotación suficiente, se mantienen por encima de la zona de bajada. Esto genera una estrecha banda de plásticos concentrados que se extiende por el Pacífico, al norte de Hawái. En las partes oriental y occidental del giro subtropical también hay subgiros más pequeños, zonas semicerradas de agua redistribuida que también acumulan y retienen basura. Esto da lugar a tres zonas de acumulación de residuos: la ya mencionada isla de basura oriental entre Hawái y California; otra al este de Japón, la isla de basura occidental; y una tercera zona de concentración en una banda que atraviesa el Pacífico norte. Las poblaciones de albatros de Laysan que se alimentan en la isla de basura occidental pueden tener hasta diez veces más cantidad de plástico en sus intestinos que las aves que se alimentan fuera de esta zona. Sin embargo, a pesar de las pruebas de que los albatros de Laysan con una elevada carga de plástico pesan menos al echae plums, y de las horribles imágenes de polluelos muertos rellenos de basura plástica que nos resultan familiares en los documentales sobre la naturaleza, los científicos aún no están seguros de los niveles de mortalidad y daños causados al albatros de Laysan por esta ingestión. Sencillamente, no se han realizado suficientes estudios para comprender lo que está ocurriendo. Pero, aunque todo esto es deprimente hasta niveles insospechados, existe otra amenaza más insidiosa todavía por parte de los plásticos. Estos se forman tomando pequeñas moléculas (monómeros) y uniéndolas para formar grandes moléculas (polímeros). Se utilizan productos químicos para iniciar y promover esta polimerización y luego se utilizan más productos químicos para darle al plástico las propiedades específicas relacionadas con su uso. En algunos casos, los propios monómeros tienen propiedades tóxicas. Algunos de los productos químicos utilizados para promover la polimerización también son muy perjudiciales, en concreto para la vida marina. Los aditivos incluyen plastificantes, antioxidantes, retardantes de la llama y estabilizadores de los rayos UV. Varios de ellos han sido identificados como potencialmente peligrosos, como los plastificantes de ftalato, que

Arriba: Densas agregaciones del cangrejo yeti (*Kiwa tyleri*), más conocido como «cangrejo Hoff», al sur de la dorsal oriental del Scotia, en el océano Antártico, a una profundidad de 2397 metros. Proyecto NERC CHESSO.

Abajo: Pulpo de la fumarola sin identificar, posiblemente de la especie *Vulcanoctopus,* al sur de la dorsal oriental del Scotia, en el océano Antártico, a una profundidad de 2394 metros. Proyecto NERC CHESSO.

Arriba: Anémonas marinas actinostólidas y percebes *(Vulcanolepas scotiaensis),* al sur de la dorsal oriental del Scotia, en el océano Antártico, a una profundidad de 2396 metros.

Abajo: *Lophelia pertusa* formando un arrecife de coral de aguas frías en el monte Anton Dohrn, en el noreste del océano Atlántico, a una profundidad de unos 400 metros. NERC Deeplinks Project.

Arriba: Colonia viva de *Solenosmilia variabilis*, parte de un arrecife de coral de aguas frías en el monte marino Coral, en la dorsal india sudoccidental, océano Índico, a una profundidad de unos 1000 metros. El cangrejo (la concha que aparece sobre el coral) es un calliostoma que probablemente esté comiéndose los pólipos del coral. Proyecto IUCN/NERC Seamounts.

Abajo: Reloj anaranjado *(Hoplostethus atlanticus),* banco marino Melville en la dorsal india sudoccidental, océano Índico, a una profundidad de unos 1000 metros. Proyecto IUCN/NERC Seamounts.

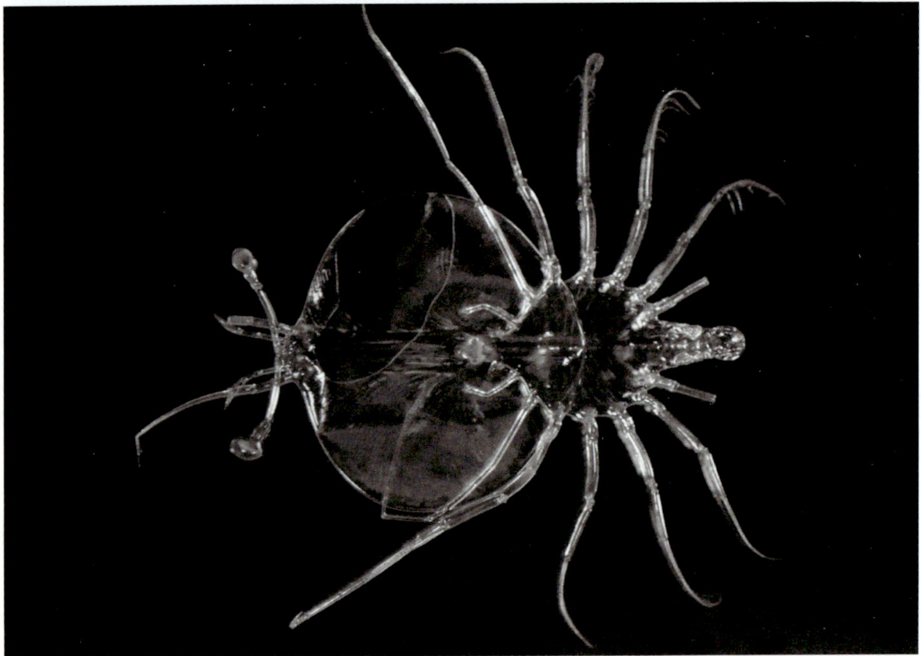

Arriba: Langosta espinosa *(Jasus paulensis)*, en el banco marino Sapmer, en la dorsal india sudoccidental, en el océano Índico, a una profundidad de unos 200 o 300 metros. Proyecto IUCN/NERC Seamounts.

Abajo: Larva aplastada y transparente de una langosta espinosa, muy poco parecida a la forma que adoptará de adulta. Capturada en un arrastre pelágico sobre la dorsal india sudoccidental, en el océano Índico, Proyecto IUCN/NERC Seamounts.

Arriba: Precioso coral chicle *(Paragorgia species)* fotografiado en el banco marino Atlantis, en la dorsal india sudoccidental, en el océano Índico, a una profundidad de unos 700 u 800 metros. Proyecto IUCN/NERC Seamounts.

Abajo: Erizos de mar *Dermechinus horridus* sobre coral en la cima del monte marino Atlantis, en la dorsal india sudoccidental, en el océano Índico, a una profundidad de unos 700 metros. La langosta a su derecha pertenece a la especie *Projasus*. Proyecto IUCN/NERC Seamounts.

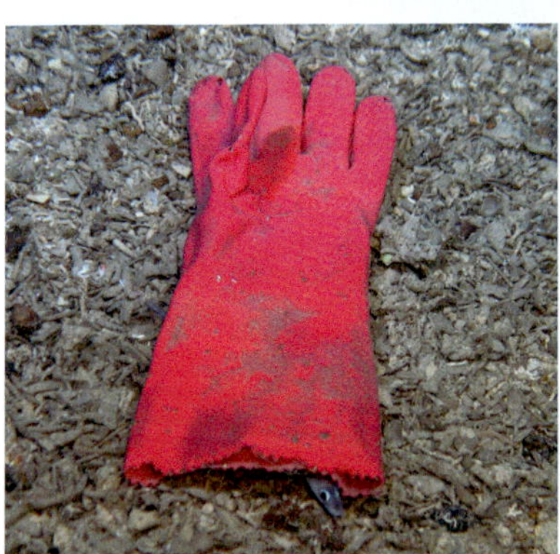

Arriba: Afloramiento rocoso en el monte marino Atlantis, hogar de abanicos de mar, anémonas marinas, esponjas, erizos marinos *Dermechinus horridus* o la esponja vítrea *Euplectella*. Dentro de cada esponja había una gamba macho y hembra, una nueva especie. Dorsal india sudoccidental, en el océano Índico, a una profundidad de unos 700 metros. Proyecto IUCN/NERC Seamounts.

Abajo izquierda: Guante de pescador abandonado en el banco marino Sapmer, dorsal india sudoccidental, en el océano Índico. Nótese que una anguila ha convertido esta pieza de basura marina en su hogar. Proyecto IUCN/NERC Seamounts.

Abajo derecha: Terrible escena de plástico flotante, poliestireno y otras basuras de origen humano que se extienden hasta el horizonte. Isla de Utila, islas de la Bahía, Honduras, 2015. Foto © Erika Gress.

Arriba: Lobos marinos antárticos *(Arctocephalus gazella)*, isla Georgia del Sur, en el sur del océano Atlántico. Foto © Alex Rogers.

Abajo: El diablo negro o rape abisal, *Melanocetus johnsoni,* capturado en la zona mesopelágica sobre los montes marinos de la dorsal India sudoccidental, en el océano Índico. Proyecto IUCN/NERC Seamounts.

Arriba: El autor como si fuera una cría de biólogo marino en la rocosa costa de Cloonagh, Sligo, al oeste de Irlanda, en algún momento de la década de 1970. Al fondo aparecen su padre y su abuelo, y sus tíos John y Peter, empujando el barco pesquero de su abuelo. Foto © Alex Rogers.

Izquierda: Chong Chen, antiguo estudiante de doctorado, disfruta al someter a su supervisor al tradicional «remojo de Neptuno», tras una primera inmersión en el submarino *Shinkai 6500*. Foto © Nicolai Roterman.

pueden constituir el 50 % de algunos plásticos, los retardantes de llama y los estabilizadores térmicos a base de plomo. Otros contaminantes se generan como subproductos de la fabricación del plástico. Y una vez que el plástico está en el océano, también empieza a absorber y acumular una compleja mezcla de otros contaminantes químicos persistentes procedentes del agua de mar, en su mayoría de origen humano. Muchas de estas sustancias químicas están asociadas a efectos tóxicos en la vida marina y en los propios seres humanos. La cuestión es si estas sustancias químicas, tanto las utilizadas en la fabricación de plásticos como las absorbidas por los plásticos en el agua de mar, pueden transmitirse a los animales como resultado de su ingestión.

El gran problema de intentar discernir la influencia de los plásticos en la transferencia de sustancias químicas nocivas a la vida marina es que hay muchas otras fuentes de contaminación. Un ejemplo es un grupo de sustancias químicas que se han utilizado como retardantes de llama en productos electrónicos de consumo, coches, televisores, muebles, alfombras e incluso en la ropa, conocidos como éteres de polibromodifenilo (PBDE). Se desarrollaron para sustituir a otra clase de retardantes de llama, los bifenilos policlorados (BPC), porque se descubrió que eran muy tóxicos y persistentes en el medio ambiente marino y terrestre. Los PBDE son sustancias químicas muy estables que se dispersan como gases o en partículas de polvo a través de la atmósfera. Estas sustancias químicas entran en el océano y son absorbidas por el plancton. Los PBDE son lipofílicos, lo que significa que se absorben y concentran en las grasas de los animales. El plancton es consumido por animales más grandes, peces o crustáceos, y estos, a su vez, se alimentan de depredadores más grandes, y así sucesivamente, los PBDE se concentran cada vez más en las grasas de los animales a medida que ascienden en la cadena alimentaria. Esto se llama biomagnificación o bioacumulación. Las sustancias químicas son persistentes, y tanto ellas como los derivados de su descomposición permanecen en el medio ambiente y en los animales que contaminan durante largos periodos de tiempo. Constituyen un problema especial para los depredadores en lo alto de la cadena alimenticia marina, que no solo están expuestos a un alto nivel de PBDE en sus alimentos, sino que, además, viven mucho tiempo, por lo que estas sustancias químicas se van acumulando en su grasa corporal.

A la cabeza de la cadena de depredadores marinos están las orcas. He visto a estos cazadores cruzando los fiordos de Georgia del Sur. Son animales impresionantes, y ver sus lisos y brillantes lomos curvándose en el agua, coronados por esa icónica aleta dorsal, es uno de los verdaderos espectáculos de la naturaleza. Se mueven con determinación, atrapando focas jóvenes que se sumergen por primera vez en las agitadas aguas que rodean la isla. Cuanto más aprendemos sobre estos animales, más complejos se revelan su sociedad y comportamiento. En la Antártida hay al menos cuatro tipos principales de orcas, que difieren en volumen y en patrones de color, especialmente en la posición y el tamaño de la mancha blanca que tienen encima y detrás del ojo.

Las de tipo A son las más grandes, y los machos llegan a medir hasta nueve metros de largo. Suelen vivir en aguas abiertas, donde cazan rorcuales aliblancos.

El tipo B tiende a habitar en la costa y entre el hielo compacto, donde se especializa en la caza de focas, pero también captura rorcuales aliblancos y ballenas jorobadas, si se presenta la oportunidad.

El tipo C se ha observado principalmente en el este de la Antártida, en zonas como el mar de Ross, y se alimenta de merluza negra, un gran pez depredador que vive cerca del fondo marino y que es un objetivo preciado de la pesca con palangre en la Antártida.

El tipo D tiene un parche ocular blanco extremadamente pequeño y vive en el subantártico, pero habita por todo el continente. Se sabe poco sobre la dieta de este tipo de orca, pero se ha observado que roba merluza negra de los palangres de los buques pesqueros alrededor del territorio antártico francés, un hábito que comparten las orcas y los cachalotes en otras partes del Antártico.

Todas estas variedades de orcas son diferentes a nivel genético, y algunos científicos piensan que incluso pueden ser especies distintas.

Frente a las costas de Canadá hay dos tipos de orcas, diferentes de las del Antártico: las que son residentes y viven en la costa y prefieren comer pescado, y las transeúntes, que se especializan más en comer focas y otras ballenas. En 2006 se descubrió que en estos dos ejemplares, los niveles de BPC, el contaminante heredado, y de PBDE, el retardante de llama sustitutivo, habían alcanzado niveles extraordinarios tanto en las orcas residentes como en las nómadas. En las residentes, los niveles habían alcanzado alrededor de 150 miligramos por kilogramo de grasa para los BPC, y algo menos de 1000 microgramos por kilogramo de grasa para los PBDE. En el caso de las orcas transeúntes, los BPC habían alcanzado los 250 miligramos por kilogramo de grasa, y los PBDE, los 1000 microgramos por kilogramo de grasa. La razón es que las mismas sustancias químicas se encontraban en sus presas, principalmente salmones, en el caso de las costeras, y focas en el de las de alta mar. El umbral de efectos tóxicos de los BPC se decuplicó en estas orcas.

Los umbrales de toxicidad son menos conocidos en el caso de los PBDE, pero ambas sustancias químicas alteran los niveles de vitamina A e interfieren en la función de la tiroides, lo que repercute en el desarrollo del cerebro, el sistema nervioso, la reproducción y el sistema inmunitario. Los PBDE también pueden imitar a las hormonas del cuerpo, como los estrógenos. Para empeorar las cosas, estas sustancias químicas se transfieren a las crías de las orcas a través de la leche de sus madres, que es rica en grasa. Cuando se descubrieron niveles tan altos de estos contaminantes en las orcas canadienses, se acuñó la frase «ballenas a prueba de fuego». Los niveles de contaminantes eran tan elevados en estos animales que los efectos tóxicos resultantes suponían una amenaza casi segura para su existencia. Sin embargo, debido a que existen varias rutas de entrada de estos retardantes de llama en el océano, se conoce poco el papel de los plásticos en su transferencia a los animales marinos.

La mayoría de la gente conoce los peligros que el petróleo representa para la vida marina, especialmente para las aves marinas. También se es consciente de los problemas asociados a los metales pesados, como el mercurio, que, al igual que los BPC y los PBDE, pueden acumularse en la cadena alimentaria. Peces como el atún o el pez espada acumulan naturalmente estos metales en su cuerpo. La contaminación humana del océano se suma a esta carga, y por eso no es buena idea comer demasiado de estos grandes peces depredadores. Muchos de estos problemas de contaminación existen desde hace décadas y están bien estudiados. Los plásticos son un problema relativamente nuevo que, gracias al programa *Planeta Azul II* y a las actividades de muchas ONG y activistas, está ahora muy presente en la opinión pública. Sin embargo, como he señalado, aunque el sentido común nos dice que la presencia de plástico en el medio marino no es algo bueno, demostrar que está teniendo un impacto tan significativo y perjudicial en la vida marina y sus ecosistemas no es fácil.

Solo hay que pensar en el cóctel de sustancias químicas al que uno está expuesto cada día por el uso de productos farmacéuticos y productos comunes en el hogar, muchos de los cuales acaban en el océano.

Hace unos años, recuerdo estar de pie en una playa protegida de Lanzarote conocida como Playa Chica. Había estado entrenando todo el día para obtener mi título de maestro de buceo y caminaba exhausto por la arena. Mientras los veraneantes recogían sus toallas y bolsas de playa, miré hacia el mar. Playa Chica es una pequeña ensenada con un muelle a un lado y rocas al otro. Todas las escuelas de buceo la utilizan para entrenar y, mientras miraba a otros buceadores que salían a la superficie, me di cuenta de que la superficie del mar era anormalmente suave y de aspecto aceitoso. Era una mancha de crema solar, arrastrada por nadadores y remeros de todas las edades a las hermosas y claras aguas de las islas Canarias. Llevaba más de una semana buceando allí y había visto una vida marina que hacía tiempo que había desaparecido del Mediterráneo. Angelotes, monstruos aplanados de dos metros de largo y color gris moteado que acechaban en el lecho marino a la espera de emboscar a su presa; liebres de mar como las que veía de niño en Irlanda, pero con el tamaño y la forma de un balón de rugby; grandes meros y nubes de peces damisela que colgaban de los arrecifes rocosos, que a su vez albergaban esponjas de colores brillantes, grupos de ascidias de mar que parecían judías cocidas y corales de color amarillo intenso. A juzgar por la multitud de buceadores que se cambiaban en el aparcamiento de Playa Chica, las islas Canarias se estaban convirtiendo en un lugar de buceo muy popular entre los europeos. Venían por la abundante vida marina de islas como Lanzarote. Podía sentir el efecto casi invisible de tantos visitantes mirándome a los ojos mientras el sol se escondía por el horizonte, tiñendo el cielo de naranja y resaltando la mancha de crema solar aceitosa en la superficie de las aguas, antes azules como el cristal. En ese momento tuve claro que esas grandes cantidades de crema solar con oxibenzona y otros aditivos químicos debían estar afectando a la vida marina de las aguas costeras de Canarias.

La oxibenzona se utiliza en casi todos los productos cosméticos o domésticos que se puedan imaginar: protectores solares, fragancias corporales, productos de peluquería, champú, acondicionadores, cremas antienvejecimiento, bálsamos labiales, máscaras de pestañas, repelentes de insectos, jabones para lavavajillas, jabones de manos, aceites y sales de baño. Incluso se ha utilizado como aditivo alimentario. De hecho, cuando esta mañana he comprobado mi gel de ducha, para mi horror, ahí estaba en la lista de ingredientes como benzofenona-3. Se

utiliza en los protectores solares para bloquear los rayos ultravioleta, y también en otros productos para proteger a las demás sustancias químicas de ser modificadas por la luz solar. La
Agencia de Protección Medioambiental de Estados Unidos lo
ha reconocido como un contaminante medioambiental emergente preocupante. Se calcula que cada año se vierten en los
arrecifes de coral entre 6000 y 14000 toneladas de protectores
solares que contienen entre un 1 % y un 10 % de oxibenzona.

Se ha comprobado que los niveles de oxibenzona encontrados en el agua de mar de las populares playas turísticas rodeadas de arrecifes de coral del Caribe y de Hawái son tóxicos
para los corales. Las larvas de coral se asemejan a pequeñas
babosas cubiertas de diminutos pelos llamados cilios, que baten e impulsan al animal por el agua. Cuando se exponen a la
oxibenzona, las larvas se deforman, dejan de nadar y mueren.
El examen microscópico muestra que la oxibenzona provoca
que las células de las larvas mueran, y que también pierdan sus
algas simbióticas, las zooxantelas, blanqueándose como los corales adultos cuando están sometidos a estrés y encapsulándose
en una cáscara de carbonato cálcico. El ADN de las larvas también resulta dañado. La oxibenzona ha resultado ser tóxica para
los crustáceos y los peces, y en estos últimos se ha demostrado
que en concentraciones menores, aunque no sea letal, afecta a
la reproducción y el desarrollo.

Los seres humanos también están expuestos a la oxibenzona. Parte de ella se absorbe a través de la piel de los productos
que utilizamos, pero también entra en el cuerpo a través del
agua potable y los alimentos. Estudios recientes en humanos
indican que la oxibenzona es capaz de atravesar la barrera hematoencefálica, y puede detectarse en el hipotálamo y la materia blanca del cerebro. Se desconoce en gran medida lo que
esto significa para los humanos, aunque sabemos que el hipotálamo es crucial para que el cerebro reciba señales hormonales
y para controlar diversos procesos del cuerpo. Hay pruebas
de que una exposición elevada a la oxibenzona en las mujeres

provoca una reducción de la duración del embarazo y también influye en el peso que tienen al nacer los bebés, en función de su sexo (aumento del peso en los niños pero disminución en las niñas). Los efectos son de un nivel similar a los asociados a la exposición a plaguicidas organofosforados, sustancias químicas que se sabe que son muy tóxicas para el ser humano. También se ha implicado en la aparición de la enfermedad de Hirschsprung, una anomalía del desarrollo del intestino humano que provoca su obstrucción. En las ratas, la oxibenzona atraviesa la barrera placentaria y daña el cerebro de los embriones, lo que puede provocar trastornos neurológicos después de su nacimiento.

No creo que sea necesario insistir más en este punto. Esta sustancia química, junto con muchas otras utilizadas en los productos de cuidado personal, es un problema para el medio ambiente y para nosotros. La oxibenzona es un disruptor endocrino. Esto significa que imita o influye en los efectos de las hormonas en el cuerpo. Se trata de sustancias bioquímicas, como la testosterona o el estrógeno, que, incluso en cantidades mínimas, actúan como mensajeros en el cuerpo, liderando procesos críticos en el desarrollo y la reproducción. La alteración de las funciones de estos mensajeros bioquímicos tiene consecuencias de gran alcance para los animales y para nosotros. Muchas de las sustancias químicas de las que he hablado en este capítulo, como los ftalatos, los BPC y los PBDE, también funcionan como disruptores endocrinos. La oxibenzona también ha sido clasificada como pseudopersistente en el medio ambiente. En otras palabras, aumentamos constantemente las cantidades presentes a través de su uso en productos domésticos cotidianos. Sin embargo, hay pruebas de que también puede biomagnificarse en la cadena alimentaria, como los PBDE, aunque no con la misma eficacia.

Esta es solo una de las miles de sustancias que utilizamos a diario y que acaban en el océano y pueden dañarlo.

¿Qué se ha hecho ante un problema tan insidioso? Es cierto que, cuando hay pruebas irrefutables de que determinadas sustancias son venenosas para el medio ambiente y los seres humanos, se han tomado medidas para prohibirlas, normalmente mediante la eliminación progresiva de su uso. El acuerdo internacional en virtud del cual se prohíben estas sustancias químicas es el Convenio de Estocolmo y se creó para evitar el uso de plaguicidas perjudiciales como el DDT. Los BPC son un buen ejemplo. En muchos países se ha prohibido su uso y se han sustituido por los PBDE. Cuando se descubrió que los PBDE eran perjudiciales, se prohibieron en virtud del Convenio de Estocolmo, empezando por los más tóxicos del grupo. Los PBDE están siendo sustituidos por los retardantes de llama emergentes (NFR por sus siglas en inglés), que incluyen una serie de retardantes de llama bromados y organofosforados. Al igual que los PBDE, estos nuevos retardantes de llama están presentes en nuestros hogares y acabarán por llegar al medio ambiente. Me pregunto cuánto tiempo pasará antes de que se descubra que estas sustancias químicas también son perjudiciales para la vida marina y, quizá, también para nosotros.

Dos días antes de escribir estas mismas palabras recibí un correo electrónico de Craig Downs, un científico de ascendencia hawaiana que estudia el impacto de los contaminantes en los arrecifes de coral. Hawái acababa de prohibir los protectores solares que contienen oxibenzona y octinoxato; este último es otro producto químico asociado a consecuencias tóxicas para la vida marina y que muestra actividades de alteración endocrina. Esta prohibición se debió en gran medida al trabajo científico que él y sus colegas habían realizado para demostrar la toxicidad de estos compuestos en los corales. Mientras trabajaba frente a mi ordenador en Oxfordshire, podía imaginarme a Craig, un apasionado de su trabajo, bailando de alegría en su oficina. Craig me envió enlaces a los titulares que aparecían en todo el mundo sobre esta extraordinaria medida que prohibía una sustancia que muchos veraneantes de Hawái utilizaban a diario. Algunos de los artículos de prensa también contenían comentarios de la industria cosmética, que condenaba la decisión por considerar que ponía en peligro a las personas por los efectos nocivos de la radiación ultravioleta (UV). Dado el espectacular aumento de los cánceres de piel en países como Estados Unidos, y tras haberme extirpado un carcinoma de la frente el año pasado, soy muy consciente de la importancia de protegerme y proteger a mi familia de la dañina radiación UV. Sin embargo, Craig se ha esforzado en señalar que existen productos químicos alternativos que protegen de una gama más amplia de longitudes de onda de los rayos UV, como el óxido de zinc. Estas alternativas son mucho menos dañinas para los corales y otros animales marinos, y probablemente también supongan un menor riesgo para nosotros. También hay otras medidas que podemos tomar para protegernos del sol, como llevar ropa con protección UV o permanecer a la sombra. La victoria de Craig y la respuesta de la industria cosmética y química me recordaron inmediatamente a una de mis heroínas de la biología marina del pasado, Rachel Carson.

Rachel era una bióloga marina que vivía en Estados Unidos y que también tenía el don de escribir. En los años cincuenta, había publicado varios libros de éxito sobre el océano, como *The Sea Around Us* ('El mar que nos rodea') y *The Edge of the Sea* ('El borde del mar'). A finales de los años cincuenta y principios de los sesenta, Rachel centró su atención en una creciente crisis medioambiental: el uso de pesticidas en la agricultura moderna en Estados Unidos y otros países desarrollados. En lugares como Gran Bretaña, esta crisis se manifestó a través de una serie de siniestros acontecimientos. En 1959, se produjo una muerte masiva de zorros en Oundle (Northamptonshire) y sus alrededores, y en la primavera de 1961 se encontraron decenas de miles de aves muertas o agonizando en la campiña inglesa. Aves de presa como el halcón peregrino prácticamente desaparecieron. El culpable fue el uso indiscriminado de una serie de pesticidas, como el mercurio, el hexacloruro de benceno, la dieldrina y el DDT, estos dos últimos pesticidas organofosforados. Estos productos químicos se aplicaban como aderezos para las semillas, o se pulverizaban sobre los cultivos. Rachel acumuló las pruebas del daño que estaban causando al medio ambiente y, en 1962, tras un retraso en la publicación como consecuencia de su cáncer de mama, publicó el libro *Primavera silenciosa*. El libro se centraba en los efectos nocivos del uso indiscriminado y liberal de los pesticidas en la vida silvestre, y abordaba la toxicidad de estos productos químicos para los seres humanos. *Primavera silenciosa* también criticaba duramente a la industria química por difundir desinformación sobre sus productos, y a los funcionarios públicos por aceptar sus afirmaciones sin rechistar. Solo puedo admirar, en la distancia, la valentía de esta mujer que, según se dice, era un personaje tímido y recluso. *Primavera silenciosa* y su autora fueron atacados salvajemente por la industria química e incluso por científicos que apoyaban el uso de esos productos para aumentar el rendimiento de los cultivos. Rachel fue atacada a nivel personal por no tener la experiencia necesaria para hacer afirmaciones sobre el uso de tales químicos, ya que era una bióloga marina sin formación en bioquímica. Un ex secretario de Agricultura de Estados Unidos incluso escribió una carta al expresidente, Dwight D. Eisenhower, sugiriendo que Rachel era comunista. Sin embargo, se supo que *Primavera silenciosa* había sido revisado por muchos expertos en la materia, y un gran número de científicos apoyó las conclusiones del libro. El texto condujo a la prohibición del uso indiscriminado del DDT, a la creación de la Agencia de Protección del Medio Ambiente de Estados Unidos y tuvo influencia en el establecimiento del Convenio de Estocolmo. Desde entonces ha sido reconocido como una de las aportaciones más significativas a la literatura occidental, contribuyendo al surgimiento del ecologismo moderno.

El último capítulo del libro de Rachel comienza con un pasaje extraordinario que aún podría aplicarse a nuestros días con respecto al uso continuo de productos químicos que dañan el océano. La autora compara la situación de principios de los sesenta con la posibilidad de elegir entre dos caminos. El primero es engañosamente fácil, de rápida progresión en la agricultura industrializada, incluyendo todo lo que implica el uso de pesticidas y otros productos químicos. El segundo parece más difícil, pero puede ofrecer la posibilidad de alimentar a la humanidad y, a la vez, de preservar el medio ambiente. Rachel señala que tenemos derecho a conocer la naturaleza de los productos químicos que se utilizan para producir nuestros alimentos, y también a decidir no aceptar su uso si se demuestra que son perjudiciales para el entorno. En su lugar, deberíamos buscar otras soluciones para el tema del suministro de alimentos.

Volveré sobre el sentido de la elección entre los dos caminos en el último capítulo de este libro. En el pasado, las toxicidades de las sustancias químicas se evaluaban dosificando a los animales con concentraciones crecientes hasta que un determinado número moría. Este enfoque es completamente inadecuado para comprender la realidad del impacto de las sustancias químicas en la fisiología de los organismos vivos con concentraciones ambientalmente realistas, una vez diluidas en el agua de mar. Ahora hemos desarrollado la tecnología para buscar los marcadores específicos de la alteración de los procesos a nivel celular y orgánico dentro de los microbios, animales, algas y plantas que viven en la naturaleza. Estos métodos ofrecen una mejor visión de los modos de acción de las sustancias químicas en el medio ambiente, y midiendo parámetros como el crecimiento, el rendimiento reproductivo y los cambios de comportamiento, podemos evaluar el impacto global sobre las especies, las comunidades de organismos y, en última instancia, sobre la función del ecosistema.

Entonces, ¿por qué estamos en una situación en la que sustancias como los plásticos, sus aditivos y otros productos químicos están casi por todas partes en el océano? Una de las razones es que, por algún motivo, se ha convertido en algo aceptable utilizar el océano como un gigantesco basurero. A los fabricantes les cuesta muy poco que sus productos sean arrojados al sistema de alcantarillado o desechados en el medio ambiente. De hecho, están utilizando el océano como una instalación de eliminación de basura gratuita. No se hacen responsables de los costes a largo plazo para la naturaleza o, en última instancia, para toda la sociedad, incluidas las generaciones futuras. ¿Y nosotros como individuos? Muchos nos preocupamos por el medio ambiente y la vida silvestre, y nunca dañaríamos de manera consciente el océano. Sin embargo, hemos llegado a aceptar el uso de plásticos y productos químicos en casi todas las facetas de nuestra vida, dando por hecho que son seguros. ¿Cuántos de nosotros miramos los ingredientes de los productos de cuidado personal como geles de ducha, protectores solares, pintaúñas, brillos de labios, desodorantes, perfumes…? Incluso si lo hacemos, ¿podemos entender lo que significa esta larga lista de sustancias químicas?

Está claro que hay trabajo por delante. En primer lugar, la única manera de abordar el problema de los plásticos es encontrar materiales alternativos más respetuosos con el medio ambiente, la filosofía propuesta por Rachel Carson. La sustitución de los plásticos de un solo uso llevará tiempo, por lo que una prioridad inmediata debe ser impedir que lleguen al océano. Es fundamental llevar a cabo una gestión más eficaz de los residuos sólidos, sobre todo en los países con pocos recursos, donde esta gestión es casi inexistente. Para esto, las empresas que fabrican y utilizan plásticos tienen la responsabilidad de tener en cuenta todo el ciclo de vida de sus productos y, en la medida de lo posible, asegurarse de que se reciclan o se eliminan adecuadamente.

La respuesta al creciente problema de que los productos químicos complejos estén en todos lados, desde los productos farmacéuticos hasta el champú, es complicada, pero en general se necesita una nueva estrategia. Para los materiales de los que no podemos prescindir como sociedad, como los medicamentos, es necesario un tratamiento más eficaz de las aguas residuales. Pero en el caso de muchas sustancias químicas, como por ejemplo las que se utilizan como retardantes de llama, cosméticos, otros productos de cuidado personal y cualquier otro uso que se les dé, tenemos que plantearnos si realmente las necesitamos, y si hay alternativas. Este fue el mismo enfoque que promovió Rachel Carson. Aquí hay que tener en cuenta el principio de inversión de la carga de la prueba. Si se trata de una empresa química o de una corporación que fabrica este tipo de productos, debería existir la obligación legal de demostrar que lo que se vende al público causará al medio ambiente un nivel de daño lo suficientemente bajo como para ser aceptable, según su uso. Esto incluye el daño a los ecosistemas terrestres y al océano. Parte de la razón por la que estos productos químicos están apareciendo con tanta profusión es que los contribuyentes no pueden soportar la carga de unas pruebas tan exhaustivas. Por lo tanto, esta tiene que recaer en quienes se benefician de la síntesis de tales materiales. Al fin y al cabo, si están utilizando el océano como un servicio barato de eliminación de residuos, deberían estar obligados a demostrar que su actividad está causando un daño mínimo.

Como *Primavera silenciosa* dejó claro de forma tan elocuente, vamos directos a la ruina si este problema no se resuelve. Se trata de decisiones difíciles para la sociedad y, sin duda, contarán con la fuerte oposición de las empresas que fabrican todos los productos a los que tanto nos hemos acostumbrado en la edad moderna, y también de los Gobiernos, como hemos descubierto una y otra vez a lo largo del último siglo en los casos de los pesticidas y los cigarrillos. Para el individuo, por supuesto, esto puede parecer muy desalentador.

Un amigo mío, Nigel Winser, director de Earthwatch y ecologista de larga trayectoria, me dijo una vez: «Tú y yo, como miembros de la sociedad, podemos ejercer nuestro poder de decisión en dos momentos: al votar y al comprar». Estas palabras me acompañan desde entonces. Ahora soy muy consciente de que no debemos comprar plásticos de un solo uso si podemos evitarlo. Ahora es relativamente fácil sustituir los vasos de plástico y las botellas de agua por recipientes reutilizables para nuestras bebidas. Siempre insto a mis amigos a que miren la lista de ingredientes del champú, el gel de ducha o el perfume que van a adquirir. Si no reconocen alguna de las sustancias químicas de la lista de ingredientes, búsquenlas en su teléfono, tableta u ordenador. Puede que se sorprendan para mal de lo que encuentren, pero, al menos, resultará fácil escoger como consumidor informado.

Se trata de elecciones pequeñas pero vitales. Son alternativas que pueden beneficiar a nuestra propia salud y a la salud del océano, y *todos,* como individuos, tenemos un papel que desempeñar en la toma de estas decisiones informadas. Pienso en el horrible sufrimiento causado por los residuos plásticos que hieren, asfixian o matan de hambre a animales como las tortugas. También pienso en algunos de los animales más majestuosos y espectaculares del océano, como la orca, que acumulan los venenos que estamos vertiendo al agua y que, como resultado, mermarán y se extinguirán en el futuro. Pero esta es también una historia sobre nuestro propio futuro. A medida que la población humana crece, dependemos cada vez más del océano para nuestra alimentación, ya sea pescado salvaje o marisco de piscifactoría. ¿De verdad vamos a aceptar la creciente contaminación de nuestras fuentes de alimentos con plástico y productos químicos nocivos? ¡Algunos dirán que la respuesta es evidente!

$$7$$

El océano cambiante

Falta de aire

Quizá al lector le sorprenda saber que, mientras ha estado leyendo este libro, una de cada dos respiraciones que ha inhalado proviene del océano. Las algas unicelulares que componen el fitoplancton que flota en las capas superiores del océano iluminadas por el sol realizan la fotosíntesis —al igual que las plantas en la tierra— y un subproducto de este proceso es la generación de oxígeno. Este oxígeno se libera del océano y ayuda a mantener nuestra atmósfera. A medida que las células de fitoplancton y otros materiales orgánicos se hunden formando nieve marina, son descompuestos por las bacterias, que utilizan el oxígeno. El resultado es un descenso de las concentraciones de oxígeno en todo el océano entre la superficie y las profundidades de mil a mil quinientos metros. Esto se denomina zona o capa mínima de oxígeno. En las aguas más profundas, el oxígeno se repone gracias a las corrientes profundas, frías y oxigenadas procedentes de las regiones polares. En ocasiones, en el pasado, los patrones de circulación se han interrumpido, lo que ha provocado una reducción del oxígeno (hipoxia) o incluso una ausencia de oxígeno (anoxia) en amplias zonas del océano profundo. Estas alteraciones de la disponibilidad de oxígeno en los mares antiguos han dado lugar a fases de extinción de especies marinas.

No se suele admitir que la alteración de la oxigenación natural del océano es una de las consecuencias del impacto humano en la actualidad. El uso descuidado de fertilizantes agrícolas y los efectos del cambio climático en la temperatura y la mezcla del océano reducen las concentraciones de oxígeno en los ecosistemas marinos. Estos cambios se están produciendo con una rapidez increíble para los estándares geológicos. Hay muchos refranes relacionados con la locura que supone ignorar el pasado, y esto es tan cierto para nuestra historia natural como para la historia de nuestras civilizaciones. Como un siniestro presagio grabado en ruinas antiguas, las rocas y los fósiles nos advierten de que deberíamos estar muy preocupados por cualquier actividad humana que altere la distribución del oxígeno en el océano. Tiene el potencial de afectar a toda la vida marina, desde los microbios hasta depredadores emblemáticos como el atún y los tiburones.

En 1994 volé a Omán para unirme al crucero 211 del RRS *Discovery* para investigar la zona de mínimo oxígeno en el noroeste del océano Índico. En esta parte del mundo, las aguas superficiales altamente productivas, combinadas con una circulación oceánica lenta por debajo, conducen a una hipoxia extrema. La rica lluvia de materia orgánica, células de algas muertas, cuerpos de criaturas diminutas y egagrópilas fecales de la superficie alimentan a las bacterias de la columna de agua hasta el punto de consumir la mayor parte de su oxígeno. El norte del mar Arábigo, desde Omán, alrededor de la costa de Pakistán hasta la India, forma así una versión extrema de la zona de mínimo oxígeno, llamada zona de agotamiento de oxígeno. Estas zonas existen de forma natural en varias regiones del océano en las que el elevado crecimiento de las algas en la superficie se combina con una mala circulación del agua, de modo que el oxígeno no se renueva y se produce el agotamiento. Entre ellas se encuentran el golfo de Bengala, los márgenes occidentales de América del Norte y del Sur y las zonas de la costa occidental de África, incluidas Sudáfrica y Mauritania.

Para mí, el viaje al océano Índico fue muy emocionante, ya que era solo mi segunda gran expedición oceánica. Omán parecía un lugar muy exótico, con mucho calor, cielos azules y un zoco cerca del puerto de Mascate en el que los científicos buscábamos regalos para nuestros seres queridos. Antes del viaje, el ánimo del grupo era alegre, y yo estaba ansioso por ponerme en marcha. A bordo del *Discovery* me encontré en un camarote junto a uno de los nombres más grandes de la ciencia marina, Amélie Scheltema, de la mundialmente conocida Institución Oceanográfica de Woods Hole (Massachusetts), que estudiaba un grupo particular de moluscos con forma de gusano llamados *Aplacophora*. Estos animales son pequeños, en general de menos de un centímetro de largo, y a menudo están cubiertos de finas espinas doradas. Enseguida nos llevamos muy bien. Amélie tenía ya unos sesenta años y, además de aportar décadas de conocimientos, leía grandes cantidades de ciencia ficción. Como compañeros de *hobby*, intercambiamos libros durante el viaje. También estaba presente en el barco Lisa Levin, del Instituto Scripps de Oceanografía, otra de mis heroínas de la biología marina. Como científico joven, era un poco difícil acercarse a personalidades de renombre internacional en biología marina, pero esas barreras suelen romperse cuando la gente se apelotona en un barco. John Gage, a quien conocía de la Asociación de Biología Marina, donde había trabajado en Plymouth, dirigía el crucero y parecía estar en su elemento, corriendo con energía y organizando las cosas. Mi amigo Paul Tyler actuó como su segundo al mando en esta expedición. Se encargó de tomar muestras de los grandes animales que vivían en el lecho marino, así que inevitablemente acabamos pasando mucho tiempo trabajando juntos durante el mes siguiente. Como siempre, el papel no oficial de Paul fue el de proporcionar una mano diplomática firme para resolver cualquier dificultad que surgiera entre los numerosos científicos «alfa» a bordo.

Lisa quería hacer muchas extracciones en el sedimento, ya que pretendía ver cómo cambiaban la abundancia y la biomasa de los pequeños animales que viven en el lodo fino con diferentes concentraciones de oxígeno. Paul y yo queríamos los animales más grandes, como los cangrejos, los erizos y los pepinos de mar, y para ello el arrastre de los lodos blandos del fondo marino era el pilar del muestreo en aquel momento. Para tal operación se utilizaba un dispositivo muy primitivo llamado red de arrastre Agassiz, que lleva el nombre del famoso oceanógrafo del siglo XIX Alexander Agassiz, que se enfocó en los erizos de mar de la expedición del *Challenger,* así como en los arrecifes de coral. El viaje del *Challenger* entre 1872 y 1876 está considerado como la primera expedición oceanográfica mundial moderna. La red de arrastre de Agassiz consistía en un simple armazón de metal con una red acoplada.

Una de las formas de satisfacer todas las necesidades de muestreo de los científicos del barco era trabajar las veinticuatro horas del día y repartir el tiempo entre los distintos equipos. La extracción de núcleos en cajas era una operación bastante complicada, y las muestras debían repartirse entre varios, por lo que se decidió realizarla principalmente en las horas de luz. Los arrastreros, dirigidos por Paul, y entre los que me incluyo, fuimos destinados principalmente al muestreo nocturno y enseguida adquirimos el sobrenombre de «turno de noche».

A medida que descendíamos por la costa de Omán y pasábamos por la isla de Masira entre un brillante cielo turquesa y un océano azul oscuro, la emoción aumentaba. No teníamos ni idea de lo que podríamos encontrar en esta zona sin oxígeno. Un helicóptero Lynx de la Marina Real apareció de la nada y saludó al barco, quizás por reconocer a un buque británico en aguas lejanas, y el calor del día comenzó a aumentar. Muy pronto, los costados pintados de negro del *Discovery* se calentaron tanto que era imposible tocarlos. Peces voladores, e incluso algún que otro calamar volador, un animal que hasta ese momento no sabía que existía, se apartaron de nuestra barco, desapareciendo a babor y estribor. También pudimos ver cangrejos nadando en la superficie. Empezamos a tomar muestras del neuston —los animales que viven en la interfaz entre el aire y la superficie del océano—

utilizando el poco sofisticado dispositivo de un cubo, para poder estudiarlos vivos en el barco. Lo que encontramos fueron cangrejos claramente nadadores, una especie llamada *Charybdis smithii*, adaptada a pasar su vida en las capas superiores del océano Índico occidental y el mar de Arabia. Tenían pinzas estrechas, y sus patas traseras tenían forma de pala para nadar mejor. Los cangrejos crecían hasta un tamaño máximo de unos siete centímetros de caparazón y podían aparecer en grandes enjambres, saliendo a la superficie principalmente por la noche. Podían constituir el 90 % de la biomasa de pequeños animales nadadores en el mar de Arabia, y eran un alimento primordial para el atún y otros peces grandes. Estos cangrejos no fueron los únicos animales sorprendentes que aparecieron en nuestros cubos; también se personó el *Halobates,* un insecto de un azul fantástico que se parecía a un zapatero. Hasta entonces, no tenía ni idea de que existieran insectos totalmente marinos. El mar de Arabia era un lugar realmente extraño comparado con todos los demás lugares en los que había estado, en mi limitada experiencia.

El «turno de noche» comenzó a arrastrar la zona de agotamiento de oxígeno que comenzaba a cien metros de la superficie, alcanzando un mínimo de oxígeno a unos cuatrocientos metros de profundidad y volviendo a subir hasta profundidades de unos mil doscientos metros. En el núcleo de la zona sin oxígeno, la red de arrastre apareció cargada de lodo negro maloliente, con el típico hedor a huevo podrido del sulfuro de hidrógeno. Sin embargo, también se recuperó un gran número de animales extraños. El más característico era un pequeño cangrejo araña, el *Encephaloides armstrongi.* Estos crustáceos eran de un intenso color rojo anaranjado, con un cuerpo pequeño, de solo un par de centímetros de diámetro, cubierto de pequeñas protuberancias cónicas, y con enjutas patas unas tres o cuatro veces más largas que la anchura del cuerpo. Las características más notables de estos diminutos cangrejos eran unas cámaras branquiales muy infladas que aparecían como protuberancias distintivas a ambos lados de la parte trasera del cangrejo.

Tal y como habían adivinado los científicos más de cien años antes que yo, al observar la adaptación del aparato branquial del *Encephaloides* y de otros crustáceos, era evidente que el oxígeno escaseaba en el talud continental de la India, en el mar de Arabia y en la bahía de Bengala.

Comenzamos a recuperar cangrejos en gran número de algunas redes de arrastre, y nuestra pesca produjo otras peculiaridades. Un día trabajamos por la mañana, en lugar de por la noche, en el talud de Omán, al sur de la isla de Masira; desembarcamos la red de arrastre y comenzamos la ardua tarea de quitar con la pala, bajo un sol abrasador, una montaña de barro de la cubierta. Muy pronto, mi camiseta quedó empapada de sudor, pero mientras trabajaba vi una forma esférica en el lodo. Al sacar el objeto viscoso del fango, encontré una bola de gelatina con el tamaño y la apariencia de una gran canica de cristal.

—Paul, ¿qué es esto? —le pregunté, ofreciéndole la extraña pelota para que la examinara. Estaba tan desconcertado como yo.

—¡Puede ser una de las bestias de Andy! Voy a avisarle.

Nuestro colega Andrew Gooday era un experto mundial en foraminíferos, un grupo de animales unicelulares parecidos a las amebas que suelen ser muy abundantes en el océano. Pueden vivir en el plancton o en el fondo marino, suelen ser diminutos y tienen caparazones calcáreos microscópicos de formas y esculturas elaboradas. Algunos, sin embargo, pueden llegar a alcanzar tamaños mayores. Cuando Andy se unió a nosotros, se animó de inmediato al ver el objeto que tenía en la mano. «

—Sí, creo que es un gran foraminífero desnudo. Nunca he visto uno tan grande ni con esta forma esférica.

Andy se llevó el trofeo al laboratorio y nosotros, mientras, recogimos más de ellos del barro, echándolos a un cubo. Más tarde resultó ser una nueva especie, *Gromia sphaerica,* de un grupo de amebas nunca antes visto en las profundidades marinas. La ameba bola de gelatina era también uno de los grandes animales más abundantes a profundidades de unos mil seiscientos metros por debajo del núcleo de la zona con falta de oxígeno. Es probable que sea importante en el ecosistema del fondo marino a estas profundidades, dado su número. Se habían observado animales similares, en mayores densidades, en aguas menos profundas alrededor de la Antártida.

Esa misma tarde, algunos de los científicos más jóvenes pidieron permiso a la tripulación para ir a nadar. El contramaestre gruñó:

—El viejo no os va a dejar. Los «Knobby Clarks» están ahí fuera. No los veis, pero siguen al barco, os lo garantizo.

El término «viejo» se refería al capitán, y «Knobby Clarks» era una jerga que rimaba con los tiburones, en inglés *sharks*. Aquella noche, mientras estábamos en la cubierta de popa viendo cómo se ponía el sol, una gran aleta dorsal emergió de la estela del buque y se hundió lenta y siniestramente hasta perderse de vista. Nadie pidió volver a nadar.

Durante los días siguientes se construyó un gran artilugio en la cubierta trasera. Se trataba de un grueso armazón de acero pintado de amarillo brillante con varios instrumentos fijados a él. Se trataba de un sistema de medición para calcular la química de los sedimentos en la zona de mínimo oxígeno. Se iba a realizar una prueba en la que toda la estructura, que era casi tan alta como una persona y tenía un par de metros de diámetro, se bajaba al agua. Todos vimos cómo era izada por el bastidor A en la parte trasera del barco, donde la tripulación estaba preparada con cuerdas para sujetarla. El módulo de aterrizaje se bajó lentamente al mar y se balanceó. John Gage hablaba por radio con el puente y dirigía las operaciones con entusiasmo desde la cubierta de popa.

—Bien, puente, ¿puede hacer retroceder el barco unos metros para recogerla?

—¿Qué se cree que es esto, un maldito autobús londinense? —fue la mordaz respuesta de un oficial no identificado, ante la risa de todos los presentes. John no supo qué responder, pero para entonces la nave ya se había puesto en posición para recuperar el módulo de aterrizaje. Estaba claro que las cosas se estaban poniendo un poco tensas entre el jefe científico y los oficiales de guardia.

Al día siguiente, el instrumento se desplegó por primera vez para realizar sus mediciones. Era un día brillante, tranquilo y soleado, y no se preveía ningún problema de recuperación. Sin embargo, cuando llegó el momento de rescatar el módulo, el viento se había levantado y el mar se agitaba bastante. La señal acústica fue enviada por el barco, y los indicios apuntaban a que el módulo de aterrizaje estaba de vuelta. Los científicos se pusieron a escudriñar el mar con prismáticos, pero las olas dificultaban la detección de cualquier cosa en el agua. Este valioso equipo estaba muy por debajo de la superficie, sin ningún tipo de aparato de señalización a bordo. Ahora entendía por qué la tripulación se había despedido bromeando cuando el instrumento cayó al agua. Nunca lo volvimos a ver. Ochenta mil libras esterlinas de equipo se perdieron, sin pena ni gloria, en el mar de Arabia. Fue la primera vez que me di de bruces con la realidad de que las cosas pueden salir mal cuando uno investiga las profundidades del océano. Una vez que algo caía al agua, no había garantías de que se pudiera recuperar.

Sin embargo, no todo fueron malas noticias en esta expedición. Un equipo que se desplegó con éxito fue el WASP: Wide Angle Seabed Photography ('Fotografía Submarina con Gran Angular'). Se trataba de una versión anterior del sistema de cámaras remolcadas que íbamos a utilizar para buscar los respiraderos en el océano Austral. El vehículo fue pilotado sobre el lecho marino utilizando altímetros y un sistema de seguimiento de profundidad, y las fotografías fueron visionadas cuando el WASP fue llevado de vuelta a la cubierta. Las imágenes logradas fueron sorprendentes. A trescientos cincuenta metros de profundidad, el lecho marino estaba cubierto de centollos *Encephaloides armstrongi,* marchando todos en la misma dirección. En el núcleo de la zona de mínimo oxígeno, los animales más grandes estaban prácticamente ausentes. Por debajo de la zona de mínimo oxígeno, donde las concentraciones de oxígeno se estaban recuperando hasta casi lo normal, reaparecieron las bolas de gelatina. Eran claramente visibles, como burbujas brillantes esparcidas en pequeños grupos parcialmente incrustados en el sedimento. Y alrededor de cada una había un halo de sedimento más pálido donde los animales se habían alimentado del material orgánico del lecho marino. Me resultaba sorprendente que se tratara de una única célula gigante.

En un cañón por debajo de la zona de mínimo oxígeno encontramos un lago entero formado por medusas muertas. Yacían en el fondo como un mosaico de cuerpos verdes y azules en descomposición, una rica fuente de alimento recién descubierta por los animales de las profundidades. En otro lugar observamos que estas medusas se habían podrido hasta formar una capa gelatinosa de un centímetro de grosor en el fondo del océano. Junto con nuestro descubrimiento de que los cangrejos nadadores que habíamos visto en la superficie podían morir en grandes cantidades y caer en masa al lecho marino, creando una nueva forma de alimento en el mar de Arabia, esto indicaba una nueva ruta para el transporte de carbono orgánico, desde la superficie hasta las profundidades marinas.

Cinco semanas más tarde, regresé a Reino Unido y a la MBA con muestras de centollos y algunas langostas, y comencé a trabajar en las conexiones de las poblaciones en la zona de mínimo oxígeno. Lo que había visto en aquella zona extremadamente desprovista de oxígenos frente a Omán me intrigó. Muy pocos animales grandes vivían ahí. Los que estaban presentes, justo por encima o por debajo del mínimo de oxígeno, eran criaturas que se habían adaptado especialmente a las condiciones de bajo oxígeno. Además del *Encephaloides,* con sus cámaras branquiales infladas, encontramos un diminuto mejillón nacarado que vivía en un nido de hilos que había segregado, presumiblemente para regular su entorno de alguna manera. En la superficie del sedimento se hallaron alfombras de bacterias que vivían de la oxidación de sulfuros, una forma de quimiosíntesis similar a la de las fuentes hidrotermales de aguas profundas. Animales más pequeños, como los gusanos, se encontraban en la zona de oxígeno extremadamente bajo, pero mostraban adaptaciones, como grandes branquias, y algunos vivían en bolas de barro en la superficie del fondo marino. Como era de esperar, muchos grupos de animales, como los erizos y las estrellas de mar, estaban ausentes, y los caracoles y los bivalvos eran relativamente raros en las condiciones de oxígeno más bajas. Sabíamos que algunos de estos grupos tenían cierta intolerancia a las aguas hipóxicas. ¿Podrían estas condiciones de bajo oxígeno afectar a la evolución en las profundidades marinas al actuar como una barrera para los animales que viven en condiciones normales de oxígeno? De ser así, podrían aislar a las poblaciones de aguas poco profundas de las de aguas profundas, o aislar a las poblaciones a ambos lados de una zona de bajo oxígeno. El aislamiento era un requisito previo para que las poblaciones evolucionaran hacia nuevas especies en el océano. ¿Podían los animales «esconderse» en las zonas de bajo oxígeno, escapando de los depredadores que necesitaban altas concentraciones de oxígeno? ¿Podrían adaptarse a las condiciones de bajo oxígeno para aprovechar el alimento extra, presente en estas zonas al haber menos animales para comerlo?

Cuando empecé a profundizar en documentos científicos sobre este tema, me encontré con pruebas fósiles de los efectos de los bajos niveles de oxígeno en los océanos del pasado. Lo que descubrí fue sorprendente, y me pareció que tenía profundas implicaciones para los impactos del cambio climático global en la actualidad. Las condiciones de bajos niveles de oxígeno producen agrupaciones de animales fósiles que contaban con un escaso número de especies. Al igual que en la zona de mínimo oxígeno frente a Omán, relativamente pocas especies de animales podrían sobrevivir en estas circunstancias en los océanos de antaño. En las rocas también se observan rasgos químicos específicos de las condiciones de bajo oxígeno, como la presencia de grandes cantidades de piritas de hierro (el oro de los tontos) o de grandes cantidades de carbono orgánico, como en los esquistos negros.

Las pruebas geológicas sugieren que la Tierra ha alternado muchas veces entre periodos cálidos del clima y periodos más fríos. Durante los más fríos existían los casquetes polares, y el agua de mar fría, densa y rica en oxígeno se hundía y se extendía por las profundidades. En latitudes más bajas, el agua profunda sube a la superficie, se calienta y circula de nuevo hacia los polos. Esto se conoce como circulación termohalina y es la forma en que el océano funciona hoy en día, oxigenando las profundidades marinas y distribuyendo el calor por todo el mundo, manteniendo el clima a temperaturas que son cómodas para la vida tal y como la conocemos. Sin embargo, en otras épocas más remotas, posiblemente por fenómenos naturales como el vulcanismo o incluso la actividad biológica, los niveles de CO_2 se elevaron en la atmósfera provocando altas temperaturas y la ruptura de la circulación termohalina. El calentamiento de los océanos también habría provocado un fenómeno conocido como aumento de la estratificación, en el que una capa de agua cálida se encuentra sobre aguas más frías por debajo, reduciendo la mezcla entre las aguas superficiales y las más profundas. Además, el agua más caliente contiene menos oxígeno. El efecto global de estos cambios fue la reducción de los niveles de oxígeno en las profundidades marinas, lo que provocó una hipoxia generalizada (poco oxígeno) o incluso anoxia (ausencia de oxígeno). El impacto en la vida de las profundidades fue devastador. Si nos remontamos en el tiempo, hay pruebas de estos episodios hasta el periodo geológico llamado Cámbrico, hace más de quinientos millones de años. La hipoxia o anoxia de los océanos coincidió a menudo con la extinción de un gran número de especies de animales marinos, por ejemplo los amonites, animales parecidos a los calamares con caparazón enrollado que nadaban por los mares antiguos. Un pariente vivo, el nautilus, vive hoy en los arrecifes tropicales.

El tatarabuelo de todas las extinciones tanto terrestres como marinas, mucho peor que la de los dinosaurios, se produjo en el límite de los periodos Pérmico y Triásico, hace unos

251 millones de años. Esta extinción acabó con más del 90 % de las especies marinas y se la conoce como la «Gran Mortandad». Intente imaginar cómo sería ahora una extinción de este tipo en la tierra o en el mar. La desaparición de nueve de cada diez pájaros con los que está familiarizado, o la desaparición de nueve de cada diez especies de peces comunes en sus costas. Antes de la Gran Mortandad había ricos arrecifes de coral, en algunos casos de mayor tamaño que la Gran Barrera de Coral antes de los recientes eventos de blanqueo masivo. Los arrecifes estaban formados por grupos de corales diferentes a los actuales, los corales rugosos y tabulados, algunos de los cuales había encontrado fósiles cuando era pequeño, en Irlanda. En los mares poco profundos crecían con profusión animales como los braquiópodos, que se parecían a las almejas, los crinoideos pedunculados o los lirios de mar, que hoy solo se ven en las profundidades, y los briozoos, que formaban colonias en miniatura en forma de árbol o de arbusto. Estos ecosistemas enteros desaparecieron en el cataclismo ambiental que desoló la Tierra. Grupos enteros de animales, como los corales rugosos, los tabulados y los trilobites, criaturas multisegmentadas del mismo grupo que los insectos y los crustáceos, se extinguieron después de existir en la Tierra, en algunos casos, durante cientos de millones de años. Los arrecifes de coral de la era paleozoica fueron borrados, y nada que se parezca a un arrecife de coral vuelve a aparecer en el registro fósil durante otros ocho o nueve millones de años. En la tierra, la vida vegetal fue igualmente devastada, y la flora fue sustituida por una dominada por helechos y licopodios, ambas plantas formadoras de esporas, es decir, plantas capaces de sobrevivir a condiciones duras. La muerte de la vegetación terrestre dio pie a que se produjeran inundaciones y erosiones masivas. También desapareció el 70 % de los vertebrados terrestres. Tras este suceso, los dinosaurios se alzaron con el dominio de la megafauna terrestre.

Los paleontólogos han discutido durante mucho tiempo sobre la causa real de este acontecimiento y sobre si hubo un único episodio de extinción o varios. Se han propuesto varias causas, desde el impacto de un meteorito, como el que acabó con los dinosaurios, hasta una glaciación que hizo descender el nivel del mar, destruyendo hábitats de aguas poco profundas como los arrecifes de coral. Numerosos estudios y el descubrimiento de nuevas pruebas fósiles sugieren ahora que las extinciones se produjeron en un tiempo relativamente corto, un parpadeo geológico. El desencadenante parece haber sido una avalancha masiva de lava que formó los *traps* de lava siberianos. Los restos de esta avalancha se encuentran ahora en el norte de Rusia como un enorme volumen de roca basáltica de hasta 3,5 kilómetros de espesor. Se calcula que, en un periodo posiblemente inferior a un millón de años, manaron entre tres y cinco millones de kilómetros cúbicos de lava sobre la superficie de la Tierra. Esta lava vertió dióxido de carbono en la atmósfera, creando un superefecto invernadero. Las temperaturas aumentaron rápidamente, y en la tierra cayó una lluvia ácida que destruyó la vida vegetal. Esto provocó que los océanos se calentaran y sufrieran una acidificación como consecuencia de la absorción de dióxido de carbono. Como se vio en el capítulo 5, esto forma ácido carbónico en el agua de mar, provocando un cambio en la química del océano, que reduce la cantidad de carbonato de calcio disuelto disponible para que animales como el coral construyan sus esqueletos.

El oxígeno también se redujo gravemente, o se perdió por completo, en las profundidades marinas, y estas aguas pobres en oxígeno afloraron, entonces, a las aguas poco profundas. Además, en semejantes condiciones anóxicas, la actividad microbiana generó sulfuro de hidrógeno, que también subió a las plataformas continentales envenenando la vida marina, una condición conocida como euxinia. El aumento de las temperaturas, la acidificación de los océanos y la pérdida de oxígeno son síntomas de una grave alteración del ciclo del carbono. Las firmas químicas de estas condiciones hostiles están presentes en las rocas de origen marino que coinciden con el evento de extinción. La vida marina es muy sensible a los cambios de temperatura, como hemos visto en las últimas décadas con la aparición de blanqueamientos masivos de corales formadores de arrecifes en respuesta al calentamiento del océano.

La acidificación del océano puede ser un problema importante para los organismos que construyen esqueletos de carbonato o conchas, ya que reduce la cantidad de carbonato de calcio biológicamente disponible en el agua de mar. También interfiere en muchas otras funciones importantes de los animales marinos, afectando incluso a su capacidad de «oler» detectando las sustancias químicas de su entorno, de sus presas o de sus depredadores. La hipoxia o anoxia simplemente matan a los organismos que no pueden obtener suficiente oxígeno para la respiración, el proceso por el que los seres humanos y gran parte del resto de la vida multicelular consume alimentos para producir energía.

Tras la extinción masiva del Pérmico, la fauna marina, tal y como se desprende del registro fósil, se caracterizó por una biota globalmente uniforme en cuanto a la baja diversidad de especies. Los supervivientes lucharon por sobrevivir durante varios millones de años en condiciones hostiles antes de que el clima de la Tierra empezó a estabilizarse de nuevo y comenzó la recuperación. Algunos grupos se repusieron más rápido que otros. Los amonites aumentaron su diversidad en los dos primeros millones de años del Triásico. Los arrecifes de coral tardaron mucho más tiempo en reaparecer y, cuando lo hicieron, estaban formados por un grupo de corales totalmente diferente, los escleractinios, o corales pétreos, que sobreviven hasta hoy como principales constructores de arrecifes. Otros grupos de animales, como los trilobites, tuvieron menos suerte y se extinguieron para siempre, aunque debo decir que siempre ha sido mi sueño encontrar uno de estos animales en las profundidades del mar: un fósil viviente sin descubrir cuyos antepasados, de alguna manera, lograron superar la Gran Mortandad. Vivo con esa esperanza.

La anoxia o la hipoxia en las profundidades marinas se han producido a lo largo de toda la historia geológica y suelen estar asociadas a graves alteraciones del ciclo del carbono. El aconte-cimiento más reciente causante de una extinción significativa en las profundidades marinas fue el Máximo Térmico del Paleoce-no-Eoceno (MTPE), hace unos cincuenta y cinco millones de años. Hasta la mitad de las especies de amebas con caparazón, los foraminíferos, desaparecieron en este evento, y muchos otros grupos, incluyendo pequeños crustáceos e incluso peces de arre-cife, se vieron afectados. En el espacio de menos de veinte mil años, las temperaturas globales aumentaron entre 5 °C y 8 °C, provocando el calentamiento del océano, la acidificación y la anoxia. Todavía no se sabe qué causó este acontecimiento, pero las pruebas actuales sugieren de nuevo una erupción volcánica y/o una liberación masiva de metano a la atmósfera desde los clatratos marinos. Estos últimos son literalmente metano conge-lado, atrapado bajo el lecho marino en condiciones de baja tem-peratura y alta presión. Los clatratos o hidratos de metano apare-cen como hielo blanco, pero las muestras recuperadas del fondo marino pueden prenderse y arder. Cuando las temperaturas de las profundidades marinas suben, los clatratos pueden romperse y liberar metano, que es un potente gas de efecto invernadero en sí mismo. Uno de mis animales marinos favoritos es el gusa-no del hielo *Hesiocaeca methanicola,* un gusano erizado de color rojo brillante que vive en los hidratos de metano expuestos en el talud continental del golfo de México. Los gusanos se alimentan de bacterias que viven en el hielo de metano, que es consumido por estas mismas bacterias. Para mí, lo más aterrador del MTPE es que se estima que las tasas de liberación de CO_2 fueron de unos doscientos millones de toneladas al año, posiblemente has-ta mil millones de toneladas al año si el evento fue como una pulsación, como sugieren algunos estudios. En la actualidad, los seres humanos liberan CO_2 a un ritmo de diez mil millones de toneladas al año, un ritmo geológicamente casi sin precedentes y, desde luego, que no se ha visto en cientos de millones de años. El MTPE es el acontecimiento de la historia geológica más pa-recido al actual calentamiento global que estamos provocando.

Ya he hablado de las repercusiones del aumento de la temperatura del mar en los arrecifes de coral del mundo, pero ¿hay pruebas de que la actual alteración del ciclo del carbono en la Tierra esté afectando a los niveles de oxígeno en el océano? Uno de los animales más memorables de nuestra expedición en el mar de Arabia fue el calamar. Durante las largas veladas de la guardia nocturna entre redes de arrastre, o durante las operaciones de extracción, me inclinaba sobre la borda del barco mirando lo que atraían las luces. La zona que rodea el pórtico del cabrestante de extracción desde el que se despliega la caja con los tubos era el mejor lugar, ya que había muchas lámparas que iluminaban la zona de trabajo de la cubierta, creando un charco de luz en el mar. Las potas cárdenas, también conocidas como calamares voladores, subían desde las profundidades y entraban al haz de luz. Me quedaba fascinado con su movimiento. Estos grandes animales de color rojo púrpura salían disparados, agarrando a su presa con un par de largos tentáculos y envolviéndola con otros más gruesos, antes de sumergirse en la oscuridad para consumirla. Su capacidad de maniobra era extraordinaria. Se detenían repentinamente, cambiaban de dirección, giraban, se zambullían, se lanzaban hacia arriba, giraban de un lado a otro, todo ello impulsado por un embudo a través del cual expulsaban de forma explosiva el agua. Una noche, mientras vigilaba el costado del barco, como de costumbre, una de las potas se lanzó contra él, aturdiéndose momentáneamente a sí misma. Tres o cuatro lampugas se abalanzaron, incluso más rápido de lo que el calamar era capaz de nadar, y despedazaron al desafortunado cefalópodo en segundos. Ahora sabía por qué estos animales solo aparecían durante la noche. Los depredadores visuales del océano superficial eran rápidos y mortales.

Recientemente, los titulares de los periódicos de la India y Pakistán han informado de un número inusual de potas cárdenas frente a sus costas en el mar Arábigo. Se menciona que el cambio climático está causando esta repentina abundancia de calamares, aunque los estudios científicos de la década de 1990 sugieren que el mar de Arabia alberga densas poblaciones de esta especie en particular. Las potas cárdenas están adaptadas a vivir en aguas con poco oxígeno y cazan peces linterna a profundidades inferiores a los doscientos metros, donde las condiciones son hipóxicas. ¿Podría la propagación en aguas sin oxígeno estar relacionada con el repentino aumento percibido de los calamares de espalda púrpura? Por el momento, no hay pruebas científicas suficientes para responder a esta pregunta. Sin embargo, en otras partes del mundo hay fuertes indicios de que las aguas con falta de oxígeno se están extendiendo en la zona y, junto con ello, la distribución de uno de los animales más espectaculares y algo aterradores del océano, el calamar gigante. Estos animales crecen hasta dos metros de longitud y pesan hasta cincuenta kilogramos. No son los calamares más grandes del mundo, pero los más grandes de ellos, el calamar colosal del Antártico (de hasta catorce metros de largo y setecientos cincuenta kilogramos) y el calamar gigante de las profundidades marinas (posiblemente de más de veinte metros de largo), rara vez son vistos por los humanos. Los calamares gigantes tienen fama de ser extremadamente agresivos cuando cazan, ya que emiten destellos rojos y blancos al hacerlo, lo que les ha valido el apodo de «diablos rojos». Un paseo por internet revela informes y vídeos dramatizados de estos animales atacando sin piedad a buceadores, e incluso hay declaraciones de que han matado a pescadores en las costas de México. Aunque la veracidad de estas declaraciones es difícil de confirmar en la mayoría de los casos, no cabe duda de que los encuentros con estos animales pueden ser extremadamente intimidantes, y los científicos y cineastas que intentan nadar con ellos han optado por llevar una cota de malla del mismo tipo que se usa para defenderse de las mordeduras de los tiburones.

Los calamares, como todos los cefalópodos (pulpos, calamares, nautilos y argonautas), tienen un pico hecho de un material córneo y duro llamado quitina, muy similar al que compone el exoesqueleto de los insectos, pero mucho más grueso. Cuanto más grande es el calamar, más grande es el pico, y el calamar gigante tiene un pico que, en los ejemplares más grandes, podría causar lesiones importantes a los seres humanos, cortando dedos o rompiendo huesos, por ejemplo. Además, los tentáculos del calamar gigante están equipados con cientos de ventosas anilladas con una fila de pequeños dientes triangulares, también de quitina. Están diseñados para clavarse en la carne de sus presas y sujetarlas con firmeza e impulsarlas hacia el afilado pico.

Al igual que la pota cárdena, que vi por primera vez frente a la costa de Omán, el calamar gigante está adaptado a vivir y cazar en zonas con poco oxígeno, que en su caso se dan frente a la costa occidental de Sudamérica. Sin embargo, tras un importante calentamiento del océano —el evento llamado El Niño de 1997/98— el calamar gigante comenzó a desplazarse hacia el norte y a aparecer frente a zonas como el centro de California.

El Niño es un fenómeno natural causado por la acumulación de agua caliente en el Pacífico central occidental. Periódicamente, el agua caliente fluye de vuelta hacia el este, calentando las aguas normalmente frías donde prevalece la corriente de Humboldt. El resultado son inundaciones en Sudamérica por las lluvias torrenciales y la muerte masiva de la vida marina aclimatada al agua fría. Esta región suele ser extremadamente productiva debido al afloramiento de aguas profundas ricas en nutrientes hacia la superficie, y sustenta algunos de los mayores caladeros del mundo, principalmente de anchoa. Cuando se produce El Niño, todo, desde la base de la cadena alimentaria, incluida la anchoa, hasta los depredadores, como las aves marinas, se ve afectado. El calentamiento provocado por el cambio climático está provocando un aumento de la frecuencia de los episodios de El Niño y de la proporción de estos que se consideran extremos.

El evento de 1997/1998 fue ciertamente radical, y fue el que provocó la pérdida del 16% de todos los arrecifes de coral poco profundos del mundo. Se hizo evidente que la zona de mínimo oxígeno frente a California y por toda la región se estaba ampliando. Las aguas hipóxicas se extendieron más cerca de la superficie del océano, provocando que la distribución de la profundidad de las presas del calamar gigante fuera más superficial. Los estudios realizados con etiquetas electrónicas demostraron que los calamares gigantes pasan la mayor parte de las horas de luz en profundidades de unos doscientos cincuenta metros, pero por la noche migran hacia la superficie. Durante este tiempo, se sumergen en el agua pobre en oxígeno a profundidades de unos trescientos metros, cazando animales como el pez linterna y otros calamares, que a su vez migran hacia la superficie por la noche desde la zona mesopelágica, las aguas que se encuentran entre los doscientos y los mil metros, donde se detecta algo de luz solar durante el día. También se desplazan a las aguas menos profundas de la plataforma marina y se alimentan de peces que habitan cerca del fondo, como los peces roca y la merluza. Pareciera que los calamares gigantes siguen la bajada de las aguas pobres en oxígeno a medida que se van extendiendo hacia el norte. Al mismo tiempo, se han producido otros cambios en el ecosistema, como la disminución de la cantidad de merluza en la región, una posible consecuencia del cambio medioambiental, pero también de la depredación del calamar gigante. El atún, los marlines y otros depredadores oceánicos de superficie también han disminuido, lo que podría reducir la presión de depredación sobre los calamares. Entre los factores que pueden haber hecho descender el número de atunes y marlines está la reducción del tamaño de su hábitat disponible. Estos vigorosos depredadores necesitan mucho oxígeno. Como las aguas pobres en oxígeno se han extendido hacia la superficie, la cantidad de aguas ricas en oxígeno en las que pueden nadar se está reduciendo, lo que significa que están siendo literalmente expulsados desde abajo. En pocas palabras, el calentamiento del océano provoca una reducción de la mezcla de las aguas superficiales ricas en oxígeno con las aguas más profundas. Las aguas más cálidas también contienen menos oxígeno.

Los calamares están adaptados a vivir en aguas pobres en oxígeno, por lo que se han extendido hacia el norte, con el aumento de las aguas más cálidas y con poco oxígeno. Esto también se debe, probablemente, a un cambio en sus presas, como los peces linterna, que se refugian en las aguas pobres en oxígeno durante el día. La expansión de la zona de oxígeno limitado frente a California también significa una expansión del hábitat para otros animales que viven siempre en estas aguas, incluido el calamar vampiro. Este calamar de color rojo oscuro con inquietantes de un azul grisáceo, un par de aletas enormes y una piel que se extiende entre sus tentáculos y que se asemeja a un paraguas o una capucha, parece salido de los infiernos que cuentan las leyendas. Está especialmente adaptado para vivir en aguas con poco oxígeno.

En el verano de 2002, los estudios del lecho de la costa de Oregón revelaron la presencia de peces e invertebrados muertos y moribundos en el fondo marino. En otros lugares de la región, los animales moribundos aparecían en las playas. Los pescadores descubrieron que tres cuartas partes de los cangrejos de sus nasas estaban muertos. Los buceadores que se encontraban a menos de veinticinco metros de profundidad se vieron asediados por bancos de peces inusualmente densos que se agolpaban en aguas poco profundas. Las aguas pobres en oxígeno habían inundado la plataforma continental desde la zona en la que las aguas profundas surgían en alta mar. En 2006 se produjo un afloramiento aún más intenso de aguas pobres en oxígeno, que volvió a matar a gran parte de la vida marina y permitió el crecimiento de alfombras de bacterias que prosperan en aguas pobres en oxígeno, en el lecho marino, a solo cincuenta metros de profundidad. Estos fenómenos no se observaban antes del siglo XXI. Este nuevo episodio es el resultado de la disminución e intensificación de la zona de mínimo oxígeno frente a la costa occidental de América del Norte, combinada con la variación local de las corrientes oceánicas.

En 2002, el agua rica en nutrientes entró en el sistema desde el norte, provocando una explosión de crecimiento de fitoplancton —algas marinas—. Este florecimiento se convirtió en la fuente de alimentación de las bacterias a medida que se extendía por las aguas de Oregón, y, cuanto más metabolizaban las bacterias esta abundancia de alimento, más reducían los niveles de oxígeno. Se prevé que la hipoxia estacional y la inundación esporádica de las aguas costeras de Oregón con aguas bajas en oxígeno aumenten en el futuro. Esta siniestra novedad también ha tenido graves repercusiones para la industria de la ostra a lo largo de la costa del Pacífico. A medida que las bacterias de las aguas poco oxigenadas de la zona de afloramiento consumen oxígeno, producen CO_2, que, como ya he mencionado, se convierte en ácido carbónico cuando se disuelve en el agua de mar. Esta acidificación natural se suma a la resultante de las emisiones humanas de CO_2 y altera la química del agua, haciéndola corrosiva para el carbonato cálcico del que se forman las conchas y los esqueletos de muchos animales marinos. El cultivo de ostras en la costa del Pacífico de América del Norte depende de la cría de ostras del Pacífico, para lo cual los diminutos animales juveniles, conocidos como larvas, se crían artificialmente en criaderos. Las larvas de ostras necesitan carbonato cálcico para construir una concha sana. Los fenómenos de afloramiento han provocado una serie de caídas en la producción de larvas en criaderos y en la de crías de ostras. El resultado es una amenaza directa para una industria local valorada en casi trescientos millones de dólares.

La costa occidental de Norteamérica no es el único lugar afectado por la disminución del oxígeno. En el Atlántico tropical oriental se produce un afloramiento de aguas profundas ricas en nutrientes frente a la costa de África occidental. Aquí, las aguas con bajo nivel de oxígeno se han expandido hacia la superficie a un ritmo de hasta un metro por año desde 1960. Al igual que en las aguas de la costa de California y Oregón, esto ha supuesto una reducción del hábitat en la parte superior del océano para los animales que necesitan un buen suministro de oxígeno para sobrevivir. Los marlines son un ejemplo. Estos rápidos depredadores tienen fama de ser capaces de alcanzar velocidades de ciento treinta kilómetros por hora, aunque estos cálculos son poco realistas; lo más probable es que lleguen, como máximo, a los cincuenta kilómetros por hora. Se trata, de igual modo, de una velocidad de natación muy rápida, y estos animales, al igual que muchos depredadores de la parte superior del océano, como el atún, tienen una gran demanda de oxígeno. Las etiquetas electrónicas han demostrado que estos animales no entran en las aguas pobres en oxígeno de la zona de mínimo oxígeno. Se calcula que, desde 1960 hasta 2010, estos animales han perdido hasta un 15 % de su hábitat en el Atlántico nororiental tropical como consecuencia de la expansión de la capa mínima de oxígeno.

La compresión de los hábitats tiene diversas consecuencias para los ecosistemas de la capa superior del océano. Para depredadores como el calamar gigante, que puede tolerar aguas con poco oxígeno pero también puede cazar en aguas superficiales oxigenadas, podría significar un aumento de la densidad de presas. Este puede ser un factor que contribuya a su propagación en el Pacífico oriental. En el caso del marlín, el atún y otras especies que nadan rápido, puede hacerlos más vulnerables a la sobrepesca.

El cambio climático no es el único impulsor del agotamiento del oxígeno en nuestros océanos. La revolución verde que tuvo lugar entre los años 1930 y 1960 supuso el desarrollo de nuevas variedades de cultivos de alto rendimiento y el aumento generalizado de fertilizantes y pesticidas químicos, como ya se ha mencionado. El enorme aumento de nuestra capacidad para producir alimentos ha sido fundamental para mantener a una población humana en expansión, y se ha calculado que el 40 % de nosotros estamos aquí hoy gracias al uso de fertilizantes químicos. No obstante, el uso de fertilizantes nitrogenados y fosfatados ha sido despilfarrador y, combinado con las malas prácticas de gestión de la tierra, ha provocado que una cantidad importante acabe en los arroyos y ríos, llegando finalmente a la costa. Junto con el suelo rico en nutrientes —que también ha sido erosionado en detrimento de las tierras de cultivo—, las aguas residuales, las aguas de alcantarillado y los aportes atmosféricos de compuestos de nitrógeno procedentes de la agricultura, y la quema de combustibles fósiles, el efecto ha sido una fertilización de los mares costeros. Esto puede parecer, en teoría, algo positivo. Los fertilizantes estimulan el crecimiento de las algas en el océano, y esto significa más alimento para el ecosistema. Por desgracia, sin embargo, la floración de algas que resulta de ese hiperenriquecimiento de nutrientes, también conocida como eutrofización, muere tras un periodo de semanas y se hunde bajo la superficie, donde las bacterias la descomponen, consumiendo el oxígeno. Este proceso imita el de las zonas naturales de oxígeno limitado, en las que el afloramiento de aguas profundas ricas en nutrientes estimula el crecimiento de las algas. Esto puede empezar a manifestarse como el desarrollo de una ocurrencia esporádica de niveles bajos de oxígeno, generalmente durante el verano, cuando las aguas son cálidas y la mezcla de las aguas superficiales ricas en oxígeno con las de abajo disminuye debido a la estratificación.

Estos episodios esporádicos de hipoxia van acompañados de la muerte de la vida marina en la zona, sobre todo de los animales que viven en el fondo, pero también de los peces y otros nadadores. A medida que los niveles de nutrientes aumentan, los niveles bajos de oxígeno se convierten en un acontecimiento estacional, que se produce cada año y crea lo que se ha denominado una zona muerta oceánica. Entre las áreas donde se han descrito estas zonas muertas se encuentran el mar Báltico, el mar Negro y el norte del golfo de México. Aquí, el río Misisipi drena alrededor del 41 % de la masa continental de Estados Unidos y es uno de los principales contribuyentes a una entrada media estimada de 1,6 millones de toneladas anuales de nitrato que fluyen hacia el golfo, la mayor parte de las cuales proviene de la agricultura. El resultado ha sido una zona muerta estacional cuya superficie ha crecido desde los años setenta hasta la actualidad hasta alcanzar unos veinte mil kilómetros cuadrados. Sólo la zona muerta del Báltico es mayor, con setenta mil kilómetros cuadrados. En los peores casos, la hipoxia puede ser persistente y durar todo el año.

El número de zonas muertas costeras ha crecido exponencialmente desde 1960 y en la actualidad son más de cuatrocientas en todo el mundo. Dado que la temperatura tiene una influencia importantísima en la oxigenación del océano, el calentamiento hará que las zonas costeras sean más vulnerables a la aparición de hipoxia y a la posibilidad de que se desarrollen más zonas muertas. Algunas áreas han mostrado cierta recuperación cuando el uso de fertilizantes químicos ha disminuido, por lo que este es un problema que podemos resolver mediante una mejor gestión de las prácticas agrícolas. Un ejemplo de ello es el mar Negro, donde las subvenciones a los fertilizantes químicos desaparecieron tras el colapso de la Unión Soviética. Una zona hipóxica que había crecido hasta alcanzar más de cuarenta mil kilómetros cuadrados de superficie en 1990 desapareció en 1995, aunque el ecosistema sigue recuperándose.

A veces, el enriquecimiento de las aguas costeras con fertilizantes provoca una floración de algas que producen toxinas. Estas floraciones se denominan floraciones de algas nocivas (FAN). Se calcula que unas doscientas especies de algas producen sustancias químicas tóxicas. A menudo se desconoce por qué lo hacen: puede estar relacionado con el almacenamiento de alimentos o con la protección de las células de las algas de los efectos nocivos de la exposición a la radiación ultravioleta del sol. En algunos casos, pueden producirse para envenenar a los animales que se alimentan de ellas. Las floraciones tiñen de rojo el mar en el que viven, de ahí el término «mareas rojas», o, en algunos casos, de un verde chillón. Estas mareas pueden ser venenosas para una gran variedad de vida marina, incluyendo peces, crustáceos, moluscos e incluso animales tan grandes como las ballenas. Los animales se envenenan directamente o a través de la ingesta de alimentos contaminados con las toxinas de las algas. Al igual que ciertos contaminantes orgánicos, algunas de estas toxinas se acumulan en la cadena alimentaria, por lo que los peces depredadores pueden concentrar los venenos en sus carnes. Pueden ser incluso mortales para los humanos que han ingerido pescado o marisco contaminado por estas algas nocivas. Los síntomas varían, pero suelen incluir vómitos y diarrea. También puede haber síntomas neurológicos, que van desde el hormigueo en la piel hasta la debilidad e incluso cambios en la sensibilidad, de modo que las cosas frías se sienten calientes y las calientes, frías. En los peores casos, como en la intoxicación amnésica por marisco, causada por una sustancia llamada ácido domoico, puede producirse el coma y la muerte. Y si se evita este destino, las víctimas de la intoxicación pueden sufrir una pérdida de memoria permanente. A lo largo de las costas de Florida, los residentes han informado de problemas respiratorios e irritación de los ojos durante las mareas rojas. Esto sugiere que la acción de las olas podría causar la dispersión de las toxinas de las algas, dañando a quienes las respiran. La primera vez que oí hablar de esto me pareció especialmente preocupante. Que la actividad humana pueda estar causando un cambio tan grande en el océano costero, hasta el punto de que se torne peligroso respirar el aire del mar, es horripilante. Esto no quiere decir que las mareas rojas nunca hayan ocurrido antes de los tiempos modernos. Un pasaje del Antiguo Testamento (Éxodo 7: 20-21) describe cómo Moisés golpeó las aguas del Nilo y el río se convirtió en sangre, matando a los peces y oliendo tan mal que los egipcios no pudieron beber de él. Esto suena de forma muy convincente a una floración de algas nocivas, aunque su ocurrencia en un río sería muy inusual. Los relatos históricos sugieren que antes de la invasión de los europeos, los nativos americanos vigilaban los signos de coloración roja o bioluminiscencia en el mar. Si se observaban estos signos, los jefes locales prohibían el consumo de marisco.

El enriquecimiento de nutrientes como resultado de la actividad humana ha aumentado la aparición de FAN. El cambio climático, y en concreto los efectos del aumento de las temperaturas, puede incrementar aún más la frecuencia con la que los ecosistemas costeros se ven afectados por estas floraciones tóxicas, y también puede hacer que se extiendan geográficamente.

El hecho de que los humanos puedan afectar a los niveles de oxigenación del océano es algo de lo que la mayoría de la gente es poco consciente. Sin embargo, junto con el calentamiento y la acidificación del océano, es uno de los principales síntomas del cambio climático global. También es un síntoma de la contaminación del océano, resultante del uso descuidado de fertilizantes químicos, de la agricultura intensiva y de la mala gestión de la tierra, así como del vertido de aguas residuales en el océano. La correlación de los eventos de extinción, a lo largo de la historia, con las bajas concentraciones de oxígeno, demuestra que nuestros océanos siempre han estado al borde de la hipoxia o la anoxia. Los procesos geológicos y biológicos parecen mediar entre un océano en el que las aguas ricas en oxígeno circulan desde los polos hasta las profundidades marinas, reapareciendo en las zonas de afloramiento y ventilando el océano, y las épocas en las que el mundo se calienta, los océanos se estancan y la vida en las profundidades marinas se asfixia.

No puedo evitar imaginarme nuestra circulación oceánica actual como el medio por el que el planeta respira. Aunque un evento anóxico masivo puede estar muy lejos, nuestro ritmo de emisiones de CO_2 a la atmósfera parece, según las pruebas fósiles, no tener precedentes. Se está produciendo una expansión de las zonas de mínimo de oxígeno a nivel mundial, y se ha detectado un descenso de los niveles de oxígeno en las profundidades del Antártico, que es una de las principales zonas donde las aguas frías oxigenadas se hunden en las profundidades marinas. Esta expansión, unida al alarmante aumento de las zonas muertas costeras, ya está teniendo consecuencias para nuestros océanos y para nosotros. Las poblaciones de peces están dañadas o se han desplazado como consecuencia de los cambios en los niveles de oxígeno de los océanos, y los mariscos que criamos están muriendo. Las especies que pueden aprovechar la propagación de las aguas con bajo nivel de oxígeno, como el calamar gigante, están invadiendo aguas donde antes no se veían. La diversidad de las comunidades costeras marinas puede ser devastada por eventos anóxicos. Los mariscos que recogemos del mar pueden estar contaminados por las FAN, e incluso el aire del mar, antes considerado saludable, puede, en ocasiones, enfermar. Las advertencias del registro fósil se repiten y son bastante claras. Las alteraciones del ciclo del carbono en la Tierra siempre traen malas noticias para el océano. El calentamiento, la acidificación y la anoxia son tres jinetes del apocalipsis que aparecen una y otra vez a lo largo del tiempo geológico para cosechar su cultivo de especies, acabando con grupos enteros de animales. Quizás el cuarto jinete sean eventos catastróficos inesperados, como huracanes y ciclones fortísimos que vemos cada vez más en el océano hoy en día, pero que no se recogen tan fácilmente en el registro fósil. La recuperación de estos eventos puede llevar millones de años, y, cuando se logra, la Tierra acaba siendo un lugar muy diferente. Ahora somos nosotros los que estamos bombeando miles de millones de toneladas de CO_2 a la atmósfera, preparando el camino para otro evento de extinción masiva.

Me llama la atención cuando en una reunión alguien insiste en decirme que las pruebas científicas del cambio climático inducido por el ser humano son, de alguna manera, infundadas. Suelen afirmar que el hielo marino de la Antártida se está expandiendo o que en algún momento del pasado hizo más calor. Estas personas toman piezas muy específicas de información que, aisladas, pueden sonar convincentes para alguien que no esté al tanto del vasto cuerpo de conocimientos científicos que apuntan a que las emisiones humanas de CO_2 impulsan la crisis actual. El ejemplo de la Antártida es interesante. Sí, el hielo marino está aumentando en general, pero esta tendencia está impulsada, principalmente, por el enfriamiento en la región del mar de Ross del océano Austral. En el resto de la Antártida se observan algunos de los aumentos de temperatura más rápidos de la Tierra, y la duración del hielo marino ha disminuido de manera drástica en las últimas décadas.

La variación local del clima no debe tomarse como indicativa de lo que ocurre a nivel mundial. Algunos de nuestros políticos desprecian el cambio climático, al menos públicamente. Donald Trump ha citado en varias ocasiones episodios de temperaturas bajas como prueba de que el calentamiento global no está ocurriendo, y ha declarado que se retirará del Acuerdo Climático de París, aunque los términos de dicho acuerdo no lo permiten hasta 2020. Por supuesto, de nuevo, sus políticas en cuanto a mantener o incluso aumentar el uso de combustibles fósiles son un sinsentido cuando se enfrentan a la realidad del cambio climático.

Espero de veras que, al leer este libro y ver el daño que está produciendo en nuestros océanos el calentamiento, la acidificación y la desoxigenación, apoyen cualquier esfuerzo para reducir nuestra dependencia de los hidrocarburos. Ya sea apagando las luces cuando una habitación no está en uso, yendo al trabajo en bicicleta o escribiendo a su representante político: cualquier acción que emprendamos será importante. El cambio climático es una emergencia global, y los resultados de ignorarlo serán nada menos que una calamidad de la escala de una guerra mundial para la humanidad y para el medio ambiente. Las advertencias de nuestra historia geológica son claras, y la extinción masiva llamará a la puerta del océano muy pronto, a menos que podamos controlar rápidamente las emisiones de carbono.

Las zonas muertas pueden parecer un problema más localizado, pero están intrínsecamente ligadas a la producción de alimentos y al uso del océano como vertedero gratuito de nuestros residuos. Por supuesto, no podemos mantener a los siete mil millones de habitantes del planeta, cada vez más numerosos, sin la agricultura moderna. Sin embargo, debemos utilizar los conocimientos adquiridos para gestionar mejor la tierra y utilizar los fertilizantes químicos con más moderación que hasta ahora. En este sentido, la tecnología tiene un papel importante a la hora de saber dónde y cuándo aplicar los fertilizantes para evitar que se desperdicien y se pierdan en el medio ambiente. La tala de bosques y otras formas de alteración del uso de la tierra han sido responsables de impulsar un aumento de la escorrentía y la erosión del suelo, todo lo cual contribuye a un aumento de los nutrientes en la zona costera. En última instancia, estos procesos agotan la fertilidad de los suelos, por lo que la mejora de la retención del agua solo puede aumentar la sostenibilidad y la productividad de las prácticas agrícolas.

Ya no hay excusa para verter en los mares aguas residuales sin tratar. El océano no es un agujero interminable en el que podamos deshacernos de lo que no queremos sin preocupaciones. La percepción de que el océano es inmenso y no puede verse afectado por nuestras acciones se ha demostrado errónea una y otra vez. El equilibrio de los ecosistemas marinos es más delicado de lo que pudiéramos imaginar. La balanza entre la absorción de oxígeno por parte del océano y su consumo por parte de la vida marina, sobre todo de los organismos microscópicos, es un gran ejemplo de ello. Los cambios en la mezcla de los océanos y el aumento de las temperaturas ya están provocando alteraciones que se extienden por los ecosistemas oceánicos. Si a esto le añadimos la eutrofización de las zonas costeras, donde estos cambios pueden ser dramáticos, aunque a escalas más pequeñas (pero aun así de decenas de miles de kilómetros cuadrados), el mito de la invulnerabilidad del océano se desvanece por completo. La industria y los Gobiernos tienen que darse cuenta de que tienen la responsabilidad de proteger el entorno natural y mantener los servicios que nos presta. ¿La alternativa? Los océanos empezarán a quedarse, realmente, sin aire.

8

Una razón para la esperanza

Restauración y recuperación

En capítulos anteriores, he detallado algunos de los problemas críticos a los que se enfrenta el océano y qué hacer al respecto. Sin embargo, lo que más esperanza me da respecto a su situación actual es la milagrosa capacidad de las especies marinas para recuperarse de lo que ha sido el mismo borde de la extinción. Las poblaciones de animales marinos son resilientes y, en comparación con la tierra, hasta donde sabemos, son pocas las especies del océano que se han extinguido. Esto significa que gran parte de la biodiversidad del océano aún sobrevive, de manera que ¡todo sigue en juego! Es más, lo único que tenemos que hacer para fomentar este comportamiento de ave fénix es proteger los ecosistemas marinos de las actividades perjudiciales. Por lo general, esto ha significado reducir o prohibir la pesca o la caza en lugares específicos. Estas reservas marinas pueden considerarse zonas de recuperación, pero también pueden fomentar la capacidad de recuperación del océano circundante. Este capítulo trata de mi propia experiencia viendo esas increíbles recuperaciones en los ecosistemas marinos. Es una de las principales razones por las que, como biólogo marino, puedo levantarme de la cama cada mañana con el entusiasmo de seguir luchando por la gestión sostenible de nuestro océano.

Mi primera experiencia de esta capacidad de recuperación de la vida oceánica fue cuando visité la isla de Georgia del Sur, en el sector atlántico del océano Austral, a principios de 2009. Las islas son un espectáculo para la vista, y la última vez que las visité íbamos en el RRS *James Clark Ross* de vuelta de encontrar las fuentes hidrotermales del este de la dorsal del Scotia. La parte norte de Georgia del Sur presenta unas montañas espectaculares, nevadas y escarpadas, separadas por glaciares que se adentran en el mar. También hay fiordos, y nos reunimos en lo alto del barco para ver cómo avanzábamos hacia Grytviken, una de las antiguas estaciones balleneras de la isla. Como ya habíamos descubierto las fuentes hidrotermales del este de la dorsal del Scotia, lo que aseguraba el visto bueno para otras dos expediciones y mucha exploración científica, todos estábamos de buen humor y llenos de entusiasmo.

Paul Tyler, mi amigo y veterano científico de aguas profundas de la Universidad de Southampton, se quedó en las barandillas charlando sobre cómo siempre había querido visitar la tumba de Shackleton y ver la antigua estación ballenera. El barco se detuvo y un representante del gobierno de Georgia del Sur y las islas Sandwich del Sur subió a bordo y nos explicó las reglas básicas para visitar Grytviken: mantenerse en los senderos, no molestar a la fauna y tener cuidado para evitar ser mordido por las focas. Escuchábamos a medias, todos estábamos aún demasiado emocionados por ver la isla y, más aún, por salir del barco.

Cuando nos alejamos de los edificios bajos de la base King Edward Point, que albergaban laboratorios y oficinas, por un camino de grava hacia la antigua estación ballenera, nos llevamos una sorpresa. Parecía que cada mata de hierba al lado del camino y a lo largo de la playa contenía un joven lobo marino antártico. Salían de la vegetación con la boca abierta y los dientes afilados como agujas. Era un espectáculo desconcertante: nunca me había topado con criaturas tan feroces. Nos acercamos con cautela a las calderas y chimeneas oxidadas de la estación ballenera, y las focas estaban por todas partes. Eran de color marrón dorado en el vientre, que se oscurecía hasta convertirse en castaño en el lomo, con orejas pequeñas, grandes ojos negros y un hocico con largos bigotes. Como si fueran una pandilla de adolescentes con la testosterona por las nubes y ganas de pelea en cualquier momento, cuando no se abalanzaban sobre nosotros lo hacían sobre los demás, gruñendo todo el tiempo. Para no tomarme su agresivo recibimiento como algo personal, me forcé a recordar que Georg Forster, el naturalista que, junto con su padre, acompañó a Cook en su descubrimiento de Georgia del Sur, tuvo una experiencia similar con los lobos marinos en 1775. Observó que los cachorros más jóvenes no solo ladraban y los perseguían, sino que intentaban morderles las piernas. Al parecer, los forasteros no eran bienvenidos.

En la playa había dos balleneros pintados de gris, oxidados, pero con arpones, claramente recortados contra la luz, apuntando al cielo. La proa del primero rezaba, en negro, *Petrel*. Pasamos por delante de grupos de pingüinos rey, todos con un aspecto muy lamentable, ya que estaban pasando por su primera muda. Esta era la etapa en la que las mullidas plumas de polluelo eran sustituidas por las elegantes plumas impermeables de adulto. Todavía tenían pegados mechones de plumas vellosas, pero sus plumas adultas les cubrían ya casi todo el cuerpo, de un hermoso negro y amarillo en la cabeza, gris plateado casi escamoso en la espalda, y blanco en la parte delantera. Caminando hacia el cementerio de la antigua estación ballenera, en el lado opuesto de la bahía, cruzamos un prado de color verde intenso dividido por arroyos profundos donde retozaban dóciles elefantes marinos hembra y sus redondos y gordos cachorros. Todos estaban cubiertos de un barro maloliente, una mezcla de lodo y sus propias heces, y la piel de las hembras se estaba pelando porque estaban pasando por una muda anual. Donde los arroyos se encontraban con el mar, había enormes trozos de huesos de ballena, rotos y amarillentos. Los huesos fracturados de la mandíbula y las costillas eran claramente visibles en las aguas claras y poco profundas que bañaban la orilla. Era la escalofriante evidencia de una pasada masacre de animales que muchos científicos, incluido yo mismo, consideran dotados de consciencia y con un alto nivel de inteligencia.

Finalmente entramos en el cementerio, cercado por una valla de madera baja y encalada que abrazaba las tumbas. La de Shackleton no podía faltar: una gran losa de granito, toscamente tallada, sobresalía del suelo con las palabras del poeta Robert Browning en letras de bronce inscritas en el reverso: «Yo sostengo que un hombre ha de luchar, hasta el final, por el precio en que ha fijado su vida».

Shackleton fue el explorador que trajo a toda su tripulación de vuelta de la Antártida después de que su barco, el *Endurance,* fuera aplastado por el hielo en el mar de Weddell, en noviembre de 1915. Sus hombres arrastraron tres de los botes del barco, cada uno de los cuales pesaba una tonelada, a través del hielo hasta el mar abierto, y luego navegaron hasta la isla Elefante, un viaje que duró cinco meses. Mientras los hombres arrastraban los barcos por los témpanos de hielo, estaban completamente expuestos a todo lo que el Antártico quisiera ofrecerles, desde el traicionero hielo y las temperaturas de veinte grados bajo cero hasta las feroces ventiscas. Durante gran parte del tiempo, sus pies estaban empapados y la congelación era una amenaza continua, al igual que la posibilidad de morir de hambre. Incluso fueron atacados por focas leopardo, temibles depredadores de la banquisa que pueden llegar a medir hasta 3,5 metros de largo y que se alimentan de otras focas y pingüinos. Cuando los bloques de hielo en los que iban a la deriva se desintegraron, los hombres saltaron a los botes y se dirigieron a la búsqueda de tierra. Finalmente llegaron a la isla Elefante, que he visto con mis propios ojos desde el RRS *James Clark Ross* y que se parece a una serie de dientes negros y afilados que sobresalen del océano. La mayoría de los hombres permanecieron allí mientras Shackleton y un grupo de cinco marineros elegidos a dedo lanzaron el *James Caird,* uno de los botes abiertos de casi cuatro metros, para cruzar el mar de Scotia hasta Georgia del Sur. Fue un viaje traicionero, y los hombres se enfrentaron a todo el salvajismo de los vientos huracanados en el océano Austral. Al desembarcar en el lado sur de la isla, tres de ellos, dirigidos por Shackleton, escalaron las montañas inexploradas del interior equipados con quince metros de cuerda y una azuela de carpintero para llegar a la estación ballenera de Grytviken. Varios meses después, a finales de agosto de 1916, Shackleton regresó para rescatar a sus hombres de la isla Elefante. Fue un increíble ejemplo de liderazgo y de la capacidad de los seres humanos para soportar las más horribles privaciones. Shackleton regresó a Georgia del Sur en 1922 a bordo del *Quest,* un buque de caza de focas reconvertido, pero sufrió un infarto mortal al día siguiente de llegar a la isla. A petición de su esposa, Emily, fue enterrado en Grytviken, lugar al que ha quedado ligado. Shackleton es un héroe para muchos exploradores antárticos y científicos. Paul, Rob Larter —el científico jefe de este crucero— y yo nos colocamos alrededor de su tumba. Saqué una petaca plateada que había traído al viaje específicamente para este fin. La había llenado de *whiskey* irlandés para celebrar que Shackleton había nacido en el condado de Kildare, en Irlanda. Paul sonreía y pronunció un breve discurso para rendir homenaje al gran hombre.

Fue un final apropiado para un viaje especial.

Cuando nos dimos la vuelta para volver al barco, la visión de la fábrica en decadencia se alzaba como una reliquia embrujada de algún espantoso crimen del pasado, que es exactamente lo que era. En el siglo xx, miles de ballenas fueron desolladas para obtener su aceite en Georgia del Sur y fabricar jabón y margarina. Grytviken fue la primera base ballenera de Georgia del Sur, pero las ballenas no fueron los primeros animales cazados a escala industrial. El capitán Cook descubrió Georgia del Sur en 1775 y, en 1777, escribió un relato de su segundo viaje en sus diarios, impreso posteriormente con el título de *Viaje hacia el Polo Sur y alrededor del mundo,* que incluía el desembarco en la bahía de la Posesión, en la parte norte de la isla: «Las focas, u osos marinos, eran bastante numerosos. Eran más pequeñas que las de la isla Staten; tal vez la mayoría de las que vimos eran hembras, pues las costas estaban repletas de crías».

Animado por las palabras de Cook, en 1786 apareció el primer barco cazador de focas, el *Lord Hawkesbury,* comandado por Thomas Delano. El objetivo de los cazadores eran las focas antárticas. En esa época había un próspero mercado de pieles de foca en Cantón, China, donde los vellones de plata se intercambiaban por especias, seda, el tejido amarillo nanquín, porcelana y té. A pesar de que ya en 1788 se debatió en Londres la gestión de la caza de focas en Georgia del Sur, un número cada vez mayor de barcos visitó las islas en busca de las focas que abarrotaban las playas de cría. En 1800, el capitán Edmund Fanning, de Connecticut, llegó a Georgia del Sur en la corbeta *Aspasia,* de veintidós cañones, y la tripulación pasó varios meses cazando focas, partiendo hacia Cantón en febrero de 1801 con 57 000 pieles. Otras diecisiete cuadrillas de cazadores llegaron ese mismo año para cosechar otras 65 000 pieles. En esta época también se cazaban elefantes marinos por su grasa, para convertirla en aceite. Los cazadores de focas acampaban en las islas y vivían de otros animales salvajes, robando huevos de aves, focas y otros animales para alimentarse. Los pingüinos se utilizaban principalmente como combustible, ya que sus cuerpos grasos contenían mucho aceite.

En 1825, el capitán James Weddell, explorador inglés y posterior propietario de un barco de pesca de focas, calculó que en 1822 se habían capturado más de un millón de focas en Georgia del Sur y que la especie estaba casi extinguida. Las poblaciones de lobos marinos se recuperaron un poco, pero volvieron a ser diezmadas en la década de 1870, cuando los cazadores regresaron. Algunos cazadores ilegales de focas siguieron saqueando Georgia del Sur hasta 1907, pero en 1909 las focas quedaron totalmente protegidas por la Ordenanza de Pesca de Focas, que se emitió desde la administración británica en las islas Malvinas a las dependencias. Sin embargo, era demasiado tarde. En 1915, un marinero noruego encontró un único macho de lobo marino en una playa y lo mató, según él de forma accidental. Más de dieciséis millones de pieles de foca llegaron al mercado desde todo el mundo durante este periodo, pero, por supuesto, esto no tiene en cuenta las de los barcos perdidos o las transacciones comerciales más turbias que nunca se registraron. Tampoco se tienen en cuenta las crías de foca no nacidas que murieron cuando sus madres fueron sacrificadas.

Se cree que los lobos marinos sobrevivieron en refugios en las remotas zonas del noroeste de la isla de Georgia del Sur. En 1919, el capitán de un barco ballenero informó haber visto cinco focas peleteras en un lugar llamado Jordan Cove, en la isla Pájaro. Al año siguiente, el magistrado de la isla recibió un informe sobre varias focas en las islas cercanas a la entrada de la bahía del Rey Haakon, en el suroeste de Georgia del Sur. En la década de 1920 hubo informes esporádicos de focas peleteras vistas en las cercanías, pero la mayoría fueron descartados por ser poco fiables. No fue hasta 1933 que los científicos, irónicamente en un barco de caza, encontraron unos veinte lobos marinos jugando en el mar y sentados en la hierba de los matorrales de una pequeña bahía en la isla Pájaro. Los informes posteriores a la década de 1930 hablaban de decenas de focas y, en 1956, Nigel Bonner, un científico especializado en focas que trabajaba para la Unidad de Investigación de Focas de Londres, descubrió colonias en la isla Pájaro y en las islas Willis con entre ocho mil y doce mil animales, sin contar las crías. Ahora hay más de cuatro millones de lobos marinos en Georgia del Sur, más del 95 % de la población mundial. Los lobos marinos se alimentan principalmente de kril antártico, miles de millones de pequeños camarones que pululan a lo largo de la península antártica y alrededor de las islas Georgia del Sur y Sandwich del Sur. También se alimentan de peces y calamares. La abundancia de alimentos y la protección total contra la explotación durante más de cien años les han permitido remontar desde casi la nada. Caminando por las playas de Grytviken, es difícil creer que estas focas de pelaje dorado, tan luchadoras e intrépidas, fueran casi borradas de la historia. Hoy en día son tan numerosas que son difíciles de evitar, y tienen unos dientes tan afilados que han mordido a varios miembros de mi equipo de investigación y a colegas de otras instituciones de investigación a lo largo de los años. Solo puedo admirar al animal por su carácter irreductible y por ser capaz de estar al borde de la extinción y regresar con tanta fuerza.

Las focas no son los únicos animales que fueron cazados sin piedad en el océano Austral. La estación ballenera de Grytviken fue construida en 1904 por la Compañía Argentina de Pesca, fundada por cuatro empresarios: dos noruegos, un estadounidense y un sueco. La caza de ballenas había pasado por una época difícil debido a la llegada de la electricidad y a la competencia de la industria petrolera de productos derivados del petróleo. Sin embargo, la invención de un proceso para convertir el aceite de ballena en jabón y margarina, junto con los avances tecnológicos, en especial la invención del arpón explosivo, reactivaron la industria. En diez años se desarrolló una operación ballenera a gran escala en Georgia del Sur. William Allardyce, gobernador de las islas Malvinas y sus dependencias, actuó con rapidez para intentar frenar el rápido crecimiento de la industria, limitando el número de balleneros a dos por buque factoría, y cobrando primero un canon por ballena capturada y luego una tasa fija de licencia por buque factoría. A medida que la industria se extendía desde una única estación ballenera a otros lugares de la isla, el gobernador hizo nuevos intentos de regulación mediante la restricción del número de barcos de captura y, posteriormente, la prohibición de matar crías o hembras con crías.

La creciente tendencia a matar ballenas en exceso hizo que aumentara el número de cadáveres sin procesar, o parcialmente procesados, en las bahías donde se desarrollaban las operaciones balleneras, por lo que Allardyce legisló para que se utilizaran todas las partes de los cadáveres. En 1914 se congeló el número de licencias de caza de ballenas en un intento de mejorar la sostenibilidad de la industria durante un periodo de tiempo más largo. Esta se resintió por tal regulación, por lo que en 1925 entró en servicio el primer buque factoría con grada de popa en la Antártida. La ventaja de esta tecnología era que ahora el procesamiento de las ballenas podía realizarse fácilmente en el mar, permitiendo a las flotas balleneras una mayor libertad fuera de las aguas del territorio británico y anunciando un periodo de matanza sin precedentes. En cinco años, el número de ballenas aniquiladas pasó de poco más de 14 000 a más de 40 000 al año. Nuevos países se unieron a los británicos y noruegos, como Japón, Alemania y los Países Bajos. El exceso de oferta de productos balleneros, unido a la Gran Depresión, provocó una caída de los precios y una catástrofe económica para la industria. Noruega intentó establecer una prohibición temporal de la caza de ballenas en el Antártico, pero fue ignorada por otros estados. Los esfuerzos internacionales coordinados para regularla más tuvieron un éxito limitado, y en el tramo entre 1937 y 1938 se mataron más de 46 000 ballenas. En la temporada siguiente las capturas disminuyeron notablemente debido a la caza excesiva, sobre todo de ballenas azules, el animal más grande de la Tierra, y cesaron por completo un breve periodo durante la Segunda Guerra Mundial.

Por desgracia, el final de la guerra supuso el restablecimiento de la caza industrial de ballenas. La Comisión Ballenera Internacional se creó en 1949 y trató de establecer límites de capturas sobre la base de unidades de ballena azul, donde una ballena azul equivale a dos rorcuales, a dos ballenas jorobadas y a seis ballenas sei. Sin embargo, lo que esto significaba era que los Estados balleneros se limitaban a cazar las más grandes y valiosas, agotando sucesivamente las poblaciones de ballenas azules, seguidas de las de rorcuales y así sucesivamente, hasta las especies más pequeñas. La flota ballenera soviética también practicaba la caza ilegal e indocumentada a gran escala. En 1960, las poblaciones de ballenas en el Antártico estaban, en gran medida, mermadas, situación que se vio agravada por el despliegue de tecnologías cada vez más sofisticadas para localizarlas en el mar, como los helicópteros. Solo la presión de organizaciones no gubernamentales como Greenpeace, en las décadas de 1970 y 1980, hizo que la cacería se detuviera casi por completo. En 1986 se decretó una moratoria de la caza de ballenas a pesar de las objeciones de Japón, que siguió haciéndolo en el Antártico con «fines científicos», es decir, hasta su reciente decisión de retirarse de la Comisión Ballenera Internacional y reanudar la caza comercial en sus propias aguas. En cualquier caso, a lo largo del siglo XX, los intentos de regular la caza de ballenas hasta el momento de la moratoria habían fracasado en gran medida. Entre 1904 y 1965 se sacrificaron más de 175 000 ballenas en Georgia del Sur, mientras que entre 1904 y 1978 el número ascendió a más de 1,4 millones en la Antártida, y esto, casi seguro, es cálculo muy bajo. Los efectos en las poblaciones de ballenas fueron catastróficos, y especies como la ballena azul fueron prácticamente extirpadas del Antártico.

A pesar de ello, nuestro viaje en el RRS *James Cook* en enero de 2010, a lo largo de la dorsal del Scotia, no solo fue memorable por las increíbles imágenes de los montones de cangrejos yeti, caracoles y percebes que yacían alrededor de las fuentes hidrotermales bajo nosotros, sino por el simple hecho de que nunca había visto tantas ballenas. Los oficiales de guardia llamaban por el intercomunicador del barco cada vez que veían a estas majestuosas criaturas, y los miembros del grupo científico se apresuraban a salir para intentar ver a los leviatanes. Mi primer encuentro con ellos fue en el norte del mar del Scotia, donde una gran manada de rorcuales nadó a gran velocidad por delante de la popa del barco. En cuestión de minutos desaparecieron, dirigiéndose al sur hacia sus zonas de alimentación, sin duda. No es de extrañar que estos animales reciban el apodo de «galgo de los mares».

Unos días antes de mi cumpleaños, pusimos a nuestro ROV, *Isis*, en el agua. Tal vez por el ruido del vehículo o del cabrestante, o porque el barco estaba parado, aparecieron dos ballenas jorobadas. Observamos desde las barandillas cómo nadaban a su alrededor, sus grandes lomos de color gris oscuro con la aleta jorobada y rechoncha rompiendo la superficie del agua y deslizándose por debajo. Mientras las contemplábamos, las ballenas se volvieron cada vez más curiosas, acercándose al barco y sacando la cabeza fuera del agua, con las aletas pectorales extendidas hacia delante. La parte superior de la cabeza era de color azul oscuro con tubérculos dispersos, mientras que la parte inferior era de color blanco moteado, con pliegues donde la ballena puede expandir masivamente su boca para engullir kril. En el centro había grupos dispersos de percebes blancos incrustados, amarillentos en la parte superior. Nos estaban observando. Cuando una de las ballenas salió del agua y se puso de lado, mostrando una aleta nudosa y decorada de percebes, me encontré mirando un gran ojo azul. Fue un momento que me dejó sin aliento. Todos estábamos encantados y, para aumentar el espectáculo, unos pingüinos barbijo también se unieron a la fiesta y chapotearon alrededor del barco. Uno de ellos incluso reposó encima de *Isis* al salir, quizás pensando que el robot era un pequeño iceberg amarillo que flotaba en la superficie. Más tarde, ese mismo día, también vi ballenas minke alimentándose a mansalva, saltando por la superficie del océano para atrapar comida. No recuerdo haber visto nunca antes una cantidad tan grande y variada de ballenas.

Los informes científicos sugieren que las ballenas están regresando al Antártico en grandes grupos. En un estudio realizado al noroeste de la península antártica en 2013, se estimó que había casi cuatro mil ballenas jorobadas y más de cinco mil rorcuales comunes. Las biopsias de la piel de las ballenas jorobadas de la región de la península entre 2010 y 2016 indicaron niveles de embarazo promedio de más del 60 % en las hembras maduras, con un año que alcanzó más del 80 %. Este es un signo seguro de una población sana y en recuperación en una fase de rápido crecimiento. Incluso se han vuelto a ver ballenas azules en las aguas de Georgia del Sur. Esta especie se está recuperando más lentamente, ya que aproximadamente el 99 % de la población murió en el periodo de la caza industrial de ballenas durante el siglo xx. Comprender el tamaño de la población y la distribución de estos animales sigue siendo muy difícil, a pesar de que son los animales más grandes de la Tierra. Los hidrófonos, dispositivos de escucha que graban los cantos de las ballenas, desplegados en zonas como el mar de Weddell, permiten a los científicos rastrear dónde están las ballenas azules. Y están empezando a revelar algunos de los misterios de dónde pasan el año estos esquivos pero gigantescos animales.

Mientras asesoraba el programa *Planeta azul II* de la BBC, me pidieron que revisara el guion del último episodio sobre el impacto humano en el océano. El programa pretendía retratar la grave situación del estado de los océanos, pero también dar ejemplos de casos en los que las intervenciones habían conducido a la recuperación. Un ejemplo que me impresionó especialmente fue la historia del arenque noruego que desova en primavera. El episodio mostraba a los barcos de pesca recogiendo numerosos arenques junto a orcas y ballenas jorobadas que se unían a la bonanza y engullían todos los peces que podían. Los arenques son lo que se llama un pez de forraje: suelen ser peces más pequeños que se alimentan directamente del plancton y que se dan en gran abundancia. Entre ellos se encuentran especies como las anchoas y las sardinas, y todavía son la base de algunas de las mayores pesquerías del mundo. Los peces se comen o se transforman en harina de pescado, que se utiliza para alimentar a los animales en la acuicultura y la agricultura, o para otros fines. Dondequiera que se encuentren grandes poblaciones de peces forrajeros —que suelen ser las partes altamente productivas del océano, como las zonas de afloramiento— son una especie clave en el ecosistema. Esto se debe a que actúan como un conducto para la energía y el flujo de materia orgánica desde la base de la cadena alimenticia, las algas y el zooplancton hasta los depredadores acuáticos, como los grandes peces, las focas, las aves marinas y las ballenas.

Es difícil exagerar la importancia del arenque, junto con el bacalao, en la historia del norte de Europa. A principios de la Edad Media, la difusión del cristianismo impulsó un aumento del consumo de pescado. La abstinencia religiosa de carne se exigía hasta ciento treinta días al año, y el pescado era un sustituto muy práctico. Al principio, el que se buscaba procedía principalmente de entornos de agua dulce y de estuario, y los ricos solían comer los más grandes y caros, como el lucio, el salmón y el esturión. Sin embargo, en el siglo XII, la sobrepesca y los cambios en las vías fluviales provocaron el declive del esturión y otras especies que se habían convertido en alimentos muy populares. Los pescadores se volcaron en las especies marinas y, a medida que se desarrollaban métodos para conservar el pescado mediante el ahumado, el secado, o el uso de sal o salmuera, se hizo posible transportarlo hacia el interior para venderlo en pueblos y ciudades. El comercio de pescado estaba a la vanguardia de la revolución comercial medieval, y el arenque era un elemento importante de esta ola de nuevas empresas. La Liga Hanseática, una confederación comercial y defensiva de ciudades que creció en los bordes meridionales del Báltico, en lo que hoy es el norte de Alemania, se fundó parcialmente en el comercio del arenque. La ciudad de Lubeca, capital de la Liga, se abastecía de sal de Luneburgo, mientras que el arenque se importaba de los alrededores del Báltico. De hecho, tan importante era el arenque que, en 1202, los daneses capturaron a toda la élite mercantil de Lubeca, así como a la flota de barcos de la ciudad, en Escania, donde se encontraban al acudir a un mercado anual de otoño para comprar el pescado.

A finales del siglo XIII, la pesca del arenque en el sur del Báltico se hundió. Se cree que una combinación de alteraciones ambientales, principalmente relacionados con los cambios en la calidad del agua de la costa y la obstrucción de los estuarios y bahías costeras con el limo que se desprende de las tierras de cultivo, junto con la pesca intensiva, puso fin a una comunidad que había sido explotada durante cuatrocientos años. Esta combinación de cambio ambiental y sobrepesca de las poblaciones se ha repetido hasta los tiempos modernos y es el resultado de la posición del arenque y otros peces forrajeros en la cadena alimentaria. En 1924, Alistair Hardy, exjefe del Departamento de Zoología de Oxford, trazó un mapa de la dieta de los arenques al pasar de larvas a adultos. En el mar del Norte, las larvas de arenque se alimentan de fitoplancton, las algas microscópicas que son los productores primarios del océano, la base de la cadena alimentaria. A medida que se convierten en jóvenes y luego en adultos, los arenques se alimentan de zooplancton, los animales microscópicos que se alimentan del fitoplancton y que viven suspendidos en aguas con poco poder de movimiento. El alimento más importante son los diminutos crustáceos, especialmente los copépodos, que se asemejan a pequeñas pulgas de agua. Estas capas basales de la cadena alimenticia, el fitoplancton y el zooplancton, están muy influenciadas por las condiciones físicas del océano, como la temperatura y la concentración de nutrientes.

Cuando el clima varía de un año a otro, o en escalas de tiempo más largas —décadas, o incluso siglos—, esto puede tener un efecto dominó sobre las comunidades de plancton, reduciendo la abundancia de algas o zooplancton, o cambiando las especies por otras menos favorables como presa para el arenque. La temperatura también afectará a las tasas de crecimiento de los propios peces. Estos efectos ascendentes —las variaciones ambientales que provocan cambios en el plancton y que, a su vez, provocan cambios en las poblaciones de peces— son la razón por la que el arenque y otras especies de peces forrajeros son propensos a sufrir modificaciones drásticas en el tamaño de sus poblaciones. A mediados del siglo XIII se pasó del periodo cálido medieval, que había durado varios cientos de años, a la Pequeña Edad de Hielo, un periodo de clima inusualmente frío y de avance del hielo marino del Atlántico que duró hasta el siglo XIX. La alternancia de condiciones cálidas a frías estuvo marcada por un clima muy inestable en Europa, y, a medida que la Pequeña Edad de Hielo se intensificó, se produjeron nuevos desplomes en las comunidades de arenque, incluyendo las del sur del mar del Norte y frente a Escania, el extremo sur de lo que hoy es Suecia. La pérdida de las poblaciones costeras de arenque hizo que aumentara la explotación del arenque en alta mar. Los holandeses, que habían desarrollado buques especialmente aptos para la navegación y una tecnología avanzada para el procesamiento y la conservación del arenque, dominaron el comercio, llegando a desbancar a la Liga Hanseática en el suministro del pescado al norte de Europa.

Parece que, a nivel general, a los humanos no se nos da muy bien aprender del pasado. El arenque noruego que desova en primavera fue en su día una de las mayores poblaciones de peces del mundo. Los peces se alimentan lejos de la costa durante el verano en el sur del mar de Barents y el centro del mar de Noruega, al oeste del país. Al llegar el invierno, emigran a los fiordos del norte de Noruega y luego al sur, en primavera, para desovar en los bancos submarinos de la costa del sur de Noruega. Los huevos se liberan sobre fondos marinos rocosos a profundidades de veinte a ochenta metros. Las larvas eclosionan y van a la deriva hacia el norte, en la corriente costera noruega, para acabar en el mar de Barents, donde crecen y maduran durante un periodo de tres a cuatro años. Estos pequeños arenques inmaduros constituyen una importante fuente de alimento para muchos depredadores del mar de Barents, como la focas pía, los frailecillos y los araos comunes.

La pesca tradicional del arenque en Noruega cazaba a estos peces durante el invierno y también cuando emprendían su migración primaveral para desovar. Al principio se utilizaban redes de cerco de playa, pero a partir de mediados de 1920 se pasó a las redes de deriva, que se desplegaban en mar abierto o a la entrada de los fiordos. Este cambio de tecnología pesquera supuso una explotación cada vez más intensiva del arenque. También se desarrolló una pesquería de verano y otoño del arenque adulto en el mar de Noruega, en gran parte al norte y noreste de Islandia, y en la que participaban principalmente buques pesqueros noruegos e islandeses.

Con el tiempo, los rusos desarrollaron también caladeros de verano. A medida que estos se ampliaban, explotando el arenque durante todo el año y en diferentes periodos de su migración anual entre las zonas de alimentación y desove, la capacidad de captura de las flotas pesqueras también aumentó con los avances tecnológicos. Era algo que no podía durar.

En la década de 1950, el tamaño de la población reproductora se había reducido de dieciséis millones de toneladas a, como mucho, diez millones, como resultado de la pesca intensiva. Normalmente, una disminución de este tipo haría desaparecer las flotas pesqueras, ya que el descenso de la viabilidad económica se quitó de en medio a los barcos que perdían dinero. Sin embargo, el Gobierno noruego, deseoso de utilizar la pesca para apoyar a las comunidades costeras, subvencionó económicamente a la flota pesquera durante los años en que las capturas eran escasas. Con el paso del tiempo, la tecnología pesquera también fue mejorando de manera continuada, y el tamaño y la potencia de los barcos de pesca aumentaron.

En 1965, el Consejo Internacional para la Exploración del Mar (CIEM), organismo científico que asesora sobre la explotación sostenible de los peces marinos, presentó un informe sobre el arenque noruego de desove primaveral y advirtió que cualquier reducción del esfuerzo pesquero reduciría las capturas de arenque. Sin embargo, según sus conclusiones, se desconocía el impacto de la pesca de arenques jóvenes, que era, en gran medida, una pesca de reducción en la que los peces se transformaban en aceite o alimento para animales. En 1969, se reconoció que la pesca de arenques jóvenes era un problema importante. La pesca que perjudica el reemplazo de la población adulta con las nuevas generaciones de peces jóvenes se conoce como sobrepesca de reclutamiento. En este caso, no solo se estaban reduciendo gravemente las poblaciones adultas, sino que también se estaban capturando los peces jóvenes antes de que pudieran alcanzar la madurez y reproducirse. En cuanto a la población de peces adultos, el informe concluye que, «quizá, debería evitarse un nuevo aumento de la tasa de pesca e incluso plantearse alguna reducción de la misma». Si buscamos las subestimaciones más risibles de los anales de la historia de la pesca, esta debe figurar entre las primeras. En 1969 y 1970, las capturas se desplomaron. Resultó que la fuerte sobrepesca de arenques inmaduros había provocado una maduración casi nula de la población a partir de 1966. El comportamiento de los arenques también había cambiado: ya no migraban a alta mar para alimentarse.

Los caladeros de verano y otoño terminaron en 1969, y en 1971 se prohibió la pesca de arenque en invierno en Noruega y se redujeron drásticamente las cuotas de arenques inmaduros. Aunque muy tarde, la prohibición de la pesquería de reducción salvó los restos de la población de arenques desovados en 1969. Casi no se detectaron arenques en desove en los sondeos de pesca de 1970 y 1971. En el espacio de treinta años, la población se había hundido desde su máximo de la posguerra de dieciséis millones de toneladas a un nivel posiblemente tan bajo como diez mil toneladas. Los efectos económicos del desplome de los caladeros fueron devastadores para las comunidades pesqueras de Islandia, las islas Feroe, Noruega y Rusia. El efecto sobre los depredadores del arenque también debió ser importante, pero no está bien documentado.

A mediados de la década de 1970, la lenta recuperación era evidente y se estimaba que había cien mil toneladas de arenque en las costas de Noruega. Entre 1983 y 1985 se produjeron tres eventos de desove relativamente importantes para el arenque noruego de desove primaveral, que para entonces había alcanzado una biomasa de población de unas quinientas mil toneladas. Este acontecimiento tuvo importantes consecuencias en el mar de Barents, que alberga una de las mayores concentraciones de aves marinas del mundo —aproximadamente veinte millones—, muchas de cuyas especies anidan a lo largo de las costas septentrionales del mar de Noruega y alrededor del propio mar de Barents. Los peces, incluidos los arenques jóvenes y otra especie de pez forrajero llamado capelán, son un componente importante de la dieta de muchas de las aves, focas y ballenas que rodean este mar. El capelán es un pez plateado, como el arenque, pero sus escamas son mucho más pequeñas y su aspecto general es más delicado. El capelán sigue el frente del hielo marino que se derrite a medida que se retira hacia el norte, alimentándose de los enjambres de zooplancton que, a su vez, se alimentan de las ricas floraciones de algas que se producen en respuesta a la luz solar de la que se han visto privados durante el invierno. En otoño, los capelanes regresan al sur para desovar frente al norte de Noruega y Rusia. El bacalao, muchas aves marinas, focas y ballenas se alimentan preferentemente de capelán, pero pasan a los arenques jóvenes o al kril si los primeros escasean.

Como resultado del fuerte reclutamiento de arenques noruegos de desove primaveral en 1983, un gran número de larvas de arenque entró en el mar de Barents. Los arenques jóvenes se alimentan de las larvas de capelán, por lo que esta abundancia de larvas de arenque supuso una drástica reducción del capelán. Además, la presión pesquera sobre las poblaciones de capelán era considerable en aquella época. El bacalao, que normalmente se alimenta de capelán, pasó a comer arenques jóvenes, pero parece que su número era insuficiente para sustituir al capelán. El bacalao empezó a pasar hambre y se volvió contra su propia especie, y los peces adultos se volvieron caníbales y se comieron a los jóvenes. El resultado fue un gran colapso de las poblaciones de bacalao, también con importantes repercusiones económicas. Esto fue malo, pero los efectos sobre otros depredadores del capelán fueron catastróficos. Las focas pía, hambrientas, invadieron la costa norte de Noruega en busca de alimento y murieron a miles al quedar atrapadas en las redes de los pescadores. En la isla del Oso, entre Noruega y Svalbard, la población de araos comunes se desplomó en un solo año, de 1986 a 1987, pasando de 245 000 parejas reproductoras a 36 000. Al parecer, la población aún no se ha recuperado del todo. Otras aves marinas, como los frailecillos, también se vieron afectadas. Una vez más, esto demostró que las fluctuaciones de las poblaciones de peces forrajeros, agravadas por la pesca, pueden tener graves consecuencias para los ecosistemas marinos.

A finales de 1980 y principios de 1990, las poblaciones de arenque se habían recuperado sustancialmente y se habían restablecido las rutas migratorias y los patrones de desove normales. En 1996 se llegó a un acuerdo entre Noruega, Rusia, Islandia, las islas Feroe y la Unión Europea sobre los niveles de pesca del arenque y el reparto de las capturas o cuotas.

Desde entonces, las poblaciones de arenques noruegos de desove primaveral han seguido aumentando, y se calcula que ahora se sitúan en torno a los cinco millones de toneladas, lo que supone un ligero descenso en los últimos tiempos, pero sigue siendo una población relativamente sana en comparación con la práctica extinción que sufrieron en la región a principios de la década de 1970.

La historia del arenque noruego de desove primaveral es importante para nosotros. Demuestra que, si se elimina por completo la presión sobre una especie pescada, esta puede recuperarse, volviendo a ocupar su lugar en el ecosistema y a proporcionar alimento, tanto para nosotros como para los depredadores marinos. También demuestra que la cooperación internacional es absolutamente fundamental para establecer las condiciones necesarias para que se produzca una recuperación sostenida de un recurso tan sobreexplotado. Sin embargo, incluso en una especie que puede reproducirse de un modo tan prolífico como el arenque, la recuperación tardó veinte años en suceder.

Resulta alentador que, en el caso de las especies de aguas profundas, como el reloj anaranjado, que crecen lentamente y tienen una escasa capacidad de reposición de la población, aún se haya observado la recuperación de grandes poblaciones frente a Nueva Zelanda y Australia. Todavía está por ver si estas recuperaciones se mantendrán, porque, en el caso australiano, la recuperación puede estar relacionada con los peces que nacieron antes de que la pesca intensiva agotara la población.

Aunque el ejemplo del arenque noruego de desove primaveral es alentador, no siempre se producen recuperaciones como esta. El bacalao del Atlántico noroccidental es otro ejemplo de una pesquería cuyo impacto en el ser humano puede remontarse a lo largo de la historia. En 1496, John Cabot, un navegante veneciano, recibió el encargo del rey Enrique VII de Inglaterra de explorar el Atlántico en busca de nuevas tierras. Un año más tarde, Cabot descubrió Terranova y regresó con la historia de que el bacalao era tan numeroso en la isla que no había necesidad de redes; una cesta bajada al mar regresaba cargada de pescado. Su hijo Sebastián Cabot afirmó que los peces eran tan abundantes que a veces detenían el avance de su navío. Con estas historias de riquezas pesqueras incalculables, los barcos europeos no tardaron en dirigirse al Nuevo Mundo. Puede parecer increíble, dada la limitada tecnología de navegación de la época, pero en 1501 los portugueses ya pescaban en Terranova, seguidos por los normandos y los bretones en 1504. Pronto se les unieron los franceses y los vascos, y los pescadores ingleses se sumaron a partir de 1565. Así comenzó una historia de pesca que duró más de quinientos años. La pesca de bacalao, eglefino y otros peces de fondo (peces que viven cerca del lecho marino) se extendió a lo largo de la costa hasta Labrador, en el norte, y Nueva Inglaterra, en el sur. El pescado se capturaba, salaba y secaba en verano y se transportaba a Europa al final de la temporada. Los peces no solo eran numerosos, sino también de gran tamaño, hasta el punto de que los barcos franceses que regresaban a Europa en el siglo XVIII clasificaban el pescado en tres categorías de peso: el gran bacalao, de cuarenta a cuarenta y cinco kilogramos; el bacalao mediano, de veintisiete a cuarenta kilogramos; y el bacalao pequeño, de menos de veinticinco kilogramos.

Con el paso del tiempo, la pesca del bacalao sufrió altibajos. Por lo general, existía una pesca de bajura ejecutada por pequeñas embarcaciones abiertas y, a continuación, la pesquería de altura en los Grandes Bancos, una zona de poca profundidad al sureste de Terranova. A lo largo de la historia de la pesca, esta ha mostrado a veces signos de sobreexplotación, con un descenso de las capturas, a veces en correlación con condiciones meteorológicas o marítimas inusuales. Sin embargo, durante gran parte de esos quinientos años existió una industria enorme, interrumpida de vez en cuando por las guerras entre las potencias coloniales a las que pertenecían las flotas pesqueras. La industria pesquera también estaba estrechamente ligada al cultivo de la caña de azúcar por parte de los esclavos en el Caribe. Los barcos transportaban esclavos al Nuevo Mundo y regresaban a Inglaterra con cargamentos de pescado salado. También llevaban morralla de Terranova al Caribe para alimentar a los esclavos, de ahí que los platos tradicionales caribeños contengan pescado salado.

En el siglo XX, los avances tecnológicos en materia de pesca y conservación del pescado dieron un salto adelante. Después de la Segunda Guerra Mundial, aparecieron potentes arrastreros en pareja y buques palangreros, así como buques factoría o «nodriza» que podían recibir, procesar y congelar las capturas de pescado en el mar. La pesca aumentó considerablemente durante las décadas de 1950 y 1960, alcanzando un máximo de 1,9 millones de toneladas de bacalao en 1968, el año en que yo nací. Esta cifra era casi cuatro veces superior a la media anual de capturas a largo plazo entre 1895 y 1945. A continuación, se produjo un grave descenso de la pesca hasta alcanzar las 468 000 toneladas en 1976. El 1 de enero de 1977, Canadá declaró una zona de exclusión de 322 kilómetros en la que solo podían pescar los buques canadienses, en un intento de mantener alejadas a las flotas extranjeras. Esto supuso una pequeña recuperación hasta llegar a unas 700 000 toneladas a principios de la década de 1980.

A pesar de que el Departamento de Pesca y Océanos de Canadá empleó métodos muy avanzados de evaluación de las poblaciones pesqueras, parece que no se dio cuenta de que la industria estaba consumiendo su propio capital natural, la población de peces. El establecimiento de la zona de exclusión y las estimaciones excesivamente optimistas del tamaño de las poblaciones de bacalao, así como las importantes subvenciones del Gobierno, animaron a la flota de arrastre canadiense a seguir modernizándose para pescar de forma más eficiente. Además, como a España y Portugal se les había impedido desplegar una gran flota pesquera de altura en aguas europeas, sus flotas empezaron a pescar fuera de la zona de exclusión canadiense, pero ignorando descaradamente las cuotas prescritas. Las capturas no se registraban a ningún lado de la línea de exclusión, y eran masivas. Además, había pruebas fehacientes de una práctica conocida como selección cualitativa entre las flotas, que consiste en descartar por la borda bacalaos pequeños y quedarse con los más grandes, ya que estos últimos alcanzan un precio más alto. En 1980, el número de peces que entraban en las plantas de procesamiento era tan grande que el bacalao tenía que ser desechado. Las señales de que algo iba mal llegaban de todas partes. Los pescadores de bajura se dieron cuenta de que las capturas disminuían y la estacionalidad de la llegada del pescado cambiaba de manera drástica, convirtiéndose la pesca de invierno y primavera en la de verano. Sin duda, algo iba mal.

A pesar de las investigaciones del Gobierno canadiense y de las diversas condenas de los informes científicos, la situación empeoró. A partir de 1989, las capturas cayeron en picado, y en 1992 se cerró la pesquería de bacalao después de que casi no se encontraran peces en los Grandes Bancos. Terranova, y otras zonas de la costa que dependían de la pesca del bacalao, se enfrentaron a una catástrofe económica. El Gobierno canadiense se vio obligado a apoyar a comunidades totalmente arruinadas por la crisis.

Durante muchos años no hubo señales de recuperación de las poblaciones de bacalao de alta mar. Una vez que estos depredadores desaparecieron, muchas de las especies de las que se alimentaban mostraron un increíble aumento numérico, incluyendo langostas, cangrejos y camarones. Estos animales pueden haber contribuido a la falta de recuperación del bacalao, ya que en tales condiciones puede producirse una inversión de los depredadores. Los cangrejos y las langostas que ya no se mantenían a raya por la depredación del bacalao adulto se alimentaron de bacalao juvenil, impidiendo la recuperación de la población. Además, hay algunas pruebas de que un periodo de temperaturas más frías provocó cambios significativos en el ecosistema. Esto también puede haber contribuido al colapso de las poblaciones de bacalao, aunque la causa principal fue, sin duda, la sobrepesca desenfrenada. Este fue otro ejemplo de cómo la combinación de la variabilidad ambiental y la sobreexplotación pudo poner de rodillas a una pesquería próspera de la noche a la mañana. Ahora, por fin, hay indicios de que el bacalao está volviendo, después de veinticinco años, posiblemente ayudado por el calentamiento de la zona y por el gran número de capelanes, su presa favorita. Sin embargo, la presión es constante para que se aumenten las capturas en cuanto haya pruebas de un fortalecimiento de la población. Queda por ver si los pescadores seguirán reduciendo las poblaciones de bacalao e impidiendo su regreso.

Parte del problema de la gestión pesquera de la posguerra ha sido la aplicación rigurosa de modelos matemáticos para gestionar las poblaciones de peces mediante cuotas. Como he relatado, especies como el arenque y el bacalao muestran fluctuaciones en el tamaño de la población de un año a otro, dependiendo de cuántos peces jóvenes se incorporen a la población adulta. Esta imprevisibilidad ha afectado a las pesquerías durante siglos. En 1957, Ray Beverton y Sidney Holt, que trabajaban en un laboratorio de investigación pesquera del gobierno del Reino Unido en Lowestoft, en la costa del mar del Norte, elaboraron un trabajo fundamental sobre cómo perfilar las poblaciones de peces sobreexplotadas. Uno de los conceptos de este modelo era que las poblaciones de peces se limitan a sí mismas. Cuando crecen demasiado, superan los recursos disponibles para mantener su número y compiten entre sí, aumentando la mortalidad y reduciendo el tamaño de su población. La pesca puede aprovechar esta tendencia a la competición para hacerse con una parte de la población y, de hecho, aumentar la productividad general del grupo al eliminar la competencia dentro de la especie. El momento en el que una población se vuelve más productiva para una pesquería se conoce como rendimiento máximo sostenible.

Este concepto era muy atractivo desde el punto de vista económico. Una pesquería podría tratarse como cualquier otra inversión financiera en la que dicha inversión (en buques pesqueros) sería capaz de producir, previsiblemente, unos ingresos anuales en términos de pescado, sin que las existencias se agotasen nunca. Las ecuaciones de Beverton y Holt, orientadas en gran medida a la gestión de poblaciones de una sola especie, llegaron a dominar la gestión pesquera durante los siguientes treinta o cuarenta años, y siguen siendo influyentes en la actualidad. Sin embargo, en palabras del propio Ray Beverton antes de su muerte, en una conferencia sobre la gestión de la pesca, «la biología quedó supeditada a las matemáticas, tanto en plantilla como en filosofía».

Los problemas de este enfoque eran muchos. En primer lugar, impulsaba una visión muy a corto plazo de la pesca, dirigida simplemente a predecir la cuota de las flotas pesqueras para el año siguiente. Siguiendo la lógica del rendimiento máximo sostenible, era muy posible pescar la parte de la población que más contribuía a la siguiente generación de peces, sobre todo, en el caso de peces grandes como el bacalao, las hembras viejas que producen un gran número de huevos. Esta sobrepesca de reclutamiento contribuyó a muchas crisis en los caladeros. Muchos de los parámetros necesarios para predecir el rendimiento máximo sostenible eran difíciles de calcular y propensos a errores. En particular, la estimación de la cantidad de peces de una población a partir del número de capturas en relación con el esfuerzo pesquero resultaba difícil, ya que los pescadores solían mejorar en la pesca con el paso del tiempo como resultado de los avances tecnológicos y la experiencia. Muchos aspectos de la biología de los peces, en particular la distribución de las diferentes poblaciones de una especie, se ignoraban a menudo en favor de la recogida de datos. Una vez más, esto era un problema importante para las poblaciones de bacalao del Atlántico noroccidental, donde existían poblaciones de peces de alta mar y de bajura que mostraban patrones complejos de comportamiento, como la migración. La variación ambiental seguía siendo muy difícil de contabilizar en términos de impacto en la caza. Las consecuencias de la pesca y de los cambios medioambientales en el ecosistema no interesaban ni formaban parte de los métodos aplicados por los biólogos pesqueros altamente cuantitativos. Esto sigue siendo así hoy en día. No obstante, como resultado de una serie de crisis pesqueras catastróficos en las últimas décadas, los biólogos registran ahora las poblaciones de peces a lo largo de periodos de tiempo mucho más largos con el objetivo de conservar una población reproductora lo suficientemente grande como para evitar el fracaso de la pesca incluso cuando las condiciones ambientales reducen la supervivencia de los peces jóvenes. Sin embargo, cabe señalar que incluso estos enfoques no contemplan el aspecto más difícil de la gestión pesquera, que es la predicción del comportamiento humano. La aplicación de los modelos pesqueros más sofisticados se verá frustrada por una declaración deficiente de las capturas, las prácticas abusivas, como la selección de peces, y la pesca ilegal.

Si observamos la explotación de los animales marinos a lo largo del tiempo, está muy claro que la historia se ha repetido una y otra vez desde la época medieval, pasando por la Revolución industrial hasta ahora. Una vez que se identifica un recurso y se crea un mercado para él, se desarrolla rápidamente una industria y se produce la sobreexplotación. Incluso en los casos en los que se ha invertido mucho para intentar gestionar los recursos de forma sostenible, el afán de lucro, desde los cazadores y pescadores individuales hasta las empresas, ha socavado a menudo los esfuerzos de regulación. Esto ha provocado crisis catastróficas en las poblaciones de ballenas, focas, peces y mariscos. Sin embargo, como hemos comprobado, una vez que se prohíbe la explotación, en muchos casos puede producirse una sorprendente recuperación de las poblaciones anteriormente mermadas. ¿Qué pasaría si pudiéramos gestionar el océano de forma que fuera más resistente a la explotación de los recursos vivos, o a otras presiones humanas sobre él? Una forma de hacerlo es, simplemente, reservando áreas del océano como zonas de recuperación o resiliencia, más conocidas como áreas marinas protegidas. Mi primera experiencia sobre la eficacia de una medida tan sencilla fue en la isla de Man, mientras hacía mi doctorado.

En un día claro de principios de abril de 1990, me preparaba para bucear en el pequeño buque de investigación del Laboratorio Marino de Port Erin, el *Sula*. Nos encontrábamos bajo los acantilados que descienden hacia el Calf of Man, una pequeña isla situada frente al extremo sudoccidental de la isla de Man. Nuestro trabajo consistía en realizar un estudio en vídeo de la zona de exclusión de la vieira, una zona del mar situada justo al oeste de la ciudad de Port Erin, donde el año anterior se había prohibido el dragado de mariscos. Los pescadores se opusieron firmemente a esta idea, especialmente los locales que operan en el muelle de Port Erin. Nuestras relaciones con ellos eran tensas y bastante imprevisibles. Tan pronto se tomaban una copa con los estudiantes en uno de los bares locales de la ciudad como dirigían sus barcos contra nuestros buceadores en la superficie, o sobre ellos mientras estaban sumergidos. Esto provocaba muchos gritos y puños al aire hacia los despreocupados pescadores, y casi se llegó a las manos cuando los confrontamos en el muelle por su comportamiento. Estaba claro que consideraban que el mar era suyo y que la zona de exclusión era una afrenta a su derecho a pescar donde y cuando quisieran.

Las vieiras sufrían los efectos de la pesca desde los años treinta en las islas. En la isla de Man se pescaban dos especies. La primera era la vieira, un gran molusco bivalvo con una concha acanalada y hermosa de color marrón rojizo con vetas de colores más pálidos, plana por un lado y redondeada por el otro. Podían crecer tanto como un plato de postre, y se asentaban en una pequeña depresión del fondo marino, con el lado redondeado hacia abajo, de modo que la mitad plana de la concha quedaba a ras de la superficie de la arena o la grava en la que vivían. La otra era la vieira reina, conocida localmente como *queenies*. Eran más pequeñas que las primeras, con las dos mitades del caparazón redondeado y una variedad de colores que iban del rojo al naranja y al rosa, a menudo con dibujos de rayas o líneas radiales. Estas tendían a posarse en el lecho marino, en lugar de estar en depresiones. Las vieiras se pescaban con dragas, un pesado armazón de hierro con dientes que se arrastra por el lecho marino, desenterrando las capas superficiales para que las vieiras salgan de sus fosas y entren en la bolsa de la draga, formada por una red gruesa. Este método de pesca era muy perjudicial para las comunidades de animales que vivían en el lecho marino. Las reinas podían pescarse con dragas más ligeras y sin dientes, o con redes de arrastre de fondo más convencionales.

Mike, nuestro siempre sufrido oficial de buceo, estaba a cargo de la cámara de vídeo. Era un buceador experimentado que trabajaba duro sumergiéndose con los estudiantes de doctorado y los estudiantes universitarios para realizar su trabajo en cualquier tiempo y estación del año, siempre que fuera posible meterse en el agua. Yo me encargaba de la brújula, para asegurarme de que nadábamos en la dirección correcta, y de la boya de señalización de la superficie, un flotador en un carrete de cuerda que se remolcaba detrás de los buceadores para que el barco supiera dónde estábamos en todo momento.

Mike permaneció debajo de mí durante la mayor parte del descenso, arrastrado por el peso de la cámara. Yo lo seguí, con los brazos y las piernas extendidos en forma de estrella, como si hiciera paracaidismo. Una ráfaga de aire en el traje y la chaqueta me llevó a flotar un metro por encima del lecho marino. Estábamos en las profundidades, a unos treinta y cinco metros, y la escena estaba iluminada con una tenue luz amarilla. Me orienté con la brújula y nos pusimos en marcha. Empujados por una suave corriente, cruzamos por encima de la fina grava. Las ofiuras trataban de alejarse de los visitantes extraños de arriba, algunos multicolores con bandas en los brazos, otros de color negro puro. Había estrellas de colchón de color escarlata brillante con líneas amarillentas que texturizaban su cuerpo.

También vi un pie de pelícano, un caracol con una concha en forma de torreta que se ensancha por un lado y parece el pie palmeado de un ave acuática. Y por último, había vieiras. Como era de esperar, estaban sentadas en las depresiones de la grava, con las conchas ligeramente abiertas, revelando una franja de finos tentáculos, tejido blando jaspeado de blanco y marrón y docenas de ojos espaciados uniformemente alrededor del labio, como diminutas gotas de mercurio.

Era fascinante ver lo hermosos que parecían los animales en su entorno nativo, en lugar de estar encerrados en una pila esperando el cuchillo del chef. Pero la vida no era completamente segura para ellos en la zona de exclusión. Las estrellas de mar comunes se arrastraban por el lecho marino buscando vieiras que atrapar en sus fosas para luego digerir a los desventurados moluscos, forzando su estómago en las conchas. También vimos algún buey de mar que reposaba en cavidades más grandes y que, sin duda, era otra amenaza para una vieira incauta. Sorprendentemente, tanto estas como las *queenies* podían moverse distancias cortas, huyendo de sus depredadores, agitando sus válvulas y expulsando chorros de agua que las levantaban del fondo y las alejaban de sus atacantes.

A lo largo de diez años, cuando ya había abandonado la isla de Man, estos estudios de la zona de exclusión continuaron. Durante ese tiempo, aunque la población de vieiras aumentó en general alrededor de la isla como resultado del aumento de las temperaturas, el número de animales aumentó mucho más rápidamente dentro de la zona de exclusión. La densidad de vieiras de tamaño legal para la pesca dentro de la zona protegida se elevó a más del séptuple que fuera de ella. Además, las vieiras eran, por término medio, más viejas dentro de este área, y alcanzaban un tamaño mayor que las de las zonas de pesca. Las comunidades del lecho marino dentro de la zona de exclusión también cambiaron y aparecieron más animales ramificados y erguidos viviendo fijados al fondo. Esto probablemente benefició a las primeras etapas de la vida de las vieiras, en las que pasan de ser una larva a una versión diminuta del adulto en el que se convertirán, momento en el que se adhieren a animales ramificados y tridimensionales o a algas que viven en el lecho.

Los beneficios de este diminuto cierre espacial del océano —solo dos kilómetros cuadrados— para las poblaciones de vieiras, y por lo tanto para la pesquería, fueron significativos. Las pruebas sugieren que los pescadores empezaron a centrar sus dragados en el área que rodea la zona de exclusión, probablemente debido a un exceso de vieiras adultas en el lecho marino circundante. El reclutamiento de vieiras jóvenes en los caladeros del oeste de la isla de Man también aumentó en los años siguientes. Las vieiras viejas de gran tamaño suponen un potencial reproductivo mucho mayor por área de lecho marino, en la zona de exclusión, que fuera de ella. Las observaciones sugieren que los huevos y las larvas de la zona protegida se extienden y ayudan a sembrar las zonas de pesca.

Si bien la comunidad pesquera de la isla de Man dudaba al principio de los esfuerzos por cerrar zonas del lecho marino al dragado, lo cierto es que el aumento de las capturas les convenció. En 2008, la bahía Douglas se opuso al dragado para mejorar aún más el reclutamiento de las poblaciones de vieiras de la isla de Man. Otras zonas se cerraron para proteger las vieiras jóvenes producidas por la acuicultura en un intento de sembrar artificialmente las poblaciones de la isla. Lo más interesante es que a los propios pescadores se les concedió una parte de un área especialmente gestionada como anexo de una zona más amplia para la conservación marina en la bahía de Ramsey, en el noreste de la isla. La idea era implicar a la comunidad pesquera directamente en la gestión del caladero. Se tenía la esperanza de que los pescadores vieran por sí mismos los beneficios de las zonas de exclusión de la pesca; así sería mucho más probable que aceptaran las medidas y participaran activamente en la gestión sostenible del caladero de forma que también beneficiara al medio ambiente. Decidieron faenar selectivamente en una área de este perímetro en la que, según los estudios, se encontraba una alta concentración de vieiras. Solo se autorizó a dos barcos a pescar en la zona durante un par de días, y los beneficios de la pesca se repartieron entre los miembros de la Manx Fish Producers Organisation, una cooperativa pesquera local.

Las reservas marinas de la isla de Man demuestran cómo la reserva de una zona del océano, aunque sea pequeña, puede ser muy beneficiosa para las especies explotadas comercialmente. En este caso, las reservas actúan, de hecho, como áreas de recuperación o resiliencia marina. Las vieiras son el tipo de animal que se beneficiará a gran escala incluso de una pequeña reserva. Esto se debe a que, como adultos, no se desplazan muy lejos, y a que las vieiras jóvenes necesitan un hábitat complejo en el fondo marino para crecer, y esto lo pueden encontrar en la reserva. Las reservas marinas, aunque suelen ser más grandes que en el caso de la isla de Man, también han demostrado beneficiar a las poblaciones de peces una y otra vez, ya que las zonas cerradas a la pesca pueden permitir que las comunidades recuperen una estructura poblacional natural. Como en el caso de las vieiras de la isla de Man, los peces pueden alcanzar una edad avanzada y un gran tamaño y contribuir con un enorme número de huevos a los eventos anuales de desove. La pesca tiende a eliminar primero estos animales grandes y viejos de una población, reduciendo la producción de nuevos peces para las generaciones siguientes y haciendo que las poblaciones sean más vulnerables al colapso bajo el efecto combinado de la pesca y la variación ambiental. Las reservas marinas pueden considerarse como un seguro para una población de peces, un mecanismo para reducir el riesgo de la inversión en un caladero.

Las mejores reservas son las de gran tamaño, que llevan mucho tiempo en funcionamiento, están aisladas, se imponen correctamente y en las que no se permite la pesca. Un estudio ha demostrado que las zonas de la costa donde se pesca tienen dos tercios menos de peces que las reservas marinas con cuatro o cinco de las características mencionadas. De media, estas reservas tienen el doble de especies de peces grandes, cinco veces más peso de peces grandes por unidad de superficie estudiada, y catorce veces más peso de tiburones. Otro estudio ha indicado que el peso de los peces dentro de las reservas marinas, zonas en las que no se permite la pesca, es por norma general un 670 % mayor que en las zonas de pesca. En las zonas parcialmente protegidas, el peso de los peces era un 183 % mayor que en las zonas de pesca no protegidas.

Incluso para las especies más móviles, como los tiburones, las reservas marinas pueden ser beneficiosas. Por ejemplo, la reserva marina en torno al atolón de Palmyra, en el Pacífico, ha demostrado, mediante estudios de seguimiento, que ofrece una protección sustancial a los tiburones grises de arrecife. Se comprobó que dos tercios de los tiburones marcados con rastreadores por satélite permanecían dentro de la zona protegida, aunque algunos se desplazaron fuera de la reserva y alrededor del 2 % fueron capturados por buques pesqueros. Los estudios de las zonas protegidas de la Gran Barrera de Coral también han demostrado que varias especies de tiburones pasan gran parte de su tiempo dentro de las reservas. Los efectos de estas reservas también se extienden por el ecosistema. Por ejemplo, en Fiyi se demostró que los efectos de tres pequeñas reservas marinas (de menos de un kilómetro cuadrado de superficie) no solo promueven la riqueza de especies, su número y su tamaño, sino también el tener una cobertura de coral entre un 260 % y un 280 % mayor que las zonas no protegidas. En la Gran Barrera de Coral, las poblaciones de coral de las zonas protegidas son sustancialmente más estables, menos vulnerables a las perturbaciones, como el blanqueamiento masivo, las tormentas o las enfermedades, y capaces de recuperarse más rápidamente de esas molestias si se producen.

¿Por qué las reservas marinas, o las zonas de reserva estricta, son tan beneficiosas para todo el ecosistema marino? Las razones son muchas y complejas, pero hay dos especialmente importantes. La primera es que los peces que solemos cazar tienen funciones importantes dentro de los ecosistemas. Los tiburones y los peces grandes, como el bacalao, son depredadores y, cuando desaparecen, el número de las presas que suprimían con su presencia pueden aumentar de manera drástica. La respuesta de las poblaciones de cangrejos, langostas y camarones a la destrucción de las poblaciones de bacalao del Atlántico noroccidental es un ejemplo de ello. Como se ha señalado, este cambio en el ecosistema puede haber dificultado considerablemente la recuperación de las poblaciones de bacalao una vez que se detuvo la pesca dirigida. La presencia de depredadores puede incluso alterar el comportamiento de sus presas. Por ejemplo, en los ecosistemas de los arrecifes de coral de África oriental, la presencia de meros y otros grandes depredadores hace que los erizos de mar se escondan en las grietas y hendiduras del arrecife durante el día. En las zonas sobreexplotadas, los depredadores desaparecen y el número de erizos no solo aumenta, sino que además campan descaradamente por el arrecife, tanto de noche como de día, dañando su ecosistema. La eliminación de los peces herbívoros también puede ser un problema en los ecosistemas de los arrecifes. Estos peces pastorean las algas, que son competidoras directas por el espacio con los propios corales formadores de arrecifes. La sobrepesca de peces loro y otros peces herbívoros hace que los ecosistemas arrecifales tengan más probabilidades de cambiar a un sistema dominado por las algas con menos diversidad biológica. Esto ocurre, sobre todo, después de una perturbación importante, como el blanqueamiento masivo de corales. Una vez que un arrecife ha cambiado como resultado de una combinación de sobrepesca y alteración, puede ser extremadamente difícil para el ecosistema volver a su estado natural, dominado por el coral. Otros factores de estrés, como la contaminación por aguas residuales o la escorrentía agrícola, pueden empujar aún más el sistema hacia el crecimiento de las algas, que se benefician de la presencia de altos niveles de nitrato.

La otra razón por la que las reservas pueden ser tan eficaces es que preservan la integridad estructural del hábitat. Muchas formas de pesca son altamente destructivas para el ecosistema en general, siendo el uso de dragas para las vieiras o de redes de arrastre de fondo para peces como el bacalao y el reloj anaranjado los principales ejemplos. La destrucción de los animales, las algas o las plantas (praderas marinas) que viven fijas en el fondo y que proporcionan hábitats complejos para otros organismos tiene efectos generalizados en todo el ecosistema. Como hemos visto, los animales ramificados y arbóreos, la epifauna, que viven en el lecho marino, por ejemplo, proporcionan importantes puntos de referencia y refugio para las diminutas vieiras jóvenes, o frezas. El dragado destruye su tasa de supervivencia al arrasar con la epifauna, reduciendo a su vez el reemplazo de la siguiente generación. En los ecosistemas de aguas profundas y en los arrecifes de coral, la epifauna construye complejas estructuras de carbonato cálcico a lo largo de milenios, y estas proporcionan un rico hábitat para muchas otras especies que desempeñan funciones importantes en el ecosistema. La destrucción de este hábitat es devastadora, ya que cambia por completo el ecosistema, con graves repercusiones en la biodiversidad. La recuperación de estos sistemas es altamente improbable en escalas de tiempo relevantes para la humanidad, y el resultado suele ser un ecosistema de baja complejidad, con menor diversidad y potencialmente menos útil para el ser humano. Las reservas pueden mantener esos hábitats tan fundamentales, así como la biodiversidad que contienen y sus funciones más relevantes, como servir de zonas de desove o de cría para otros animales, o de ricas zonas de alimentación, incluso para las especies pesqueras.

Hay muchas otras razones para salvaguardar zonas del océano de la explotación humana, ya sea la pesca u otras formas de extracción. Como veremos en el próximo capítulo, los ecosistemas marinos proporcionan muchos servicios a la humanidad, además de la simple alimentación. Garantizar la conservación de estos otros servicios es esencial para mantener el sistema de soporte vital de la Tierra, tanto para nosotros como para el resto de la biosfera. Las reservas marinas pueden ofrecer grandes beneficios en términos de resistencia a las catástrofes naturales, así como a las agresiones humanas, directas e indirectas, infligidas al océano. Por ejemplo, el cambio climático. Las reservas marinas pueden permitir que la biota mantenga poblaciones sanas y resistentes o que se desplace para seguir las condiciones ambientales favorables. Las reservas marinas pueden actuar como áreas de referencia científica, a través de las cuales el cambio resultante de nuestras acciones que se produce en el océano puede ser evaluado en comparación con un punto de referencia donde no hay explotación humana directa. La conservación tiene también un aspecto moral. Las generaciones futuras merecen la oportunidad de ver al menos una parte del océano en un estado lo más intacto y prístino posible. Imaginemos que algunos de nuestros ecosistemas marinos más emblemáticos, los arrecifes de coral, los bosques de algas o los jardines de coral de las profundidades, simplemente dejaran de existir. Esta es una posibilidad muy real en muchas partes del mundo, y me estremezco solo de pensarlo.

9

Capital natural

La infinita riqueza del océano

Era 2011, y el Programa Internacional sobre el Estado de los Océanos (IPSO, por sus siglas en inglés), la pequeña ONG que dirigía con Mirella von Lindenfells, acababa de publicar un informe sobre las alteraciones en el océano y sus impactos. El informe se redactó a partir de las conclusiones de un pequeño taller sobre el estado del océano, celebrado en el Somerville College de Oxford. Al taller asistieron destacados científicos marinos relacionados con la ecología marina, la investigación del cambio climático, la pesca y la contaminación. Fue una de las reuniones más aterradoras a las que he asistido. Sentados en la comodidad de una gran sala de reuniones, con paneles de madera y una iluminación tenue, expertos en diversos campos de la materia describieron los últimos avances en el conocimiento en sus áreas con respecto a los cambios en el océano. En un momento dado, Jelle Bijma, experto en investigación climática, describió los efectos de la subida del nivel del mar.

—Las proyecciones indican que el nivel del mar podría subir más de un metro a finales de siglo. Por supuesto, se trata de la media mundial. Debido a la distribución del campo gravitatorio de la Tierra, podría no haber ningún cambio en algún lugar como Gran Bretaña, o incluso un ligero descenso cerca de Groenlandia, y un aumento de más de un metro en algún lugar como Bangladesh.

—Espera un momento, Jelle —dije—, ¿quieres decir que cuando asumimos que las cifras medias de la subida del nivel del mar son las mismas en todo el mundo, en realidad no es así?

—Sí, eso es lo que quiero decir —asintió con fuerza—. La atracción gravitatoria de la enorme masa de hielo que forma la capa de hielo de Groenlandia tira del océano hacia ella. Cuando empieza a derretirse, la atracción gravitatoria se reduce, por lo que el océano se aleja de Groenlandia y el nivel del mar puede bajar en esa zona. En Reino Unido será más o menos igual, pero las zonas más al sur serán las que más sufran la subida del nivel del mar.

En la mesa se oyeron jadeos y comentarios en voz baja: «No me había dado cuenta».

Para mí fue un *shock,* y en los dos días siguientes hubo más casos en los que los científicos de la mesa recibieron información que desconocían sobre el estado del océano. Los científicos tienden a especializarse en sus áreas particulares de conocimiento, por lo que no fue una sorpresa que un experto en ecología de arrecifes de coral, por ejemplo, no estuviera al tanto de la información más reciente sobre el estado de las poblaciones de peces a nivel mundial, o, en mi caso, de las últimas predicciones sobre el aumento del nivel del mar. Tanto los científicos como los observadores de la reunión, que procedían principalmente de fundaciones y organizaciones no gubernamentales, terminaron la reunión del día en un estado de conmoción intelectual. Salimos al sol primaveral de los jardines de la universidad con la certeza de que, por muy sombrías que fueran nuestras perspectivas individuales sobre el impacto humano en el océano antes de la reunión, la imagen completa era mucho más deprimente.

El océano estaba sometido a un fuerte estrés por una serie de impactos: sobrepesca, prácticas pesqueras destructivas, contaminación, especies invasoras y cambio climático, siendo este último responsable del calentamiento, la acidificación de los mares y la desoxigenación. Algunos de estos impactos se combinaron de manera que la suma de los efectos fue mayor que la simple acumulación de consecuencias. Llamé a este efecto sinergia negativa, donde varios impactos multiplicaban los niveles de estrés en los ecosistemas marinos. Pensar en el futuro del mundo y en las implicaciones para nuestros hijos, la próxima generación, fue suficiente para que algunos estuviéramos a punto de llorar.

Los científicos que asistieron al taller concedieron entrevistas para utilizarlas en el lanzamiento del informe y, varios meses después, me encontré presentando las conclusiones del taller ante un público mixto de responsables políticos y expertos en la sede de la ONU, en Nueva York. De repente, el mundo se sentó a escuchar lo que decíamos, y todos querían saber más.

En Nueva York, el teléfono no dejaba de sonar. Sophie, codirectora de Communications INC, y yo pasamos varios días caóticos concediendo entrevistas a emisoras de radio, periódicos y otros medios de comunicación. Empezábamos a las cuatro de la mañana haciendo entrevistas por Skype para la televisión y luego respondíamos a las llamadas entre reuniones, atrapados en el tráfico de la Gran Manzana, en los familiares taxis amarillos. En una reunión intergubernamental en Europa, el delegado de Reino Unido subió el informe al atril y dijo al público que resumía por qué era urgente actuar en el océano. Tuve la sensación de que una onda expansiva se extendía por todo el mundo; una llamada de atención en nombre de los océanos.

En un giro fascinante de los acontecimientos, el informe también me llevó a Colombia para una reunión con los kogui, uno de los pueblos más antiguos del mundo. Comenzó con un correo electrónico de un hombre llamado Alan Ereira, inmediatamente después del lanzamiento del informe de IPSO, y fue seguido por una llamada telefónica tan pronto como regresé a Reino Unido. Alan me explicó con entusiasmo que había hecho una película en su día sobre los taironas, el pueblo indígena de Colombia, que querían advertir a los hermanos menores, es decir, a nosotros y a todo el mundo exterior, de que estábamos destruyendo el mundo natural del que dependíamos. Habían decidido que, como no habíamos escuchado la primera vez, con la película de Alan, era necesaria otra para que el mensaje calara. Alan quería comparar las creencias de los kogui, una de las tribus o grupos de los taironas, respecto al mundo natural, con la comprensión científica moderna de la ecología. Me intrigó de inmediato. Alan tenía un excelente historial, ya que había dirigido, producido y escrito documentales históricos premiados sobre la batalla del Somme, la Armada española y las cruzadas. También había trabajado junto a Terry Jones en *Vidas medievales* y *Los bárbaros*.

Así que me encontré en un avión a Colombia y, antes de darme cuenta, estaba sentado hablando con Alan y su esposa bajo la sombra de unos árboles en el jardín de un hotel con vistas a la Sierra Nevada de Santa Marta. Alan era un hombre de complexión robusta y barba poblada que rebosaba entusiasmo por su objeto de estudio. Hablamos hasta el anochecer sobre los kogui, que, por lo que pude averiguar, eran prácticamente únicos en la región por conservar su cultura indígena casi por completo. Los conquistadores españoles habían llegado a la costa y fundado la ciudad de Santa Marta a principios del siglo XVI, y procedieron a subyugar a la población indígena tairona con la intención de esclavizarla y robar su oro. Los españoles iban equipados con armaduras y espadas del afamado acero de Toledo, así como con mosquetes, ballestas, caballos y perros de guerra, lo que les había permitido conquistar otras partes de América Central y del Sur, y algunas del Caribe. Los taironas no eran rivales para ellos desde el punto de vista militar y, tras décadas de cooperación o conflicto intermitente, se dieron cuenta de que toda su forma de vida estaba amenazada. Los españoles, que eran cristianos devotos, decidieron que los taironas eran adoradores del diablo y moralmente muy corruptos, y que su cultura debía ser extinguida. El resultado, en 1599, fue una revuelta y un bloqueo de Santa Marta por parte de los taironas, que fueron embestidos sin miramientos por los refuerzos traídos en barco, y salvajemente castigados después. Los kogui y otros huyeron a las montañas, y permanecieron allí hasta el día de hoy, casi por completo aislados de los invasores europeos.

Conocí a los kogui en un bosque situado detrás del mar, en la costa. La zona había sido un pantano, pero se estaba secando debido a la construcción de una enorme planta de procesamiento de carbón junto al mar. Los kogui estaban bajo los árboles, vestidos con pantalones y túnicas de tela blanca. Enseguida percibí que eran un pueblo muy tímido y retraído, y el contacto inicial con el equipo de cámaras, el traductor y varios otros desconocidos fue un poco tenso y vacilante. Los kogui formaban una fila desordenada, y trabajaban afanosamente con una mezcla de cal en calabazas llamadas poporos, que cada uno de ellos llevaba, raspando la pasta en los lados. Los kogui mastican constantemente esta pasta con hojas de coca, una práctica que creen que los conecta con la naturaleza. Uno de los *mamas* kogui —que actúan como líderes espirituales de la tribu— se adelantó para hacerse cargo de la delegación. Se llamaba Mama Shibulata y era el principal contacto de Alan, y la gran estrella de la película. Mama Shibulata señaló la planta de carbón y explicó que, cuando se construyó, el lugar en el que se encontraban había empezado a secarse. Ahora todos los árboles estaban muriendo porque las condiciones habían cambiado.

La tribu nos condujo a través de la maleza hasta una playa ennegrecida por el polvo del carbón. Varios trabajadores estaban ocupados quitando la arena negra con una pala. La empresa propietaria de la planta de carbón se había enterado de que íbamos a venir a filmar y había enviado a algunos hombres para que intentaran limpiar la arena negra antes de que la grabáramos. Uno de los kogui cogió una concha de caracol para enseñármela. El traductor me explicó que esta concha era lo que los kogui recogían y quemaban para hacer la pasta calcárea que llevaban en sus calabazas. Era una parte importante de su cultura. Las conchas eran cada vez más escasas a lo largo de la costa, aunque las razones no estaban claras.

Unos días más tarde, me encontré siguiendo a los kogui, caminando por una carretera muy transitada por la que rugían los camiones. Bajamos y atravesamos los bordes de un bosque de manglares, y nuestras ruidosas pisadas hicieron que los cangrejos se escabulleran por el barro. Cuando llegamos a nuestro destino, nos encontramos con una escena que solo puedo describir como un campo de batalla de la Primera Guerra Mundial. Lo que antes había sido un próspero bosque de manglares y una laguna era ahora apenas unos cuantos troncos sin ramas, muertos y podridos. Me dirigí a Mama Shibulata, que empezó a explicar con palabras y gestos lo que había ocurrido. Decía que la tierra era como el cuerpo de una mujer, con la cabeza en las montañas y los pies en el mar. Cuando se construyó la carretera detrás de nosotros, esta había partido el cuerpo de la mujer, lo que indicó dibujando una línea a través de su estómago con la mano. La conexión se había roto y el manglar había empezado a morir. La sangre de la mujer había dejado de fluir por su cuerpo hasta sus pies. Su descripción era una analogía exacta. La construcción de la calzada sobre la que se asentaba la carretera había cortado el suministro de agua dulce al sistema lagunar. Debido al clima cálido, la evaporación del agua de la laguna la hizo cada vez más salada, hasta matar los manglares. La laguna, conocida como la ciénaga de Santa Marta, era una rica fuente de pescado para la población local y un refugio para las aves y otra fauna. Al darse cuenta del peligro que corría este ecosistema, el Gobierno se había esforzado por aumentar el flujo de agua dulce hacia la laguna cavando canales a través de la calzada sobre la que se construyó la carretera. Esto había permitido cierta recuperación de los humedales, pero había otros problemas, especialmente el vertido de basura en las orillas.

Uno de los conceptos kogui que me fascinó fue el de la asociación de ciertas zonas con animales o plantas específicas. Había, por ejemplo, un lugar del loro, un lugar de la rana, un lugar del árbol de la coca. El concepto de «lugar» de un animal o una planta se basaba en una comprensión de la distribución de la población que solo podía provenir de la observación cercana. En ecología existe el concepto de que los animales alcanzarán sus mayores densidades allí donde se encuentren los recursos más ricos de los que dependen, como el alimento. Estas zonas deben ser importantes para la supervivencia a largo plazo de las especies, ya que, durante los periodos de condiciones desfavorables, por ejemplo, se extinguirán en los hábitats marginales, pero permanecerán en las áreas donde los recursos perduran. Tales localidades son el manantial del que puede resurgir la expansión de una población después de haber sido afectada por una catástrofe natural. El conocimiento que los taironas tenían del funcionamiento de los ecosistemas y su gestión sostenible era realmente impresionante. Eran capaces de tomar tierras que habían sido expoliadas por la tala u otras formas de sobreexplotación y convertirlas, de nuevo, en bosques sanos y productivos utilizando las herramientas más sencillas. No es de extrañar que estuvieran tan preocupados por lo que veían hacer a su hermano menor, es decir, nosotros, en nuestra despiadada extracción de recursos y destrucción del entorno natural. Sin embargo, nunca mostraron ira, solo una humildad estoica y la voluntad de intentar impartir su sabiduría.

En el idioma kogui, las palabras se traducen en base a alguna característica del concepto, o a lo que hace el objeto, o en cómo se relaciona con su forma de vida. Un día pregunté cuál era la palabra para el mar. Después de discutir y gesticular, me dijeron que se traduciría en algo así como «abundancia infinita» o «comida infinita». Desde entonces no he podido quitarme el concepto de la cabeza. Por supuesto, para los taironas de hace cientos de años, el mar habría sido una fuente inagotable de peces para comer y de conchas con las que cargar sus poporos. Pensando en el pasado, mi propia familia había dependido del mar para su alimentación y sustento durante muchas generaciones. Mi abuelo había pescado langosta y cangrejo para obtener ingresos, y peces para comer. Mi abuela recogía en las ricas costas del oeste de Irlanda mariscos comestibles y algas para complementar la economía de la familia. Incluso las hortalizas se cultivaban en tierra abonada con algas. Hasta hace poco, el mar había proporcionado una vida sostenible a las comunidades pesqueras de la costa occidental de Irlanda y de muchas otras partes del mundo.

Espigar en la costa es una forma antigua de recolectar alimentos que puede ser incluso anterior a los humanos anatómicamente modernos. Hay pruebas de que el *Homo erectus,* el hombre de Java, considerado un ancestro del humano actual, recolectaba marisco en la costa del sudeste asiático hace ya 800 000 años. Se cree que los neandertales se alimentaban en la costa del Mediterráneo hace entre 125 000 y 30 000 años. Las pruebas también sugieren que los humanos modernos, *Homo sapiens,* de Sudáfrica, empezaron a buscar moluscos en la costa hace 164 000 años. Esta tendencia a consumir proteínas marinas coincidió con la expansión de la población y el desarrollo del uso de herramientas, e incluso puede haber estado relacionada con la migración de nuestros antepasados a lo largo de la costa de África y luego más allá, llegando a Asia hace entre 70 000 y 50 000 años y luego a las islas del suroeste del Pacífico, incluyendo Papúa Nueva Guinea y Australia hace unos 50 000 años. La historia de la humanidad está íntimamente relacionada con el océano.

Incluso utilizando las herramientas más primitivas, nuestros antepasados eran capaces de agotar los recursos marinos locales. Las islas de Santa Catalina, frente a la costa de la actual California, fueron colonizadas por los humanos hace unos 13 000 años. Hay pruebas de que, hace 8000 años, habían reducido gravemente la población de nutrias marinas alrededor de las islas, lo que provocó un aumento de las presas de estos animales, como el abalón rojo, un tipo de caracol marino. A su vez, los mariscos muestran una disminución de tamaño en los concheros, antiguos vertederos, durante un periodo de diez mil años, otro signo de sobreexplotación. Como he descrito en el capítulo anterior, los seres humanos eran ciertamente capaces de llevar a las poblaciones costeras de peces al colapso en la Edad Media. No debería sorprender, por tanto, que las flotas de potentes buques pesqueros que se desarrollaron tras la Segunda Guerra Mundial, equipados con modernas redes o largos cables de anzuelos, buscadores acústicos de peces y equipos de navegación ultraprecisos fueran capaces de destruir enormes poblaciones de peces. En la prisa por obtener beneficios en los últimos cincuenta años, los Gobiernos y la industria pesquera han perdido a menudo de vista la importancia del océano en términos de nutrición. En un mundo en el que la población humana podría alcanzar los diez mil millones de habitantes en 2050, el pescado es un componente fundamental de la seguridad alimentaria. En 2013, el pescado suministró alrededor del 17 % del consumo de proteínas animales de la población mundial. Ese año, más de tres mil millones de personas dependían de él para obtener más del 20 % de su consumo de proteínas animales. En los países en desarrollo, esta cifra puede superar el 50 %. El pescado es muy nutritivo, e incluso en pequeñas cantidades puede aportar aminoácidos esenciales, grasas como los ácidos grasos omega-3, vitaminas y minerales. Incluso en los países desarrollados, donde las dietas son comparativamente ricas, el pescado puede ser una fuente importante de oligoelementos, como el selenio. En 2014, se extrajeron del mar unas ochenta millones de toneladas de pescado. El océano produce este alimento sin que nosotros, los humanos, intervengamos, aunque, por supuesto, salir a capturar el pescado o el marisco tiene su coste. Pero, por lo demás, no tenemos que dedicar ningún tiempo ni esfuerzo a producirlo. Para ponerlo en perspectiva, en 2016 la agricultura produjo algo más de sesenta y ocho millones de toneladas de carne de vacuno y unos ciento diecisiete millones de toneladas de aves de corral.

Sin embargo, el océano es más que un simple proveedor de alimentos. Es una parte integral del sistema de apoyo a la vida de la Tierra. Un ejemplo es el ciclo global del carbono. Las algas que componen el fitoplancton que crece en los doscientos metros superiores del océano realizan la fotosíntesis para convertir el dióxido de carbono en las complejas moléculas que componen las células de las algas. Gran parte de este dióxido de carbono se recicla cuando las células de las algas son consumidas por el zooplancton y otros organismos y se oxidan para producir energía, y una pequeña parte se destina al crecimiento de estos animales de pastoreo. Sin embargo, alrededor del 1 % de esta materia orgánica —en forma de células muertas, cuerpos de zooplancton y otros animales muertos, egagrópilas fecales y otros detritos— se hunde en las profundidades del mar o queda enterrada en los sedimentos del lecho. Cuando se ve desde un submarino, este material tiene el aspecto de trozos de nieve esponjosa que descienden al lecho. A través de este proceso, que yo llamo «bomba biológica pasiva», el CO_2 se extrae de la atmósfera y queda encerrado en las profundidades marinas durante cientos o miles de años. El océano es el mayor almacén de carbono accesible del sistema terrestre.

También existe una «bomba biológica activa», pero sabemos mucho menos sobre su importancia y su funcionamiento. Está impulsada por la migración vertical diaria de animales, desde las profundidades marinas hacia la superficie, que describí en el capítulo 4. La importancia de esta migración diaria de miles de millones de animales, hacia y desde la zona crepuscular hasta las aguas superficiales, es que transportan activamente el carbono al océano profundo. Los animales se alimentan por la noche en aguas poco profundas y luego se sumergen de nuevo en la oscuridad, cuando amanece, para digerir su comida en el fondo. Es un lugar peligroso, lleno de depredadores como el rape abisal o diablo negro, *Melanocetus johnsonii*, con el que me topé en mi primer crucero oceanográfico en el RRS *Discovery* frente a la costa de Mauritania, en África occidental, en 1993. El diablo negro lanza un señuelo —que se asemeja a un tentador y brillante bocado de comida— en la oscuridad y atrae a los depredadores más pequeños, que acaban convirtiéndose en la cena. Este rape es de color negro brillante y es literalmente todo boca y estómago, ya que, una vez que encuentra una presa, debe maximizar sus posibilidades de atraparla y poder tragarla. Esto se debe a que el suministro de alimento disminuye con la profundidad. Las mandíbulas del diablo negro son cavernosas y están repletas de dientes afilados y curvados hacia dentro. Mientras los científicos se reunían a su alrededor, estos peces seguían mordiendo las cucharas y las pinzas que se utilizaban para sacarlos del cubo en el que habían sido arrojados desde la red de muestreo. Rematado su aspecto con unos ojos diminutos, el rape abisal tiene una cara que parece expresar una rabia perenne. Para alguien a quien le fascinan las criaturas insólitas, fue una alegría ver un animal tan extraño que solo había visto antes en los libros.

Apenas se conoce la cantidad de carbono que se traslada a las profundidades marinas por medio del transporte activo, ya que, hasta hace pocos años, teníamos muy poca idea de la cantidad de vida que residía allí. Las redes de apertura y cierre, como la que utilizamos frente a Mauritania para capturar el rape, se utilizan tradicionalmente para estudiar los animales que viven en la columna de aguas profundas. Estas redes tienden a destrozar los animales gelatinosos que se capturan, ya que sus cuerpos son demasiado delicados para sobrevivir al impacto mecánico del equipo de arrastre y a la abrasión de las redes. Estos animales gelatinosos pueden constituir una cuarta parte de la masa de los grandes animales de la zona mesopelágica y, sin embargo, permanecen casi sin estudiar en amplias zonas del océano debido a esta limitación técnica. Hace unos años, un científico noruego tuvo la idea de observar una red de arrastre a través del nivel mesopelágico utilizando la señal acústica o el sonido. Lo que descubrió fue que la gran mayoría de los peces, posiblemente el 90 %, nadan fuera del camino de la red. Entre estos migradores se encuentran animales como los peces linterna o los mictófidos, pequeños peces negros o plateados con elaborados patrones de órganos bioluminiscentes, llamados fotóforos, que utilizan para comunicarse y camuflarse. Me imagino una de estas redes siendo arrastrada a través de la oscuridad, brillando como una especie de parque de atracciones submarino nocturno mientras perturba a millones de animales de las profundidades que son iluminados por la bioluminiscencia. Probablemente dejaría, también, un gran rastro brillante tras de sí. No es de extrañar que la mayoría de los animales activos se aparten del camino. Esta simple observación indicó que los científicos habían subestimado la masa de peces en la zona crepuscular por un factor de al menos diez. En lugar de la estimación original de mil millones de toneladas de estos peces en el océano, puede haber más de diez mil millones de toneladas.

Tanto las bombas biológicas pasivas como las activas son sustituidas por la «bomba de solubilidad» en el océano. El dióxido de carbono se disuelve en el agua de mar formando ácido carbónico, un proceso puramente físico. Cuanto más fría es el agua, más CO_2 absorbe, pero también son importantes otros parámetros, como las cantidades relativas de CO_2 en la atmósfera y en la superficie del océano. Una parte de la circulación de retorno del océano, en la que el agua fría y densa se hunde en las profundidades, un proceso conocido como convección, atrae este CO_2 disuelto hacia el fondo del mar, aislándolo de nuevo. En general, el océano absorbe aproximadamente un tercio del exceso de dióxido de carbono que los seres humanos emiten a la atmósfera a través de diversas actividades. Sin las bombas de carbono del océano, se calcula que las concentraciones de CO_2 en la atmósfera serían un 50 % más altas. El coste de esto para el océano es que la formación de ácido carbónico está impulsando el proceso conocido como acidificación, que está afectando a los arrecifes de coral y a otras formas de vida marina, como se describe en el capítulo 5.

Pero el valor de nuestro océano va más allá de su capacidad para alimentarnos y absorber CO_2. Su sistema intrínseco de control climático es crucial para nuestra supervivencia. Funciona a través de la circulación termohalina, es decir, el transporte de las aguas cálidas de la superficie hacia los polos, que luego se enfrían, se hunden en las profundidades y vuelven a surgir en latitudes más bajas. Este movimiento masivo y continuo de agua y calor mantiene la temperatura global en los niveles adecuados para la vida en el planeta: el propio sistema de control climático de la Tierra. El océano también absorbe el exceso de calor generado en la atmósfera a través del efecto invernadero, es decir, atrapando el calor del sol en la atmósfera con gases como el CO_2. Cualquiera que tenga un contador inteligente se dará cuenta de la cantidad de energía que se necesita para calentar aunque solo sea un poco de agua en una tetera. Por lo tanto, es sorprendente que la parte superior del océano, desde la superficie hasta los setecientos metros de profundidad, se haya calentado en casi todos los lugares donde se han realizado mediciones en los últimos cincuenta años. El hemisferio norte es el que más se ha calentado, especialmente el Atlántico norte. Aunque las mediciones de las profundidades oceánicas son menos abundantes y se remontan a menos tiempo atrás, estudios recientes indican que las temperaturas también están aumentando en las zonas que van desde los setecientos hasta los dos mil metros de profundidad. En total, el océano ha absorbido un asombroso 93 % del exceso de calor atrapado en la atmósfera por las emisiones de gases de efecto invernadero en los últimos cincuenta años. Un grupo de científicos ha calculado que si este exceso de calor se transfiriera instantáneamente a la atmósfera, provocaría un aumento de la temperatura de 36 ºC. En esas condiciones, la mayor parte de la vida en la Tierra no podría sobrevivir.

El océano puede afectar a la atmósfera de las formas más sorprendentes. Hay un olor particular asociado a la costa, un aroma que caracteriza el «aire marino». Gran parte de este olor procede en realidad de un compuesto llamado sulfuro de dimetilo o DMS por sus siglas en inglés. Este compuesto sulfuroso es emitido por las algas que crecen en la costa y en aguas poco profundas, y también es producido en grandes cantidades por el fitoplancton. Deriva del dimetilsulfoniopropionato, que es un poco largo, por lo que los científicos abrevian este nombre químico como DMSP. Esta sustancia es importante para las algas, ya que mantiene el equilibrio entre la sal y el agua de las células, especialmente en momentos de estrés. Un porcentaje de ella se escapa de las algas, pero gran parte se libera cuando las algas mueren de forma natural o cuando son atacadas por virus, o engullidas por animales de pastoreo. Cuando se libera el DMSP, las bacterias lo descomponen para formar DMS, que se emite a la atmósfera desde la superficie del océano. Una vez ahí, el DMS se oxida y se convierte en sulfato y sulfonato, y es entonces donde se establece la milagrosa conexión entre las algas marinas y nuestro clima. Estos compuestos pueden actuar como núcleos de condensación de nubes, haciendo que el vapor de agua se condense en gotas a su alrededor y forme las nubes. Estas reflejan la luz solar y, por tanto, pueden reducir el efecto de calentamiento de la atmósfera. La idea de que unas minúsculas células del fitoplancton a la deriva puedan controlar la formación de nubes y alterar el albedo —o reflectancia— de la atmósfera me parece, intelectualmente, muy satisfactoria. Es una prueba viviente del concepto de Gaia, la idea de que la Tierra en su conjunto, incluidos sus componentes físicos y biológicos, funciona como si fuera una entidad única, autorregulándose para mantener unas condiciones confortables para todas sus formas vida, incluidos nosotros.

Fue el científico que concibió por primera vez la hipótesis Gaia, el profesor James Lovelock, quien fue en busca de un componente perdido del ciclo del azufre en la Tierra y demostró la importancia de la producción de DMS en el océano. Sin la liberación del azufre, que es un elemento crítico para la vida, en la atmósfera, este componente habría sido arrastrado de la tierra hacia el mar y se habría perdido en el océano. Gracias a la producción biológica de DMS, el ciclo del azufre se cierra y el elemento vuelve a los ecosistemas terrestres. Lovelock también fue coautor del artículo científico de 1987 que reunía las pruebas relacionadas con el fitoplancton, la producción de DMS y los núcleos de condensación de las nubes. Recientemente se ha demostrado que, cuando los arrecifes de coral están sometidos a estrés térmico por un ambiente caluroso y tranquilo, también generan grandes cantidades de DMS. Este es producido por las algas que crecen en los arrecifes y también por las células de las algas simbióticas, las zooxantelas, en los propios corales formadores de arrecifes, como se comenta en el capítulo 5. Las observaciones por satélite han indicado que el DMS conduce a la formación de nubes sobre los arrecifes, ayudando a reducir la cantidad de radiación solar que llega a la superficie del océano. La idea de que los corales formadores de arrecifes puedan controlar el clima para protegerse a través de la producción de este gas me resulta increíblemente maravillosa y elegante.

Así que, teniendo en cuenta todo esto, ¿qué pasaría si pudiéramos poner un valor monetario a los servicios que proporciona el océano? La valoración del «capital natural», como se ha denominado, se ha convertido en una forma popular de intentar que los políticos piensen en lo que el océano hace por nosotros, para que se animen a tenerlo en cuenta a la hora de tomar decisiones. Los arrecifes de coral, por ejemplo, cubren menos del 0,1 % de la superficie del océano, pero algunos los consideran el ecosistema natural más valioso de la Tierra por unidad de superficie. En 2014 se estimó que una sola hectárea de arrecife de coral tiene un valor de más de 350 000 dólares al año y, en conjunto, representan un valor monetario anual para la humanidad de más de 10 billones de dólares. Esto es mayor que el valor estimado de los bosques tropicales o templados. Un informe de Deloitte Australia, en 2017, estimó que el valor de la Gran Barrera de Coral como activo rondaba los 56 000 millones de dólares, aportando 6400 millones a la economía australiana cada año y dando empleo a más de sesenta mil personas. El informe solo tenía en cuenta el turismo, la pesca, el ocio y la investigación científica. No contaba, en absoluto, con todos los servicios ecosistémicos que prestan los arrecifes de coral.

En 2004 y 2005, el tsunami del océano Índico, seguido del huracán Katrina, demostró la importancia de los ecosistemas costeros en la protección de las infraestructuras y las personas frente a inundaciones extremas. Por ejemplo, los arrecifes resguardan el litoral de las tormentas y los huracanes reduciendo la altura de las olas en un 70 % y protegiendo así miles de millones de dólares en infraestructuras costeras en todo el mundo, por no hablar de hogares y familias. En general, la protección de la tierra, o la prevención de su erosión, puede ser el servicio ecosistémico más valioso proporcionado por unidad de superficie de arrecife de coral. Otros ecosistemas costeros, como las marismas, los manglares, las praderas marinas y los bosques de algas, prestan un servicio similar, ofreciendo mayores o menores niveles de protección. Estos ecosistemas son cada vez más importantes a medida que las poblaciones humanas costeras crecen y el cambio climático conduce a una mayor frecuencia de eventos más extremos. Solo en 2017, Estados Unidos sufrió dieciséis catástrofes relacionadas con el tiempo y el clima, incluidos huracanes y tormentas severas, cada una de las cuales causó más de mil millones de dólares de daños, sumando un coste total de más de trescientos mil millones de dólares.

El océano también alberga recursos que aún no conocemos del todo, como, por ejemplo, los genéticos. Los organismos marinos, como las algas, las esponjas, los corales y una amplia gama de otros invertebrados producen una serie de sustancias químicas o metabolitos secundarios. Estos organismos los utilizan con diversos fines, como protectores solares, toxinas defensivas para evitar ser comidos o antibióticos para evitar la infección por bacterias o virus patógenos. Ya en la antigüedad se recomendaba el consumo de algas en Japón y China para prevenir la aparición del bocio, una enfermedad asociada a la falta de yodo que provoca la inflamación de la glándula tiroides en el cuello. Ahora sabemos, por supuesto, que las algas son ricas en yodo. A principios del siglo XX se sabía que la esponja marina asada contenía yodo y podía utilizarse para tratar la misma enfermedad. El aceite de hígado de bacalao se utiliza como suplemento dietético desde hace más de un siglo por su riqueza en vitaminas A y D y aceites omega-3. La deficiencia de vitamina D es una de las causas del raquitismo, una enfermedad que provoca huesos blandos, extremidades deformadas y otros problemas de desarrollo, que abundaba en las comunidades pobres de Gran Bretaña durante la época victoriana.

En los años cincuenta se identificaron principios activos de medicamentos en una esponja marina del Caribe, la *Tectitethya crypta*. Esta especie fue descubierta en 1945, en Florida, por dos científicos, Werner Bergman y Max de Laubenfels. Bergman estaba estudiando compuestos similares a los esteroides en organismos marinos. Cuando hirvieron la esponja, descubrieron que se formaba una gran cantidad de una sustancia cristalina. La sustancia mostraba propiedades físicas similares a la timidina, un componente del ADN, la molécula que compone el código genético de la vida. Bergman la bautizó como espongitimidina, y más tarde dio con otra sustancia, que llamó espongouridina, con propiedades similares a la uridina, un componente del ARN, otra molécula portadora de información que se encuentra en todas las formas de vida, incluidos nosotros. Estas sustancias se hallaban en grandes cantidades en estado libre en las esponjas, y se descubrió que inhibían la replicación del ADN y el ARN. Conocidas como nucleósidos, eran producidas por la esponja como una forma de defensa química. Se sintetizó una forma artificial de la sustancia química, la arabinosilcitosina, y se descubrió que curaba las células cancerosas en ratas. Esta sustancia fue autorizada como medicamento para el tratamiento del cáncer, la citarabina, en 1969.

La sustancia, denominada ara-C para abreviar, se utiliza ahora como inhibidor de la replicación celular en el tratamiento de varias leucemias y linfomas no Hodgkin.

La búsqueda de productos naturales marinos se lleva a cabo ahora de forma más vigorosa y sistemática, ya que los países de todo el mundo se han dado cuenta de que sus costas pueden albergar riquezas en forma de nuevos medicamentos, ingredientes cosméticos (cosmecéuticos) o complementos alimenticios (nutracéuticos). Se han identificado más de veinte mil productos naturales marinos con estructuras únicas, siendo las fuentes más ricas las esponjas, los microbios y los cnidarios (corales, anémonas, medusas, abetos marinos). El proceso de aprobación de las sustancias con propiedades terapéuticas es largo y costoso, con cuatro niveles de pruebas y un seguimiento adicional después de que se dé luz verde a su uso. Por ello, de los miles de compuestos que se investigan, solo unos pocos han sido aprobados para su uso como medicamentos en la actualidad. Entre ellos se encuentran una serie de fármacos derivados de esponjas, ascidias y una babosa marina para el tratamiento del cáncer, y un tratamiento para el dolor neuropático extraído del veneno de una concha.

Debido a los elevadísimos costes de los ensayos y al largo proceso de obtención de la aprobación gubernamental para el uso de productos naturales marinos como fármacos terapéuticos, muchas empresas han buscado otros usos para los compuestos marinos. Los cosmecéuticos son ingredientes activos utilizados en productos cosméticos. Los compuestos se han obtenido de fuentes inusuales, como las bacterias de las fuentes hidrotermales de las profundidades del Atlántico y el Pacífico, y de los entornos intermareales del Antártico. Las bacterias se cultivan mediante fermentación, y los extractos derivados de ellas se consideran capaces de calmar o prevenir la irritación de la piel cuando se expone a productos químicos, a la fricción o a la radiación ultravioleta, de actuar como reconstituyentes de la piel y de hidratarla, evitando las arrugas o las líneas de expresión. Se ha descubierto que los corales, como el abanico de mar del Caribe, producen un conjunto de compuestos llamados pseudopterosinas que se han utilizado para prevenir la irritación de la piel en algunos cosméticos. Las microalgas y las algas marinas también son una fuente de compuestos que tienen fama de conferir varios beneficios, como propiedades antienvejecimiento, antiinflamatorias o restauradoras para la piel. También consumimos muchos productos derivados del mar como suplementos para la salud, como los aceites omega-3 en forma, por ejemplo, de aceite de hígado de bacalao. También hay aditivos alimentarios como los carragenatos, que son un grupo de azúcares sulfatados derivados de algas rojas, que se utilizan habitualmente como agentes gelificantes o estabilizadores en los alimentos. El nombre deriva de *caragheen*, palabra gaélica que designa el alga, comúnmente conocida como musgo irlandés, que mi abuela hervía con leche para hacer un manjar blanco.

Además de su uso en las industrias farmacéutica, cosmética y alimentaria, los organismos marinos han sido la fuente de importantes productos químicos utilizados en la investigación y la biotecnología industrial. Un ejemplo es la proteína verde fluorescente. Esta proteína se encuentra de forma natural en la medusa *Aequorea victoria* y produce un anillo de bioluminiscencia verde alrededor del borde del paraguas del animal. Osamu Shimomura fue un científico japonés que sobrevivió de joven a la bomba atómica lanzada sobre Nagasaki y trabajó en la Universidad de Princeton (Estados Unidos) en la década de 1960. Él y sus colegas recogieron más de diez mil de las desafortunadas medusas en el estrecho de Puget y cortaron el anillo de tejido de alrededor del borde del paraguas para recoger las proteínas responsables de la bioluminiscencia. La proteína bioluminiscente se llamaba aequorina y brillaba con un tono azulado, pero había una segunda proteína que fluía verde bajo la luz azul o ultravioleta. Esta fue la sustancia que se conoció como proteína verde fluorescente o GFP por sus siglas en inglés. Treinta años y ochocientas cincuenta mil medusas después, se descubrió la secuencia de ADN de la GFP. La proteína tenía un tamaño bastante pequeño, y era el producto de un solo gen. Esto significaba que se podía insertar artificialmente junto a otros genes en un organismo y, allí donde se expresara el gen adyacente, también se expresaría el gen de la GFP. En otras palabras, marcar un gen en un animal con GFP permitía a los científicos determinar dónde estaba activo el gen y cuándo se encendía y apagaba simplemente por el hecho de que el organismo, o una estructura dentro de él, brillara en verde cuando se exponía a la luz azul o ultravioleta. Esto supuso un enorme avance científico, y los usos de las GFP en el seguimiento de la actividad de los genes o en el seguimiento de las células marcadas han sido muchos y variados. Las GFP se han utilizado, por ejemplo, para rastrear los circuitos del cerebro, la entrada de virus o bacterias en tejidos y células y la regeneración de órganos, como el riñón. También han ayudado a rastrear los procesos implicados en el crecimiento y el desarrollo de los organismos. Posteriormente, se han desarrollado proteínas fluorescentes de distintos colores mutando el gen original de la GFP, o buscando equivalentes en otros animales. La proteína roja fluorescente deriva de un coral, por ejemplo. Shimomura y sus colegas ganaron el Premio Nobel de Química en 2008 como resultado de su trabajo pionero.

La biotecnología, la inteligencia artificial y las aplicaciones basadas en la web se consideran características de la cuarta revolución industrial. Ahora es posible descubrir genes *in silico*, es decir, rastreando bases de datos de secuencias de ADN de organismos marinos para identificar las regiones codificantes. Sin embargo, en esta nueva y veloz era del internet, la búsqueda de nuevas biotecnologías, ya sea para medicamentos, cosméticos, alimentos u otros usos industriales, ha adquirido un aspecto preocupante. Un estudio realizado en 2018 identificó que 12 998 secuencias genéticas de 862 especies marinas estaban asociadas a patentes. Estas secuencias proceden, sobre todo, de microbios, pero también de grupos como las ascidias y animales emblemáticos tales como los cachalotes y las mantas. El 84 % de las patentes fueron registradas por empresas privadas, y otro 12 % por universidades privadas y públicas, y organismos gubernamentales. El resto corresponde a instituciones de investigación sin ánimo de lucro, hospitales y particulares. Una sola empresa, BASF, una multinacional con sede en Alemania y el mayor fabricante de productos químicos del mundo, había registrado el 47 % de todas estas patentes. Tres países, Alemania, Estados Unidos y Japón, registraron casi tres cuartas partes de todas las patentes, mientras que 165 países no registraron ninguna. Semejante apropiación de la riqueza genética del océano es sorprendente, y plantea muchos interrogantes sobre la equidad entre las naciones a la hora de beneficiarse de este nuevo ámbito de generación de riqueza, por no hablar del oligopolio de las principales empresas de fabricación de productos químicos del mundo.

Es comprensible que los países en desarrollo, muchos de los cuales se encuentran en las regiones más ricas en biodiversidad del mundo, se hayan alarmado ante la posibilidad de que actores externos realicen bioprospecciones en la tierra y en el mar, lo que conlleva la pérdida de oportunidades de beneficiarse ellos mismos de dicha riqueza genética. En 2010 se estableció un acuerdo complementario al Convenio sobre la Diversidad Biológica, conocido como el Protocolo de Nagoya, para intentar regular el acceso a la riqueza biológica de cualquier Estado. Establece un marco para garantizar que un Estado que trabaje con la industria, las universidades u otras entidades, reciba una parte justa y equitativa de cualquier beneficio derivado de los recursos genéticos. Sin embargo, no se extiende a la alta mar, las zonas más allá de la jurisdicción nacional, normalmente a más de doscientas millas náuticas de la costa. En 2017 se tomó la decisión de iniciar negociaciones en torno a un nuevo acuerdo de aplicación de la Convención de las Naciones Unidas sobre el Derecho del Mar (CNUDM) para tratar específicamente la protección de la biodiversidad más allá de la jurisdicción nacional (BBNJ por sus siglas en inglés). Dado que esta región nos pertenece a todos, la intención es incluir un programa, dentro de esta nueva normativa, que aborde el reparto equitativo de los beneficios de los recursos genéticos marinos fuera de las zonas marítimas de los Estados costeros. Por el momento no está claro cómo se aplicará esto en la práctica. Sin embargo, el desarrollo de nuevas industrias ha emergido en otro ámbito en el que el océano tiene potencial para proporcionarnos recursos.

Nuestro apetito por las nuevas tecnologías está impulsando la demanda de algunos de los minerales más raros de la Tierra. Los teléfonos móviles, los monitores de vídeo y las tecnologías renovables, como las células fotovoltaicas, las turbinas eólicas y las baterías, requieren elementos relativamente raros en la superficie de la Tierra o cerca de ella. Entre ellos se encuentran metales exóticos como el bismuto, el europio, el neodimio, el niobio, el paladio, el tantalio, el telurio, el terbio y el itrio, así como algunos elementos más conocidos, como el cobalto, el litio, el platino y el tungsteno. En 2010, se utilizaron unos sesenta kilogramos de tantalio, quinientos diez kilogramos de platino, casi veintitrés toneladas de paladio, cincuenta y un toneladas de oro, quinientas veinticinco toneladas de plata y veinticuatro mil toneladas de cobre para fabricar unos mil quinientos millones de teléfonos móviles. Esta necesidad de metales, incluidos los elementos más raros necesarios para la tecnología moderna, está llevando a los Estados a buscar minerales en las profundidades del océano. Ya se extraen diamantes del fondo del mar frente a la costa de Namibia, a una profundidad de ciento cincuenta metros. Seis buques, operados por el grupo de empresas De Beers en colaboración con el Gobierno de Namibia, participan en el programa de minería. En 2015 se extrajeron más de un millón de quilates de diamantes del fondo marino, y la operación genera más de diez mil millones de dólares namibios de ingresos anuales.

En 2017, Japón anunció que había emprendido la primera operación minera a escala comercial en aguas profundas a mil seiscientos metros de profundidad frente a la costa de Okinawa, recuperando suficiente zinc para abastecer al país durante un año, así como cantidades de oro, cobre y plomo. Hay varios tipos de depósitos minerales de interés para las empresas mineras en el océano. Los sulfuros masivos de los fondos marinos están asociados a las fuentes hidrotermales. Se trata de acumulaciones de sulfuros metálicos que caen de los fluidos de los respiraderos cuando se mezclan con el agua fría, proceso que forma las icónicas «fumarolas negras» a miles de metros bajo la superficie. Las fuentes suelen estar asociadas a las dorsales oceánicas, los arcos volcánicos y los puntos calientes que generan cadenas o grupos de montes submarinos e islas en las placas tectónicas oceánicas, como las islas de Hawái.

También hay nódulos de manganeso o polimetálicos que se forman en las llanuras abisales a lo largo de millones de años. Los nódulos son concreciones minerales, de uno a doce centímetros de diámetro, que yacen parcialmente enterradas en el fondo marino a profundidades de entre tres mil y seis mil metros. Los nódulos suelen desarrollarse a partir de algún tipo de material orgánico, pero están formados principalmente por partículas finas de hierro y manganeso. El hierro tiene una ligera carga positiva y atrae elementos como el molibdeno, el vanadio y el arsénico, así como elementos de tierras raras, mientras que las partículas de manganeso tienen carga negativa y atraen metales como el cobalto, el níquel y el cobre.

Hay, además, costras de ferromanganeso ricas en cobalto que forman pavimentos minerales en montes submarinos, crestas y mesetas submarinas desde profundidades de cuatrocientos a siete mil metros. Estos pavimentos se crean por la precipitación de minerales sobre la roca desnuda y otras superficies libres de sedimentos, y su grosor oscila entre un milímetro y veintiséis centímetros. La zona más rica para el desarrollo de estas costras parece estar entre ochocientos y dos mil quinientos metros de profundidad. Estos depósitos contienen altas concentraciones de hierro y manganeso, pero también cobalto, platino, telurio y elementos de tierras raras.

También hay sedimentos ricos en metales, como los que se dan en las partes profundas del mar Rojo. Aquí, el agua extremadamente salada formada por la disolución de rocas ricas en sal se hunde en el fondo del océano, formando capas de salmuera sobre el lecho marino. Los fluidos hidrotermales ricos en sulfuros se mezclan con la salmuera, y los sulfuros reaccionan con los metales del agua de mar y se hunden en el lecho marino para formar un lodo rico en metales. La salmuera es, en gran parte, anóxica y muy hostil para la vida. También hay depósitos de fosforita que son una fuente potencial de fosfato para fertilizantes agrícolas. Se forman en zonas de alta producción primaria superficial, donde las aguas se vuelven hipóxicas o anóxicas debido a la actividad bacteriana (véase el capítulo 7). En tales condiciones, las bacterias pueden acumular fosfato, que liberarían en concentraciones tan elevadas que darían lugar a la formación de fosfato cálcico en el lecho marino. La muerte de los peces y otras reacciones químicas pueden contribuir a la formación de fosforitas y, con el tiempo, también debe producirse una alternancia entre un lecho cubierto de lodo anóxico y luego periodos de vaciado o erosión del mismo. Las fosforitas se crean en forma de gránulos, nódulos, guijarros, costras, losas o sedimento cementado. Por último, también hay arenas ferruginosas que contienen, por supuesto, hierro, pero también titanio, granates y oro. La planificación de la extracción de este tipo de arena frente a las costas de Nueva Zelanda está en una fase avanzada.

Todos estos yacimientos minerales de aguas profundas están asociados a diferentes ecosistemas, y su explotación puede afectar a distintos hábitats y especies con distribuciones y ecología diferentes. Las fuentes hidrotermales de aguas profundas forman hábitats similares a islas para animales especialmente adaptados a las condiciones de estos lugares. Más del 70 % de estos animales no se encuentran en ningún otro lugar; en otras palabras, son endémicos de las fumarolas. Los ecosistemas de los respiraderos suelen ser muy pequeños en comparación con el océano circundante, y la conectividad de las poblaciones de animales con las de otros respiraderos hidrotermales depende de una serie de factores. La geología es importante, ya que el ritmo de formación de nuevos fondos marinos o de la placa oceánica en una dorsal oceánica, conocido como ritmo de propagación, determina la densidad de fumarolas a lo largo de una dorsal. En las dorsales de propagación rápida puede haber una fumarola cada cinco kilómetros, mientras que en las de propagación lenta la densidad es más bien cada cien a trescientos cincuenta kilómetros. Sin embargo, el 86 % de los yacimientos de sulfuros masivos de los fondos marinos que pueden ser económicamente viables por su tamaño se encuentran en crestas de propagación lenta, ya que las fumarolas de este tipo duran mucho más tiempo que los de las crestas de propagación rápida, quizás cientos o incluso miles de años en comparación con decenas de años. Esto significa que los depósitos de minerales son mucho más grandes que en las crestas de propagación rápida.

Los montes submarinos también son hábitats similares a las islas y, aunque los niveles de endemismo no son tan elevados como en las fuentes hidrotermales, son muy diversos y ricos en especies. También son zonas importantes de alimentación para muchos depredadores oceánicos, y algunos animales los utilizan como lugares de reproducción o como referencias de navegación. Los grandes montes submarinos cubren alrededor del 4,7 % del fondo marino, por lo que también son hábitats importantes en las profundidades marinas.

Las llanuras abisales, donde se encuentran los nódulos de manganeso, son vastas zonas de las profundidades cubiertas de sedimentos finos donde los niveles de perturbación natural son muy bajos. Los experimentos han demostrado que la fauna del fondo marino de estas zonas no se recupera totalmente de las pequeñas perturbaciones después de veintiséis años. La epifauna, los animales que viven en el fondo, a menudo adheridos a los nódulos, es el componente de la fauna abisal que parece tener menor capacidad de recuperarse de los daños. Dado que los nódulos tardan millones de años en crecer, los efectos de la explotación de este recurso en las profundidades marinas pueden superar el tiempo que los seres humanos han estado en la Tierra. La región con más probabilidades de ser explotada primero por los nódulos de manganeso es la zona de fractura Clarion-Clipperton, entre Hawái y México, que abarca unos 5,2 millones de kilómetros cuadrados, de los cuales 4,2 millones son de interés comercial. Se trata de una superficie mayor que la de los veinte países más grandes de la Unión Europea juntos.

Hasta la fecha, el avance de la minería de aguas profundas se ha visto inhibido por limitaciones económicas y tecnológicas. Sin embargo, el desarrollo de la tecnología para la industria del petróleo y el gas en alta mar y el tendido de cables oceánicos han allanado el camino para la minería de aguas profundas. Mientras escribo estas páginas, se están probando en el océano, frente a Papúa Nueva Guinea, máquinas gigantes de una empresa llamada Nautilus, con la intención de iniciar las primeras operaciones comerciales de minería de aguas profundas en 2019. Si tiene éxito, Nautilus extraerá sulfuros masivos del lecho marino de una fuente hidrotermal a mil seiscientos metros de profundidad. Dado que la minería está en la zona económica exclusiva (ZEE) de Papúa Nueva Guinea, la empresa ha recibido una licencia de explotación del Gobierno. También se han concedido licencias de exploración en las islas Salomón, Tonga, Vanuatu y Nueva Zelanda. En las aguas fuera de jurisdicción nacional, la minería está regulada por un organismo de la ONU, la Autoridad Internacional de los Fondos Marinos. La Autoridad tiene su sede en Kingston (Jamaica) y la he visitado en varias ocasiones para debatir cuestiones medioambientales relacionadas con la posible explotación minera de los fondos marinos en lo que se denomina la Zona, el lecho marino que se encuentra fuera de la jurisdicción nacional, por debajo de alta mar. Así, la columna de agua de alta mar y el fondo marino (la Zona) están, sorprendentemente, bajo regímenes jurídicos diferentes. 168 Estados son oficialmente miembros de la AIS, entre ellos China, India, Japón, la República de Corea y el Reino Unido. En los edificios concretos de la AIS, estas naciones se reúnen anualmente para decidir las normas de explotación minera de los fondos marinos de la zona y repartirse el lecho marino en forma de licencias de exploración de minerales. Esto podría parecer una forma de apropiación, pero, por supuesto, se nos asegura la libertad de navegar y de realizar investigaciones científicas en el océano que se encuentra más allá de las aguas estatales. Aunque esta no ha sido mi experiencia.

A finales de noviembre de 2011, me encontraba sobre parte de la dorsal india sudoccidental en el RRS *James Cook*. Había dirigido los trabajos en los montes submarinos de la cordillera, pero otro científico, John Copley, que había participado en los cruceros en los que encontramos y estudiamos los respiraderos antárticos, tomó el relevo como científico jefe para estudiar el campo de respiraderos hidrotermales Aliento del Dragón. En aquel momento, Dragón era la única zona de respiraderos hidrotermales en aguas profundas que se había localizado con certeza en esta dorsal, y se encontraba a una profundidad de entre 2700 y 2800 metros en un terreno muy accidentado. El ROV *Kiel 6000* no tardó en revelar la belleza extraterrestre de estos inusuales respiraderos hidrotermales. Mientras que algunas de las fuentes no eran más que montones de sulfuro negro cubiertos de un limo de color ocre, otras parecían esbeltos conos, en algunos casos de un sucio color turquesa oscuro o azul cobalto, con manchas de color escarlata intenso y amarillo sulfuroso. De la cima de una de las chimeneas, además de brotar de sus lados, crecían unas estructuras que parecían la cornamenta de un ciervo. A una de las chimeneas la bautizó como «Jabberwocky» uno de los científicos a bordo. Otras recibieron nombres como Zarpa de Dragón, Tiamat, Hidra y, menos monstruoso, el Palacio de Jiaolong. En grupos, alrededor de las bases de las chimeneas, había grandes caracoles negros, muy similares a los que habíamos descrito del Antártico, grupos de mejillones gigantes cubiertos de óxido y, aquí y allá, algún que otro camarón blanco azulado arrastrándose. John estaba en el contenedor del ROV dirigiendo las operaciones, mientras yo me sentaba con otros científicos alrededor de una gran pantalla en la sala de control, recibiendo imágenes en directo de las cámaras. De repente, entre los caracoles negros, y siendo visiblemente barrido, apareció un pequeño cangrejo yeti, también salpicado de óxido, pero inconfundible. Casi me caigo de la silla de la sorpresa, y me apresuré a coger el teléfono.

—John, John, haz que retrocedan el ROV. Estoy seguro de que acabo de ver un cangrejo yeti entre los caracoles.

Se escuchó un murmullo de fondo mientras John daba instrucciones al piloto del ROV. Cuando la cámara volvió a rastrear, se vio que nuestros peludos amigos de la dorsal del Scotia se disputaban el espacio con los moluscos de concha negra, que amenazaban con superarlos. Se trataba de un animal que no esperaba ver en el océano Índico, y su presencia indicaba un vínculo biológico entre la dorsal del Scotia, en el Antártico, y la dorsal india sudoccidental.

—¡Sí, los veo! —exclamó John desde la furgoneta de control del ROV.

Nos pusimos a recoger animales con la pistola de succión del *Kiel 6000,* un dispositivo parecido a una aspiradora gigante que habíamos utilizado con frecuencia en los respiraderos del océano Austral. Pronto estuvimos todos en el laboratorio de temperatura fría, inclinados sobre las bandejas de las muestras recuperadas del fondo marino.

Los cangrejos yeti eran casi idénticos a los animales que habíamos recogido en la cresta india, pero eran mucho más pequeños, probablemente de menos de la mitad de tamaño. Los caracoles gigantes comprendían dos especies. Una tenía el caparazón negro azulado y unas patas rosadas. La otra era superficialmente similar, pero las patas estaban cubiertas de escamas negras. Se trataba del famoso caracol de patas escamosas, una especialidad local que solo se encuentra en las fuentes hidrotermales de las profundidades de las dorsales del Índico central y sudoccidental, y el único animal que segrega una armadura de hierro como forma de defensa. Las escamas parecían pequeñas tejas negras y estaban impregnadas de sulfuros de hierro, al igual que la concha. Los científicos conocían la existencia de este caracol desde hacía diez años, y se había publicado información detallada sobre él en un artículo en 2003. No obstante, por razones que no lográbamos entender, los autores del artículo no le habían dado un nombre en latín, y tampoco habían depositado especímenes tipo en ningún museo. Mi estudiante de doctorado, Chong Chen, se inclinó sobre los caracoles, que eran del tamaño del puño de un niño, completamente hipnotizado. Chong, que era de Hong Kong, había coleccionado conchas desde la infancia. Incluso para un estudiante de la carrera de Ciencias Biológicas en Oxford, sus conocimientos sobre moluscos eran prodigiosos. Tenía un rostro feliz, y su mirada en ese momento era pura delicia, un placer para la vista.

Los animales eran realmente llamativos y, de hecho, muy hermosos. Se cree que el hierro se segrega con fines defensivos, probablemente contra los depredadores, pero también contra el entorno hostil que rodea a las fuentes, que incluye fluido de ventilación caliente y ácido, sulfuro de hidrógeno y metales pesados, todos ellos venenosos. Nos pusimos a conservar algunas de las valiosas muestras para llevarlas a Oxford. John completó sus estudios sobre el campo de fumarolas del Aliento del Dragón, o Longqi, como se conoce en mandarín. Esta parte de la expedición tenía un propósito serio. Los chinos habían concedido una licencia de explotación de Longqi para explorar en busca de minerales en aguas profundas. John quería establecer un punto de referencia del lugar antes de iniciar cualquier actividad relacionada con la prospección de minerales.

Cinco años después, en 2016, me encontraba a bordo del buque de investigación japonés *Yokosuka* con la intención de volver al campo de respiraderos hidrotermales de Longqi. Lo hacía con la intención de inspeccionar de nuevo el lugar para poder evaluar los impactos de las actividades mineras exploratorias emprendidas por los chinos. Chong, mi alumno que tanto se alegró del hallazgo del caracol de patas escamosas, era ahora investigador de la Agencia Japonesa para la Ciencia y Tecnología Marítimo-Terrestre (JAMSTEC, por sus siglas en inglés). Él había descrito el caracol y yo había recopilado sus fotografías en un dibujo anatómico que me llevó varias semanas de trabajo. Se publicó un artículo en el que se nombraba oficialmente a la especie por primera vez, con el permiso del científico sueco Anders Warén, que había realizado la descripción preliminar de la especie. Fue muy gratificante ver cómo se realizaba el trabajo. El caracol de patas escamosas había resultado ser una bestia extraordinaria. Tenía una glándula en el pie repleta de bacterias simbióticas que oxidaban el sulfuro de hidrógeno del líquido de ventilación para proporcionar la energía necesaria para crecer y alimentar al caracol. Como resultado, este caracol tenía un intestino pequeño en comparación con sus parientes, debido a la falta de necesidad de alimentarse. El animal también había evolucionado para hacer frente al entorno de bajo oxígeno de las fuentes hidrotermales, con una branquia que se extendía por la mayor parte de la longitud del cuerpo y un sofisticado sistema de circulación sanguínea. Esto incluía un corazón enorme, que representaba alrededor del 4% de su volumen corporal, en comparación con el corazón de un ser humano, que representa alrededor del 1,3% del volumen corporal. Chong también había realizado investigaciones genéticas comparando los caracoles de patas escamosas del campo de fuentes hidrotermales de Longqi con las poblaciones que vivían alrededor de los respiraderos de la dorsal india central, situada al noreste de la dorsal india sudoccidental. Estos estudios mostraron que las poblaciones de los respiraderos de Longqi eran genéticamente diferentes de las de la dorsal india central, lo que indica que la conectividad de las poblaciones era muy escasa entre las zonas. Esto era importante, ya que, si una catástrofe golpeaba el campo de ventilación de Longqi, matando a todos los caracoles de patas escamosas, la recolonización de las poblaciones de la dorsal india central, a través de la dispersión de las larvas, era poco probable. Era común que ocurrieran catástrofes naturales, como las erupciones volcánicas, en las fuentes hidrotermales de aguas profundas, aunque probablemente fueran menos frecuentes en crestas de propagación lenta, como la dorsal india del suroeste, que en entornos en los que las tasas de propagación de las crestas eran mucho mayores. Sin embargo, lo que nos preocupaba era que la exploración de minerales en el emplazamiento de la chimenea de Longqi había sido autorizada por los chinos.

Aunque el océano Índico suena idílico, pasamos las dos primeras semanas navegando con mal tiempo intermitente a consecuencia de la proximidad de un ciclón. La organización de un barco japonés es mucho más jerárquica que la de un barco británico, y la comunicación entre los oficiales del barco y los científicos se realiza estrictamente a través del científico jefe, en este caso un animado personaje llamado Ken Takai. Chong, a su vez, transmitió las noticias a los científicos británicos a bordo, a Nick Roterman, un veterano del crucero de las fuentes del océano Austral, y a mí. Los japoneses habían informado al Gobierno chino de su intención de trabajar en el respiradero de Longqi, pero al parecer no había habido respuesta. Había dos buques de investigación chinos en Port Louis, en Mauricio, y la comunicación con el científico jefe de la expedición china se había saldado con una demanda poco razonable de un tercio de todos los especímenes que recogiéramos si visitábamos el campo de respiraderos de Longqi. Es importante recordar aquí que la investigación científica es una de las libertades fundamentales de la alta mar, según la Convención de las Naciones Unidas sobre el Derecho del Mar. A pesar de la existencia de una licencia para que los chinos exploren la zona en busca de minerales, no había motivos para denegarnos el permiso para investigar en la zona, ni para restringirlo. La demanda del científico chino fue rechazada, y esperamos ansiosamente en el barco el siguiente movimiento. La respuesta llegó varios días después. En teoría se había dicho que éramos libres de realizar inmersiones en el respiradero del Aliento del Dragón, pero que nos arriesgaríamos a colisionar con un vehículo submarino autónomo, un robot repleto de instrumentos científicos que se asemeja a un torpedo, que estaría operando sobre el sitio. Ken no tuvo más remedio que alejarse del emplazamiento de Longqi y dirigirse a los respiraderos hidrotermales de la dorsal india central. No hace falta decir que estábamos muy decepcionados y enfadados. También sospechaba que tal vez se nos estaba obstruyendo por los daños que se habían producido en el sitio prístino que habíamos visitado en 2011, cinco años antes.

En el momento de escribir estas líneas, la Autoridad Internacional de los Fondos Marinos ha concedido 29 licencias de exploración de recursos minerales en zonas situadas fuera de la jurisdicción nacional. Las empresas que han recibido estas licencias, muchas de ellas estatales, están obligadas a realizar estudios medioambientales como parte de las condiciones de la licencia. Sin embargo, la ciencia que se ha llevado a cabo ha sido de calidad variable y es insuficiente para comprender los posibles impactos de la minería en los ecosistemas de los fondos marinos. Hay que tener en cuenta que las profundidades marinas son el mayor ecosistema de la Tierra y también el menos explorado y comprendido. La extracción de sulfuros masivos y costras de cobalto del fondo marino implicará la colocación de enormes máquinas de excavación en el lecho marino que rompen y trituran la roca del fondo marino y luego la bombean a una barcaza en la superficie del océano. Cualquier animal que viva en el lecho marino en el camino de estos gigantes mecánicos será eliminado. Una pluma de sedimentos quedará suspendida en las aguas sobre el lugar de la explotación minera y se sumará al material de desecho liberado desde la barcaza en la superficie hasta el fondo del mar. Es probable que estos penachos incluyan materiales tóxicos, como metales pesados y sulfuro de hidrógeno, normalmente confinados en su mayor parte en el propio emplazamiento de la fuente. Las operaciones se llevarán a cabo en un entorno que suele ser oscuro, por lo que estarán intensamente iluminadas y generarán mucho ruido, este último potencialmente perturbador para la vida marina, como las ballenas, que dependen del sonido para la navegación y la comunicación. Los nódulos de manganeso, que se encuentran en sedimentos muy finos, serán eficazmente arados o aspirados, generando de nuevo grandes nubes de sedimentos en suspensión y eliminando los propios nódulos, hábitat de animales que viven adheridos a superficies duras.

La cuestión es si la minería de aguas profundas seguirá el mismo camino que otras actividades industriales en el océano que se han llevado a cabo anteriormente. ¿Volverá la humanidad a cometer los mismos errores? Tanto si se trata de la caza de focas, de ballenas o de la pesca en aguas profundas, nuestro historial de explotación sostenible de los recursos oceánicos no es bueno. El patrón es familiar: la tecnología permite la explotación de un nuevo recurso y, antes de que la investigación científica permita comprender los impactos de la actividad, la explotación se incrementa rápidamente. Sin la ciencia, la sociedad civil no tiene la oportunidad de tomar una decisión informada sobre si esos recursos deben ser explotados, y, si lo van a ser, cómo deben regularse esas actividades. La industria ha demostrado una y otra vez que el afán de lucro conduce a la destrucción de las especies y del medio ambiente. Nuestra relación con el océano ha sido abusiva, y las señales que manda la minería de aguas profundas no son buenas. Es muy probable que la actividad sea muy perjudicial, puesto que se dirige a algunos de los ecosistemas más sensibles o raros del océano.

La reciente concesión de una licencia de exploración adyacente al yacimiento hidrotermal de la Ciudad Perdida, en el norte de la dorsal mesoatlántica, ha causado especial alarma. Como he descrito en el capítulo 2, este lugar es una fuente hidrotermal alcalina única en el mundo y tiene un gran interés científico por la posibilidad de que se den las condiciones que se acercan a las de la Tierra cuando surgió la vida. La Ciudad Perdida puede contener el secreto de la génesis. También forma parte de un Área Marinas de Importancia Ecológica o Biológica (EBSA, por sus siglas en inglés), identificada según un proceso a través del Convenio sobre la Diversidad Biológica, que identifica las características del océano que son de importancia para la biodiversidad marina, la función del ecosistema y la conservación.

La decisión de permitir la exploración de minerales en las proximidades de Ciudad Perdida, entre otras, ha suscitado preocupación por la transparencia y los métodos de toma de decisiones de la Autoridad Internacional de los Fondos Marinos. También está relacionada con uno de los aspectos más preocupantes de la potencial «fiebre del oro» de los minerales oceánicos, la falta de evaluaciones estratégicas exhaustivas de los efectos de las operaciones mineras en cualquier región. Estas evaluaciones son necesarias no sólo para tener en cuenta las múltiples operaciones mineras, sino también otras actividades humanas, como la pesca, la navegación, etc., así como para evaluar las zonas de importancia ecológica y de conservación. Además, como ha demostrado mi experiencia en el océano Índico, no cabe duda de que las licencias mineras, ya sean de exploración o de producción, son vistas como una forma de apropiación por parte de algunos de los licenciatarios. Mientras usted lee estas páginas, el patrimonio común de la humanidad está siendo esquilmado por Estados e industrias ávidos de los recursos del océano.

El concepto kogui de que el océano proporciona una abundancia infinita es cierto en muchos sentidos. El océano no solo puede alimentarnos, sino que también puede proporcionarnos medicamentos con propiedades milagrosas para combatir desde el cáncer hasta el resfriado común. Mantiene la Tierra de forma que los humanos y el resto de la vida puedan existir cómodamente.

Puede proporcionarnos los minerales para impulsar una cuarta revolución industrial y los medios para que la sociedad deje de depender de la energía que proporcionan los hidrocarburos. Sin embargo, esto solo seguirá siendo así si gestionamos cuidadosamente el océano y limitamos nuestro impacto en los ecosistemas marinos. Hay un viejo proverbio agrícola inglés sobre la siembra de semillas que dice así: «Una para el ratón, otra para el cuervo, otra para que se pudra y otra para que crezca».

Para mí, este dicho habla de dejar una parte del mundo para la naturaleza. Como espero haber demostrado en este libro, reservar partes del océano como zonas de recuperación o resiliencia marina y gestionar cuidadosamente el resto es una forma de garantizar que los ecosistemas marinos sigan proporcionando todo lo que nosotros, y el planeta, necesitamos. Sin embargo, uno de los problemas de esto es que en la actualidad no existe un régimen legal para el establecimiento de áreas marinas protegidas en aguas fuera de la jurisdicción nacional. Mientras escribo las últimas palabras de este capítulo, políticos, abogados, científicos y miembros de la sociedad civil están debatiendo un nuevo acuerdo de aplicación de la Convención de las Naciones Unidas sobre el Derecho del Mar en una serie de conferencias intergubernamentales en Nueva York. El nuevo acuerdo se centra en la protección de la biodiversidad más allá de la jurisdicción nacional. Esto incluirá un nuevo marco legal para el establecimiento de medidas de conservación espacial en aguas más allá de la jurisdicción nacional, el establecimiento de normas para la evaluación del impacto ambiental de las actividades humanas en el océano, y el reparto justo y equitativo de los beneficios de la riqueza genética del océano. Ha costado muchos años conseguir que los Estados se pongan de acuerdo en estas negociaciones, pero ha llegado el momento del océano y tengo grandes esperanzas de que se produzca un gran avance en nuestra capacidad de gestionar de forma sostenible las actividades humanas en *todo* el océano.

10

Conclusión

La elección entre dos océanos

Creo que nos encontramos en un momento crítico de la historia. Los científicos han observado, medido, estudiado y perfilado hasta el punto de que tenemos una buena comprensión de cómo está muriendo el océano. Porque está muriendo. A diferencia de nuestros antepasados, que tenían la excusa de la ignorancia, nosotros sabemos que estamos transformando el océano de forma drástica, a un ritmo sin precedentes y para peor. Desde el aumento de las temperaturas, la acidificación y la desoxigenación, hasta la caída en picado de las poblaciones de especies marinas emblemáticas, pasando por la basura arrastrada a las playas, las advertencias son fuertes y claras. Sin embargo, a pesar de los alarmantes síntomas, por lo que sabemos, las extinciones de especies marinas han sido relativamente pocas en comparación con las terrestres. No está todo perdido.

Por lo tanto, nos enfrentamos a una dura elección entre dos océanos muy diferentes. Uno sano y productivo, en el que la pesca, la acuicultura, el turismo y otras industrias se gestionen de forma sostenible, y en el que hayamos puesto fin a las actividades que lo dañan innecesariamente, como el vertido de nuestros residuos en él. Un océano así exigiría que los responsables políticos y la sociedad de todo el mundo tuvieran a su alcance la información necesaria para tomar las decisiones correctas sobre

305

dónde y cómo protegerlo y, a continuación, controlar sus respuestas a nuestras acciones. No se parecería necesariamente al océano del pasado, antes de la pesca industrial y de los estragos del cambio climático, pero conservaría una gran diversidad de especies y sería sano y productivo. Un océano así mantendría todos los servicios ecosistémicos de los que dependemos, incluidos los que son más evidentes, como la alimentación, pero también los que no reconocemos siempre, como la regulación atmosférica, el ciclo de los nutrientes y la protección de las costas. La alternativa es continuar con la actual trayectoria de declive. Los miles de recortes provocados por la sobrepesca, las actividades destructivas, la basura marina, la contaminación y el cambio climático llevarán a ecosistemas enteros, como los arrecifes de coral, al colapso, y las especies desaparecerán a un ritmo comparable al de una extinción masiva histórica. Justo en el momento en que necesitemos los servicios que proporciona el océano para mantener un mundo de diez mil millones de personas, nos encontraremos con que lo hemos agotado. No solo se tratará de una lenta degradación de las funciones críticas de los ecosistemas, sino también de una frecuencia creciente de catástrofes medioambientales imprevisibles a medida que se superen los puntos de inflexión en el sistema terrestre. Ya estamos viendo esas manifestaciones en forma de un clima más extremo, el estallido de incendios forestales incontrolables en lugares donde nunca se habían visto y la repentina desestabilización de ecosistemas como los arrecifes de coral. El paralelismo con los dos caminos de Rachel Carson de principios de los años sesenta, esbozados en el capítulo 6, es inevitable.

Ahora, al igual que entonces, podemos o esconder la cabeza bajo el ala y seguir como siempre o, por el contrario, levantarnos y exigir a nuestros Gobiernos que hagan algo al respecto, y que lo hagan rápido. En el transcurso de la creación de este libro, desde su concepción a la página, dos tercios de la parte norte de la Gran Barrera de Coral han muerto en dos años sucesivos de blanqueamiento masivo, impulsado por la etapa más calurosa registrada en esa región. Las pruebas científicas de los impactos del cambio climático, la sobrepesca, la destrucción del hábitat, la contaminación, el declive de nuestros icónicos depredadores oceánicos y los efectos de las especies invasoras, llegan a diario. Entre ellas, el pronóstico sobre el cambio climático es especialmente alarmante. Que el tiempo se está agotando rápidamente está muy claro para la comunidad científica, los Gobiernos y miembros de la sociedad civil más cultivados. Entonces, ¿qué es lo que nos impide alcanzar soluciones? Podría escribir otro libro sobre las razones de la falta de acción, pero, en mi opinión, varios factores han sido muy importantes en los últimos años.

El auge del nacionalismo y el desprecio por el derecho y la cooperación internacionales son fuertes contendientes para explicar por qué la humanidad se encuentra actualmente paralizada ante esta batalla compartida. La prioridad del yo sobre el bien común subyace a muchos de los problemas que vemos hoy en la gobernanza y gestión de los océanos. Está impulsando la apropiación de unos recursos oceánicos que nos pertenecen a todos. Esto se ha visto en las discusiones sobre la ampliación de la jurisdicción de los Estados sobre más plataforma continental y fondos marinos adyacentes, con el fin de obtener los derechos sobre los recursos de los fondos marinos. La anexión de arrecifes en las islas Spratly por parte de China y, en menor medida, de Filipinas, Vietnam, Malasia y Taiwán, seguido de la reclamación de tierras y la construcción de bases militares, es un buen ejemplo. A pesar de que estas acciones son contrarias al derecho internacional y de que destruyen ilegalmente grandes zonas de arrecifes de coral sanos, los Estados ávidos de recursos pesqueros, petrolíferos y de gas en la región han seguido adelante reclamando las islas a pesar de las protestas internacionales. La alternativa, según la cual las naciones de la región podrían haberse unido, suspender sus reclamaciones territoriales y acordar la explotación conjunta de dichos recursos, parece que apenas se ha intentado.

En otros lugares, como el Ártico y los mares Mediterráneo y Egeo, también hay disputas activas, aunque no tan tensas como la situación actual en el mar de la China meridional. En casi todos los casos, estos desacuerdos están relacionados con descubrimientos de petróleo y gas, que, dada la situación del cambio climático global, deberían quedar bajo el lecho marino. En los países con una gobernanza débil, la apropiación por parte de la industria, ya sea minera, agrícola o de petróleo y gas, ha tomado un cariz muy siniestro. Según *The Guardian,* en 2017 más de doscientos activistas medioambientales fueron asesinados en el espacio de un año por intentar defender los ecosistemas o las especies de la destrucción. Muchos de ellos pertenecían a comunidades indígenas. A medida que la lucha por unos recursos cada vez más escasos se ha intensificado, los ciudadanos individuales se han visto en primera línea, a menudo criminalizados o asesinados con impunidad. Este es otro síntoma de la polarización entre quienes quieren extraer los recursos de la Tierra sin importar el coste para la mayoría y quienes creen en la sostenibilidad de un entorno natural que se está agotando rápidamente. También se manifiesta cuando los Estados ricos son los únicos capaces de aprovechar los recursos del océano. Este es, sin duda, el caso de algunas pesquerías de alta mar que exigen la participación de buques pesqueros muy caros y sofisticados. Otro ejemplo que está surgiendo es la capacidad de los países o empresas ricas para investigar la vida marina en busca de productos naturales que puedan conducir al descubrimiento de nuevos medicamentos u otras sustancias químicas de valor comercial. Como ha demostrado BASF, ni siquiera tienen que tomar muestras del océano, solo examinar las bases de datos de ADN que están a disposición del público. También es probable que la minería marina en zonas fuera de la jurisdicción nacional siga el mismo camino, aunque se exija el reparto de beneficios entre los Estados para esta actividad. Todavía está por ver cómo funcionará esto en la práctica. La apropiación no tiene por qué consistir en trazar líneas en los mapas para reclamar partes del mar.

El nacionalismo se ha manifestado de otras maneras en el sistema internacional de gobernanza de los océanos. Por lo general, en nombre de la protección de sus (propios) intereses, los Estados se han esforzado constantemente en debilitar y socavar las normas internacionales relativas al océano. A pesar de que la Convención de la ONU sobre el Derecho del Mar se acordó en 1982 y entró en vigor en 1994, su aplicación sigue siendo insuficiente. Varios organismos de la ONU se encargan de aplicar la Convención sobre el Derecho del Mar; están crónicamente mal financiados, pero también se encargan, en gran medida, de sectores de actividad únicos. Por ejemplo, la Organización Marítima Internacional, que se ocupa de la navegación y la seguridad en el mar, la Organización de las Naciones Unidas para la Alimentación y la Agricultura, que se ocupa de la pesca y la acuicultura, y la Autoridad Internacional de los Fondos Marinos, que se ocupa de la minería. Estas organizaciones son muy protectoras de sus respectivas áreas, lo que significa que el examen de la gestión de los impactos humanos en el océano en su conjunto resulta extremadamente difícil. La toma de decisiones dentro de estas organizaciones ha carecido a menudo de transparencia y, por tanto, de responsabilidad. Las estructuras y procesos de toma de decisiones dentro de estas instituciones también han fomentado el mínimo común denominador en términos de lo que los Estados están dispuestos a acordar colectivamente. Un ejemplo de ello son muchos de los organismos regionales de ordenación pesquera (OROP) encargados de la administración de algunas de los principales caladeros mundiales, como el del atún, y también de aquellos fuera de la jurisdicción nacional. Además, especialmente en lo que respecta a la pesca, a menudo se han hecho excepciones para proteger los intereses de los Estados y las industrias, en lugar de los del océano. La exención histórica de los buques pesqueros de la obligación de mostrar un número de registro de la Organización Marítima Internacional es un ejemplo de que, a veces, los únicos beneficiarios son los que se saltan las normas.

En este contexto, es muy preocupante la última evolución de la Comisión Ballenera Internacional, de la que Japón ha decidido retirarse, sin más, porque se opone a la moratoria internacional sobre la caza de ballenas. También me parece sorprendente que Estados Unidos no haya ratificado nunca la Convención sobre el Derecho del Mar, cuando es evidente que beneficia a todos, por muy imperfecta que sea.

Las negociaciones sobre el cambio climático son, quizá, donde los problemas del nacionalismo han sido más obviamente destructivas en los últimos años. Una y otra vez, estas se han desbaratado cuando los Estados se han peleado por quién debe reducir las emisiones y quién es responsable de los daños causados hasta ahora. Las naciones ricas desarrolladas se niegan a asumir la responsabilidad de lo que ya han vertido a la atmósfera, y las naciones menos desarrolladas no aceptarán reducciones de emisiones que amenacen su crecimiento económico. El reciente apoyo a Gobiernos nacionalistas de derechas en algunos de los principales estados del mundo, como Estados Unidos y Brasil, el caos político derivado del colapso económico de 2008 y las convulsiones políticas, como el Brexit, no hacen sino distraer la atención de lo que es el problema más acuciante de nuestro tiempo. Recuerdo estar sentado en el Parlamento de Reino Unido, en una comisión multipartidaria, escuchando pruebas sobre el estado de los océanos; se me preguntó específicamente sobre los efectos del cambio climático en los ecosistemas marinos, y en mi respuesta abordé el blanqueamiento masivo de los corales, la desoxigenación de los océanos y la acidificación.

—¿Seguro que no está exagerando? —dijo un diputado—. Estas cosas se prevén para el futuro, no para ahora.

Tuve que explicarle que estas eran las cosas que ya habían sucedido, y que las predicciones futuras eran mucho peores.

Los políticos y la industria con convicciones políticas muy arraigadas o con intereses creados han desestimado de manera deliberada las observaciones y pruebas científicas relacionadas con el cambio climático. Aunque se ha identificado sin dificultad la presión ejercida por la industria del petróleo y el gas contra la acción del cambio climático en los primeros días del Grupo Intergubernamental de Expertos sobre el Cambio Climático (IPCC, por sus siglas en inglés), es importante darse cuenta de que sigue siendo una fuerza activa hoy en día. En casi todos estos casos, señalo al océano y pido a la gente que simplemente lo observe y vea lo que ya está sucediendo. Como he señalado en capítulos anteriores, el calentamiento, la acidificación y la desoxigenación de los océanos son reales. Están teniendo impactos catastróficos en los ecosistemas marinos, y las predicciones son que, al ritmo actual de las emisiones de CO_2 a la atmósfera, las cosas van a empeorar mucho y muy rápidamente. Se trata de nada menos que una emergencia mundial.

El otro gran problema para abordar los problemas del océano es la falta de concienciación. De niño, la parte más importante de mis vacaciones era el tiempo que pasaba solo en la playa, trepando por las rocas de la bahía del condado de Sligo. Pasaba hora tras hora y día tras día en esas rocas, investigando pequeñas piscinas de piedra o levantando las algas o los cantos rodados para ver qué se escondía debajo. Fue aquí donde empecé a conocer la increíble variedad de vida marina, donde despertó mi obsesión por el océano. Con el paso del tiempo fui coleccionando guías de la costa. La *Guía Hamlyn* de Andrew Campbell, con quien trabajaría en una expedición a las profundidades de Omán muchos años después, era mi favorita. Estaba ilustrada con pinturas, varias en cada página, de todo tipo de especies, desde algas hasta caracoles y peces. Solía hojear estos volúmenes todo el tiempo, absorbiendo conocimientos como suelen hacer los niños. Echando la vista atrás, una de las cosas que más fascinante me resulta de mis semanas en Irlanda es la respuesta de mi abuelo a estos libros. Era un pescador muy rudo, pero se sentaba con ellos junto al fuego, en el recibidor de la casa de campo, con unas gafas de montura gruesa sobre la nariz. Señalaba las cosas que había visto en las nasas de langostas, o levantaba la ceja ante el dato sobre algún «rarito» u otro, refiriéndose a un animal. Esta fascinación y asombro que veía en él contrastaban con la brutalidad que a veces le veía aplicar a la vida marina en su barco. A menudo me preguntaba, al mirarlo, si habría sabido más sobre el increíble mundo del que dependía para su sustento si hubiera valorado más a las criaturas que encontraba a diario como parte del mismo ecosistema que le proporcionaba la langosta y el cangrejo.

Teniendo en cuenta la falta de conocimiento de mi propio abuelo sobre la vida marina de la que dependía para vivir, no creo que sea en absoluto sorprendente que, como adultos, no nos demos cuenta de la importancia del océano. Este está claramente ausente de los programas escolares, desde la guardería hasta el instituto. Mucha gente solo entra en contacto con él cuando come pescado *(fish and chips,* si está en Reino Unido), o cuando se tumba en la playa o bucea con tubo mientras está de vacaciones. Curiosamente, incluso un océano muy dañado puede parecer sano a alguien que no sabe cómo era en el pasado. ¿Por qué van a saber que los peces o los corales han desaparecido, si no sabían que estaban allí en primer lugar? Esto es bien conocido en la literatura científica y se denomina «síndrome de la referencia cambiante».

En la prensa aparecen noticias alarmantes con regularidad, ya sea sobre el plástico de los océanos, los arrecifes de coral moribundos o las ballenas varadas. Y o bien aparecen tan brevemente que, aunque son historias tristes, apenas parecen importar, o bien el público se acostumbra a escuchar tanta información pesimista que desconecta al sentirse impotente para ayudar con esta situación. El *Planeta Azul II* de la BBC ha sido una excepción, al alertar al público y a los políticos sobre el problema de los plásticos marinos. La belleza de los primeros episodios de la serie fue igualada por algunos de los horrores de su episodio final. En Reino Unido, la serie ha empujado al Gobierno y al público a intentar detener el uso de bolsas, botellas y pajitas de plástico en todas partes. ¿Por qué ha tenido éxito este mensaje cuando tantos otros no han sido escuchados? Creo que es porque el uso de plásticos desechables es algo a lo que todos contribuimos. Puedo elegir comprar una botella de acero reutilizable para mi agua, y puedo elegir no dar a mis hijos pajitas de plástico para sus bebidas.

La ignorancia es imperdonable. Los políticos tienen la responsabilidad de salvaguardar el medio ambiente para sus votantes y para las generaciones futuras. Es su deber entender cuáles son los problemas y tratar de resolverlos. Las empresas y las instituciones financieras se han hecho más grandes y poderosas y, en algunos casos, son más ricas que los países. Esta riqueza conlleva un compromiso. Ya no es aceptable que la industria se limite a obtener beneficios a costa del medio ambiente y, por extensión, del resto de la humanidad. Debe asumir parte de la responsabilidad de cuidar el medio ambiente, sobre todo cuando los presupuestos de los Gobiernos son muy limitados, y no debe dañarlo deliberadamente.

Nuestro desconocimiento de los ecosistemas y el comportamiento del océano contribuye a que no comprendamos su papel en nuestro mundo. Como he mencionado en el libro, aunque parezca una cifra notable, probablemente solo hemos investigado el 0,0001 % del fondo marino profundo, y aún menos de la columna de aguas profundas que se encuentra sobre él. Respecto a los montes submarinos, solo hemos explorado unas pocas decenas de los más de ciento setenta mil que existen, es decir, alrededor del 0,02 %. En cuanto a las fosas y cañones oceánicos, nuestros conocimientos son aún más escasos. He visto varias estimaciones sobre el número de especies que viven en nuestro océano, desde trescientos mil hasta dos millones. Dado el ritmo de descubrimiento de nuevas especies de organismos mayores que he presenciado en mis propias expediciones, creo que incluso la cifra más alta es probablemente una cálculo excesivamente bajo.

En la reciente expedición de la Fundación Nekton a las Bermudas que realicé como científico jefe, descubrimos más de cuarenta nuevas especies de algas y numerosos animales nuevos, como corales y diversos crustáceos. Todas las especies de animales grandes que encontramos en las fuentes hidrotermales de aguas profundas de la dorsal del Scotia, en el océano Austral, eran nuevas para la ciencia. Y no solo a nivel de especies; también había nuevos géneros, e incluso nuevas familias de animales. Basta con decir que no comprendemos del todo cuánta vida hay en el océano, cuántas especies hay y cuál puede ser su ámbito geográfico. En la actualidad, los científicos no pueden estimar, con una precisión razonable, qué especies pueden encontrarse en cada lugar. Si no entendemos del todo cómo se distribuye la vida en el océano, será imposible tener un control firme sobre cómo funcionan las especies dentro de los ecosistemas y, a su vez, cómo podrían beneficiar al planeta y, por extensión, a nosotros. Sin ese conocimiento es increíblemente difícil tomar decisiones, basadas en pruebas o en la ciencia, sobre cómo gestionar el océano de forma sostenible. Pero, del mismo modo, la falta de conocimientos no debería impedirnos buscar algunas soluciones. Solo significa que, en muchos casos, estas deberán ser muy prudentes.

Entonces, ¿qué tiene que pasar para que elijamos el camino correcto y revitalicemos el océano?

1. Las naciones deben alcanzar y aplicar un acuerdo efectivo para reducir las emisiones de CO_2 lo antes posible. Esto puede sonar aburrido, pero, si no descarbonizamos la economía mundial, el cambio climático resultante seguirá destruyendo los ecosistemas marinos, afectando a la biodiversidad y reduciendo significativamente los servicios que el entorno natural proporciona a la humanidad. Incluso limitar el calentamiento atmosférico global por debajo de 2 °C, el objetivo actualmente acordado en el Acuerdo (climático) de París, seguirá siendo muy perjudicial para el océano. El Grupo Independiente de Expertos sobre el Cambio Climático recomienda ahora un programa más agresivo de recortes de las emisiones de

CO_2 para impedir que el calentamiento atmosférico supere los 1,5 °C y así evitar daños catastróficos para el medio ambiente. En última instancia, las emisiones de CO_2 son una amenaza para la civilización humana, ya que dependemos de este mismo entorno natural para sustentar nuestra supervivencia en la Tierra, desde los alimentos y el agua hasta un clima estable. Es necesario intervenir en todas las actividades humanas que generan gases de efecto invernadero, incluyendo el transporte, la agricultura, la construcción, la industria, el uso de la energía doméstica e incluso nuestra dieta. La humanidad tiene que desprenderse de los combustibles fósiles.

2. Eliminar la sobrepesca y, cuando sea técnicamente posible, las prácticas pesqueras destructivas. Aunque muchos caladeros de regiones controladas por países altamente desarrollados se han estabilizado, la sobrepesca sigue siendo galopante en gran parte del océano. Sin embargo, con nuestros conocimientos actuales sobre cómo gestionar de forma sostenible las poblaciones de peces, y con las sofisticadas tecnologías que permiten el seguimiento de los buques pesqueros y el rastreo de las capturas desde el mar hasta las estanterías de los supermercados, este es un problema que, con esfuerzo, podemos resolver con relativa facilidad. Una vez escuché a un famoso científico de la pesca, Daniel Pauly, de la Universidad de Columbia Británica, decir sobre el estado actual de la gestión de la pesca: «Es como si tuviéramos a un paciente en el más moderno de los hospitales, rodeado de escáneres de última generación, equipos técnicos y médicos bien formados, pero nadie moviese un dedo para tratarlo y se lo dejara morir en la camilla».

Todo el sistema pesquero —desde la extracción del pescado del océano hasta su suministro a los mercados— debe ser totalmente localizable, sin que haya lugar para el pescado capturado ilegalmente. La tecnología para rastrear los buques existe: sistemas de satélite para los grandes arrastreros, cerqueros y palangreros; tecnologías de telefonía móvil para las flotas pesqueras de bajura. El nuevo Acuerdo sobre Medidas del Estado Rector del Puerto (AMERP), destinado a evitar el desembarco en los puertos de pescado capturado ilegalmente, debe ser adoptado a nivel internacional. Toda la pesca, desde la de las flotas pesqueras industriales hasta la artesanal, deben ser reguladas y controladas. Esto significa que cada parte del océano debe estar cubierta por acuerdos de gestión pesquera apropiados, y las medidas y las capturas deben ser acordes con el mantenimiento de las poblaciones a niveles que impliquen que podrán reponerse con seguridad en el futuro. Esto significará una acción dolorosa para reducir las flotas donde haya exceso de capacidad, y para eliminar los subsidios pesqueros perjudiciales que apoyan artificialmente las flotas pesqueras sobredimensionadas o las operaciones de pesca no rentables. También significará la cooperación entre países a nivel regional para armonizar la gestión de la pesca en aguas costeras y en alta mar. La comunidad mundial también tendrá que resolver los problemas actuales en torno a la jurisdicción, los pabellones de conveniencia y el seguimiento de la propiedad de los buques. Según el derecho internacional actual, la mejor manera de resolver estos problemas es la cooperación entre países.

3. Establecer una red mundial de zonas de recuperación y resiliencia marinas de aplicación efectiva. Los estudios han demostrado con pelos y señales los beneficios de las áreas protegidas o de las zonas de conservación en cuanto a la recuperación de la abundancia y la diversidad de la vida marina y a la mejora de la resiliencia de los ecosistemas frente a las perturbaciones. Estos beneficios se extienden a las especies comerciales, tal y como se comenta en el capítulo 8. En la actualidad, poco más del 7 % del océano está protegido, y el objetivo internacional actual es el 10 %. Sin embargo, los estudios sobre los beneficios de las áreas marinas protegidas sugieren que este objetivo debería ser del 30 %, y ya hay llamamientos de científicos, organizaciones no gubernamentales y organizaciones intergubernamentales para que se alcance este porcentaje en 2030. La ciencia nos dice que las zonas marinas protegidas de forma más eficaz son antiguas, grandes, no tienen pesca, están bien reforzadas y se encuentran en zonas relativamente aisladas de la influencia humana. Pero no todas las zonas de conservación tienen que ser grandes, ya que áreas más pequeñas pueden ser eficaces, especialmente si protegen características o hábitats específicos. En la actualidad, muchas zonas protegidas permiten la pesca y muchas están mal gestionadas, lo que las hace menos eficaces o, en el peor de los casos, ineficaces.

4. Reducir el problema de la contaminación marina. Para ello es necesario adoptar una serie de medidas, muchas de ellas en tierra, para evitar que los productos químicos nocivos y los desechos lleguen al océano. Todavía no hemos comprendido del todo las implicaciones para la vida marina de la contaminación del océano con plástico. La ciencia tiene que ponerse al día para identificar la peligrosidad de estos residuos para todas las formas de vida, desde las más pequeñas hasta los animales más grandes, e incluso ecosistemas enteros. Los plásticos de un solo uso deben ser eliminados de la sociedad y sustituidos por materiales que sean fáciles de reciclar y que se degraden completamente en el medio ambiente. Para muchos países, es esencial invertir en la gestión de los residuos sólidos. Las cuestiones relacionadas con las sustancias químicas persistentes y pseudopersistentes son todavía más insidiosas, ya que no pueden verse en el medio ambiente y sus efectos biológicos pueden ser difíciles de resolver. En este caso, la única solución es invertir la carga de la prueba en la industria. Los fabricantes de las sustancias químicas que se están incorporando a los productos domésticos de uso cotidiano deben demostrar que los materiales que venden causan un daño mínimo a los ecosistemas marinos. Pero la responsabilidad no recae solo en los productores. Las empresas que añaden estas sustancias químicas a sus productos también deben cumplir con su obligación de cuidar el medio ambiente. Algunas sustancias químicas, como muchos medicamentos, no pueden prohibirse, por lo que se necesitan mejores tecnologías de tratamiento del agua para tratar de eliminar las sustancias nocivas de las aguas residuales antes de que lleguen a los ríos, y de ahí al océano. Se necesitan innovaciones técnicas que eliminen o eviten que los residuos lleguen a los océanos. Estas representan importantes oportunidades de negocio para las empresas y los países que estén dispuestos a invertir en ellas.

5. Mejorar la gestión del océano. Tanto a nivel individual como colectivo, las instituciones nacionales y mundiales encargadas actualmente de gestionar los diversos aspectos de las actividades humanas que afectan al océano son débiles. La cooperación a través de las fronteras sectoriales e institucionales debe mejorar de manera drástica si queremos hacer frente a los retos actuales que conducen a la degradación de los océanos. Probablemente, la mejor manera de lograrlo es a nivel regional, donde los países y las respectivas instituciones pueden reunirse y resolver los problemas de la gestión de los océanos de una manera más holística. Solo a través de esta cooperación se pueden realizar las evaluaciones estratégicas necesarias para identificar los impactos actuales sobre el océano y tomar decisiones informadas para garantizar que la explotación y el desarrollo sean sostenibles.

Junto con la mejora de la cooperación en materia de gobernanza, debe haber una nueva era en términos de transparencia. La sociedad civil debe supervisar cómo y por qué se toman las decisiones en estos órganos de gobierno nacionales e internacionales. Sin una transparencia absoluta, esta supervisión no es posible. La experiencia ha demostrado una y otra vez que, cuando las decisiones de los organismos de ejecución se toman a puerta cerrada, abundan las decisiones débiles y la influencia de los grupos de presión externos, generalmente de la industria con intereses creados. No debería ser aceptable, en un mundo donde la pesca se gestiona de forma sostenible, que los datos sobre dónde se capturan los peces y en qué cantidades sean confidenciales. Tampoco debería ser aceptable que las organizaciones de gestión de la pesca ignoren los dictámenes científicos sobre los niveles de capturas sostenibles fijando cuotas demasiado altas. Deben someterse al escrutinio y al cuestionamiento de la sociedad civil. Me refiero a la pesca como ejemplo, pero esta transparencia debería aplicarse a todas las industrias que utilizan o dependen del océano.

6. Adoptar mayores medidas para cartografiar el océano y la distribución de la vida en él, así como para comprender su funcionamiento. Los niveles de financiación de la ciencia marina y los mecanismos por los que se lleva a cabo son inadecuados para reunir la información que necesitamos para comprender el océano y mejorar su gestión. Tradicionalmente, los proyectos científicos se financian en tramos de tres a cinco años y son dirigidos por científicos líderes a nivel individual o, en el mejor de los casos, por pequeños equipos de colaboradores. Se necesitan misiones mucho más ambiciosas, que cubran grandes áreas geográficas y duren décadas, en lugar de unos pocos años. Siempre me sorprende la cantidad de dinero que se gasta regularmente en proyectos espaciales, destinados a explorar planetas dentro del sistema solar, o incluso estrellas y galaxias lejanas. Estos proyectos han costado miles de millones de dólares y pueden durar treinta años o más. Sin embargo, solo se ha explorado una pequeña fracción de nuestro propio espacio interior, el océano. Dada la importancia de sus recursos para la humanidad y su papel crítico en la respuesta de la Tierra a las emisiones humanas de CO_2, es hora de que tomemos medidas para cambiar nuestra comprensión del mismo. Esta nueva oleada de ciencia y exploración de los océanos requerirá también nuevas formas de almacenar, acceder y utilizar los datos oceánicos para que todas las partes de la sociedad humana puedan beneficiarse de ellos, especialmente para la toma de decisiones.

7. Aumentar los esfuerzos para educar a todos los sectores de la sociedad sobre el océano y su importancia. Esto es especialmente cierto en el caso de los colegiales, la próxima generación, para quienes el océano puede ser la clave para despertar un interés, ya sea en el mundo natural o en la tecnología y la ingeniería. Si no se aprecia el océano a una edad temprana, ¿cómo podemos esperar que los políticos, empresarios y científicos del futuro ayuden a conservar el océano y a utilizarlo de forma sostenible?

Estas son todas las grandes ideas que necesitan de la cooperación y la visión internacionales. Como lector aislado, se le puede perdonar que piense que es poco lo que puede hacer para ayudar a la situación actual del mar. Muchas veces, cuando he hablado públicamente sobre la degradación de los océanos, la gente me ha preguntado qué puede hacer. Para mí la respuesta es sencilla: cada acción, por pequeña que sea, ayuda a reducir una pequeña fracción de los impactos actuales sobre el océano o ayuda a su recuperación. Aquí están mis consejos para lograr, como individuo, que los océanos pasen del declive a la recuperación:

1. Reduzca su huella de carbono. Economice, en lo posible, el consumo de energía en casa. Evite el uso del coche siempre que sea posible: vaya en bicicleta, camine al trabajo o utilice el transporte público; ¡incluso puede mejorar su salud! Piense en la necesidad de volar, y si debe hacerlo, piense en cómo puede compensar su huella de carbono, como individuo o como empresa. Reduzca las distancias que deben recorrer los alimentos que compra en el supermercado y considere cómo de contaminante es su dieta.

2. Infórmese de qué pescados se consideran sostenibles. Varias organizaciones elaboran guías sobre la sostenibilidad del pescado y el marisco. Un ejemplo en Reino Unido es la *Guía del Buen Pescado* de la Sociedad para la Conservación Marina (mcsuk.org/goodfishguide/search). En Estados Unidos existe la guía *Seafood Watch* del Acuario de la Bahía de Monterrey, disponible como aplicación para teléfonos móviles. El Fondo Mundial para la Naturaleza elabora una lista de diferentes guías de pescado sostenible para distintos países (wwf.panda.org/get_involved/live_green/out_shopping/seafood_guides). Muchos de los productos que se venden actualmente en los supermercados, al menos en Reino Unido, tienen diversas formas de certificación. Sin embargo, es importante comprobar qué significan realmente. Las consideraciones sobre la sostenibilidad deben extenderse también a los productos de la acuicultura.

3. Evite los plásticos de un solo uso. Todos esos plásticos desechables —bebidas embotelladas, bolsas de plástico, pajitas de plástico, platos de plástico, vasos de plástico y, sin duda, muchos otros artículos desechables—. Elija artículos reutilizables (por ejemplo, botellas de agua de acero, bolsas de tela reutilizables) o, si tiene que usar artículos desechables, asegúrese de que sean reciclables o puedan ser transformados en abono. Aunque no lo crea, incluso la ropa que lleva puesta influye en la contaminación del océano. Los materiales artificiales, como el poliéster, liberan diminutas microfibras cuando se lavan que van a parar a nuestros sistemas de tratamiento de aguas, y llegan al mar, donde se acumulan. El algodón y la lana son fibras naturales que se descomponen en el medio ambiente y son mucho más respetuosas con el océano. Puede que se sorprenda de la cantidad de residuos de plástico que puede evitar producir como individuo y, especialmente, como empresa.

4. Sea consciente del contenido químico de los artículos domésticos que utiliza a diario. Sin duda, cuando mira los ingredientes de un frasco de champú o gel de ducha, se encuentra con una gran lista de productos químicos con los que no está familiarizado y, por tanto, probablemente pensará que se trata de información inútil. Pero no desespere. La ayuda está al alcance de la mano. Hay varias fuentes de información disponible para el consumidor, y una de las que más útil me ha parecido es la página web del Grupo de Trabajo Ambiental (ewg.org). Puede ser muy útil para identificar los tipos de productos y sustancias químicas que hay que tener en cuenta al comprar productos para el hogar y el cuidado personal. Evidentemente, no quiero asustar a la gente e impedir que utilicen productos que pueden ofrecer protección o beneficios para su bienestar o salud. Es necesario tener criterio para decidir si se debe utilizar un producto o buscar una alternativa más saludable para el océano.

5. Infórmese sobre el océano, su biodiversidad, su importancia para nosotros y nuestro impacto como humanos en él. La lectura de libros relevantes (si está leyendo esto, ya ha dado este paso), la visualización de documentales o la investigación en internet son formas divertidas de hacerlo. ¿Por qué no ir al océano por su cuenta, o con amigos y familiares, y pasar un día con una guía para aprender más sobre la vida marina de su propia costa o del lugar en el que está de vacaciones? Si es padre, enséñele a su hijo sobre el océano, y si es profesor, ¿por qué no desarrollar lecciones que impliquen al océano para poner ejemplos relevantes o crear escenarios para un tema en particular? Únase a una organización medioambiental y reciba noticias y actualizaciones sobre los problemas del océano. Puede que se sienta inspirado para convertirse en un voluntario de la conservación marina, o que incluso decida escribir a su diputado o a otro representante gubernamental.

6. Tenga en consideración el impacto de las actividades de ocio en el océano. Muchos de ustedes pasarán tiempo en la playa o en el mar, navegando, haciendo kayak, buceando o pescando. ¿Puede realizar su actividad de forma que sea menos perjudicial para su entorno? Puede hacerlo utilizando puntos de anclaje fijos, no tocando o sentándose sobre la vida marina cuando bucea, no dejando su basura en la playa. ¿Se comporta la empresa de ocio en la que gasta su dinero de forma responsable con el medio ambiente? Mejor aún, ¿puede usted recoger datos sobre el océano como un científico de a pie? Hay cada vez más oportunidades de hacer eso y convertirse en todo un científico marino.

Le dejo aquí con una última reflexión. Era 1993, y yo estaba a bordo del RRS *Discovery* frente a las costas de Mauritania, en mi primera expedición a las profundidades. Para mí, este crucero fue una revelación, pues descubrí por primera vez los maravillosos animales de la zona mesopelágica: el diablo negro, el pez víbora, las fantásticas gambas rojas y las medusas de color púrpura brillante. Una madrugada me acerqué a la proa en un intento de escapar de las condiciones claustrofóbicas del barco y del ruido de los motores. Era una noche perfecta a la luz de los astros. Mientras la embarcación se mecía suavemente, cortando las aguas cristalinas del Atlántico, el aire pasaba a mi lado como un soplo fresco. Me quedé contemplando un cielo lleno de estrellas como nunca había visto en tierra. Entonces, a ambos lados del barco, en la oscuridad, unas estelas bioluminiscentes de color verde brillante atravesaron las aguas entintadas y convergieron en la proa. Me incliné para ver dos formas de delfines perfectamente delineadas en luz azul verdosa bajo la superficie. Cada pocos segundos, los delfines saltaban fuera del agua y parecían volar mientras surfeaban las olas frente al barco. Las esquivaban y atravesaban, cambiando de dirección o cruzando casi por debajo de la proa. Yo estaba hipnotizado, paralizado por un espectáculo de belleza etérea tan ajeno al mundo que, simplemente, me dejaba sin aliento. Al fin, se unieron y salieron disparados hacia estribor como un par de estrellas fugaces submarinas. Me dejaron solo en esa noche estrellada, con lágrimas en los ojos y un recuerdo grabado en mi mente para siempre, y por el que estaré agradecido toda la vida.

No hay nada como el océano. Es capaz de regalarte momentos que en un segundo te arrastran y cambian tu vida para siempre. Tiene una majestuosidad y un espíritu que capta la esencia de lo salvaje, de la vida misma. No podemos dejar que muera, porque sin él la experiencia humana nunca volverá a ser la misma, y casi seguro que pereceremos junto a los arrecifes de coral, los tiburones, los atunes, las ballenas e incluso la vida que habita más abajo, en la oscuridad de las profundidades. Ahora mismo tenemos la oportunidad de poner fin a un océano de vergüenza y dar a las generaciones futuras un océano de esperanza. Gran parte de la biodiversidad del mar sigue con nosotros, sabemos que tiene la capacidad de recuperarse milagrosamente y que puede seguir proveyéndonos, a nosotros y a toda la vida de la Tierra. Si adoptamos con extrema urgencia las medidas que he esbozado, todos, desde usted y yo como individuos hasta los políticos y los Gobiernos, podremos salvar el océano y la vida que acoge, y, al mismo tiempo, garantizar un futuro más seguro para la humanidad.

Posdata

Los océanos oscuros fueron la matriz de la vida: de los océanos protectores surgió la vida. Todavía llevamos en nuestros cuerpos —en nuestra sangre, en la amargura salada de nuestras lágrimas— las marcas de este pasado remoto. Retomando el pasado, el hombre, actual dominador de la tierra emergida, vuelve ahora a las profundidades del océano. Su penetración en las profundidades podría marcar el principio de su fin y, en realidad, de la vida tal y como la conocemos en esta tierra: también podría ser una oportunidad única para sentar unas bases sólidas para un futuro pacífico y cada vez más próspero para todos los pueblos.

Arvid Pardo, representante de Malta en la
Asamblea General de la ONU, 1967

Glosario

Acidificación	Disminución del pH del agua de mar como consecuencia de la absorción de CO_2 que se convierte en ácido carbónico. Disminuye la concentración de carbonato de calcio en el agua de mar. Es un efecto del cambio climático.
Ácidos grasos omega-3	Un grupo de grasas que son esenciales para la salud humana pero que el cuerpo humano no puede sintetizar. Por lo tanto, debemos obtener estos ácidos grasos esenciales de nuestra dieta.
Anoxia	Ausencia de oxígeno.
Antropoceno	La época en la que las actividades humanas se han convertido en una influencia significativa en el clima y el medio ambiente de la Tierra.
Arqueas	Dominio de microorganismos unicelulares de tamaño similar a las bacterias. Al igual que estas, las arqueas carecen de núcleo, por lo que se clasifican como procariotas. Los eucariotas, organismos como nosotros, tienen células con núcleo, una estructura distinta que alberga el ADN y forman el tercer dominio de la vida (las bacterias son el segundo dominio). Las arqueas se distinguen de las bacterias por la estructura de sus membranas celulares, las paredes celulares y el procesamiento del ADN. Se encontraron por primera vez en entornos extremos (por ejemplo, fuentes hidrotermales), pero ahora se sabe que están presentes en un ámbito más amplio.
Basalto	Roca volcánica oscura formada por el rápido enfriamiento de lava rica en magnesio y hierro.
Biodiversidad	La variedad de la vida en la Tierra abarca la variación a nivel genético de los individuos y las poblaciones, las especies y hasta los hábitats y los ecosistemas.
Bioluminiscencia	La producción biológica de luz. En ella suelen intervenir una molécula emisora de luz (luciferina) y una enzima (luciferasa). La bioluminiscencia es muy común

en la zona crepuscular o mesopelágica, donde puede utilizarse como señalización, para iluminar a las presas o a los depredadores, para atraer a las presas, para deslumbrar a los depredadores o a las presas y como forma de camuflaje.

Biosfera
Las partes de la Tierra donde existe la vida.

Captura
incidental
Las especies que se capturan accidentalmente (y a menudo muertas) cuando se pesca una especie específica o una gama de especies.

Circulación
termohalina
El flujo de agua a gran escala a través del los océanos, que se rigen en gran medida por las diferencias de temperatura y salinidad.

Clatrato
Un gas, normalmente metano, congelado en una jaula de moléculas de agua a bajas temperaturas y altas presiones, a menudo bajo el fondo marino en los bordes de los continentes. El clatrato o hidrato de metano aparece como una sustancia blanca parecida al hielo que, cuando se expone al aire, puede encenderse y arder.

Cosmecéuticos
Cosméticos que, según los informes, tienen beneficios para la salud.

Dorsal mesoceánica
Crestas lineales en el fondo del océano donde el magma aflora desde las profundidades de la corteza terrestre formando nuevos fondos marinos. Las crestas pueden ser bastante suaves o pueden ser muy montañosas con un valle central de fisura.

Ecosistema
Una comunidad de organismos vivos que interactúan con su entorno, incluidos los componentes no vivos que forman un sistema.

Efecto invernadero
La captura del calor del sol en la baja atmósfera por parte de ciertos gases, como el dióxido de carbono. Se trata de un proceso natural que mantiene la Tierra lo suficientemente caliente para la vida. El efecto invernadero antropogénico o humano ha aumentado la concentración de gases de efecto invernadero en la atmósfera como resultado de las actividades humanas que provocan el aumento de la temperatura global.

Elemento de tierras
raras
Grupo de elementos que se encuentran dispersos en la corteza terrestre y a menudo se presentan con otros minerales de propiedades similares, lo que dificulta su extracción. Son importantes en una serie de tecnologías importantes como teléfonos móviles, láseres, superconductores e imanes.

El Niño
Fenómeno climático a gran escala causado por la acumulación de aguas cálidas en el Pacífico occidental que

luego se derraman por el océano hacia el Pacífico oriental. Provoca el calentamiento de las aguas, normalmente frías, asociadas a la corriente de Humboldt, lo que provoca la muerte de la vida marina y también se asocia a las lluvias torrenciales en Sudamérica. Influye en la variación climática global.

Eón hádico   Período ocurrido hace 4600 y 4000 millones de años, cuando el sistema solar se estaba formando.

Epifauna   Animales que viven en la superficie del fondo marino.

Estratificación   La formación de capas de agua en el océano suele estar motivada por las diferencias de temperatura y salinidad. Reduce la mezcla de agua de diferentes profundidades.

Eutrofización   Enriquecimiento del agua de mar con altos niveles de nutrientes, generalmente nitratos y fosfatos, que provocan una floración de algas.

Euxinia   Una condición en la que el océano carece de oxígeno, lo que provoca una acumulación de sulfuro de hidrógeno libre, venenoso para la mayoría de la vida marina.

Fitoplancton   Células algales que viven en las aguas superiores del océano iluminadas por el sol y que constituyen la base de la cadena alimentaria de la mayoría de los ecosistemas marinos. No tienen capacidad de movimiento frente a las corrientes oceánicas.

Florecimiento de algas   Aumento muy rápido del crecimiento de algas microscópicas en las capas superficiales del océano. También puede referirse a las cianobacterias. A menudo se identifica por la decoloración del agua (roja o verde).

Foraminíferas   Tipo de ameba que suele tener un caparazón hecho de carbonato de calcio, sílice o granos de arena u otro material. Las formas desnudas carecen de caparazón.

Fotaosíntesis   Proceso en el que se utiliza la luz como fuente de energía para transformar el dióxido de carbono en las moléculas orgánicas que forman la vida. Lo llevan a cabo las plantas, las algas y las cianobacterias.

Fuentes hidrotermales   Manantial caliente en el fondo marino que se produce cuando el agua de mar penetra en la corteza (profunda) y entra en contacto con roca caliente, a menudo asociada a una cámara magmática. El agua de mar se calienta, se vuelve flotante y se precipita hacia el fondo marino. Las reacciones químicas con las rocas calientes hacen que el agua se enriquezca en sustancias químicas como el sulfuro de hidrógeno y metales como el cobre, pero pierde el oxígeno.

Gaia — Teoría según la cual los organismos vivos interactúan con las partes no vivas de la Tierra para formar un sistema autorregulado y complejo que mantiene las condiciones para que la vida siga existiendo. Fue presentada por primera vez por el científico James Lovelock.

Hipoxia — Condiciones de niveles reducidos de oxígeno.

Kril — Un pequeño camarón que puede presentarse en enjambres de millones de individuos. Es muy importante en algunos ecosistemas, como el océano Antártico, donde es un eslabón importante de la cadena alimentaria, desde el fitoplancton hasta los depredadores oceánicos, como las ballenas.

Lava — Roca fundida que se expulsa sobre la superficie de la Tierra o en el lecho marino.

Licopodio — Un antiguo grupo de plantas representado hoy en día por los musgos. Suelen propagarse mediante la producción de esporas, diminutas estructuras que dan lugar a nuevas plantas que pueden ser resistentes a condiciones adversas.

Llanura abisal — Las vastas zonas del fondo marino que generalmente presentan un bajo relieve y están compuestas en gran parte por lodos finos y cienos. Generalmente se definen como situadas entre 3000 y 6000 metros de profundidad. En algunas zonas albergan nódulos de manganeso.

Magma — Roca fundida o semifundida que se encuentra bajo la superficie de la Tierra.

Megafauna — Grandes animales marinos visibles en las fotografías o en las películas de vídeo tomadas desde buques terrestres, cámaras remolcadas, ROVs o submarinos.

Membrana celular — Envoltura o recubrimiento de una célula formada por lípidos (grasas) y proteínas.

Mesofótico — Especies o comunidades de animales que viven en la zona de poca luz por debajo de la profundidad de buceo. Las comunidades coralinas mesofóticas se encuentran entre los 30 y los 165 metros de profundidad y, en los trópicos, están formadas por corales zooxantelados o recolectores de luz y otros seres vivos del fondo marino.

Mesopelágico — Zona comprendida entre los 200 y los 1000 metros de profundidad en la que se detecta algo de luz solar, pero es insuficiente para la fotosíntesis. Es el hogar de muchos animales adaptados a la vida con poca luz.

Microbioma | Comunidad de microorganismos que viven en o sobre un organismo multicelular. Importante para la salud de las esponjas, los corales y los seres humanos.

Micronecton | Pequeños animales que tienen la fuerza suficiente para nadar contra las corrientes oceánicas. Incluye pequeños peces, camarones, calamares oceánicos, algunos animales gelatinosos y otros grupos.

Microorganismos | Diminutos organismos que solo pueden verse en un microscopio.

Minerales de arcilla | Silicatos de aluminio hidratados, a veces con otros metales asociados. Pueden ser de grano fino e incluir minerales como la caolinita y se encuentran a menudo en los suelos. Asociados a algunas teorías relacionadas con la génesis de la vida en la Tierra.

Neandertales | Especies o subespecies extintas de humanos arcaicos que vivieron hace entre 450 000 y 40 000 años.

Necton | Animales grandes que son nadadores lo suficientemente fuertes como para moverse en contra de la dirección de las corrientes oceánicas. Incluye a los peces más grandes, como el atún y los tiburones.

Nutracéuticos | Producto derivado de los alimentos que dice tener beneficios adicionales para la salud, por ejemplo, suplementos dietéticos como el aceite de hígado de bacalao.

Organofósforo | Compuestos orgánicos que contienen fósforo y que han sido ampliamente utilizados como pesticidas. Son extremadamente tóxicos para los humanos y el grupo incluye algunos venenos nerviosos utilizados en la guerra química.

Paleoceno-Eoceno | Un acontecimiento de hace 55 millones de años en el que las temperaturas máximas subieron 5-8 °C durante un periodo de menos de 20 000 años. Asociado a las extinciones en las profundidades del mar.

Pequeña Edad de Hielo | Período de clima frío que se produjo desde la época medieval (después del período cálido medieval) hasta aproximadamente 1850.

Periodo cálido medieval | Un período de clima cálido en la época medieval desde el año 950 hasta el 1250 aproximadamente.

pH | Unidad de medida relacionada con el grado de acidez o alcalinidad de un líquido. La escala es recíproca y logarítmica, por lo que un ácido tiene un valor bajo y un álcali un valor alto. El ácido clorhídrico tiene un valor de 0,1, el vinagre de 3, el agua neutra del grifo de 7, el agua de mar preindustrial de 8,2 y la lejía doméstica de 12.

Plancton
: Diminutos organismos que viven en el océano pero que no tienen poder de movimiento contra las corrientes marinas.

Plataforma continental
: La zona que rodea a las masas continentales sumergidas bajo mares poco profundos hasta unos doscientos metros de profundidad (más profunda alrededor de la Antártida).

Polimerización
: Proceso químico en el que pequeñas moléculas (monómeros) se unen para formar moléculas mucho más grandes (polímeros).

Propagación del suelo marino
: Proceso de formación de nuevos fondos marinos o corteza oceánica en las dorsales oceánicas.

Protozoos
: Eucariotas unicelulares (organismos con un núcleo donde se almacena el ADN).

Quimiosíntesis
: Proceso por el que las sustancias químicas se oxidan para liberar energía que luego se utiliza para transformar el dióxido de carbono u otras fuentes de carbono en las moléculas orgánicas que forman la vida. Esto difiere de la fotosíntesis, que utiliza la luz como fuente de energía.

Rodolito
: Concreción calcárea esférica formada por algas marinas.

ROV
: Vehículo teledirigido. Robot atado a un barco que se utiliza para realizar estudios y tomar muestras en el océano.

Simbiosis
: Una relación entre dos especies en la que ambas se benefician y de la que ambas son muy dependientes.

Sulfuro de hidrógeno
: Una sustancia química reducida que es una importante fuente de energía en la quimiosíntesis microbiana. Muy tóxico para la mayoría de los animales, incluidos los humanos.

Termoclina
: Una zona que desciende desde la superficie del océano y en la que la temperatura cambia rápidamente, generalmente enfriándose.

Zona de mínimo oxígeno
: Una zona de bajo oxígeno por debajo de las capas superficiales del océano causada por la respiración natural de las bacterias que utilizan el oxígeno para descomponer la materia orgánica que se hunde desde la superficie del océano.

Zona Ricitos de Oro
: La zona alrededor de una estrella en la que es posible que exista vida en un planeta.

Zooplancton
: Diminutos animales que viven en el océano y no tienen poder de movimiento contra las corrientes marinas.

Zooxantelas
: Algas microscópicas simbióticas que viven en los tejidos de los corales que forman los arrecifes de aguas poco profundas y de algunos otros animales. Los corales suelen depender de las zooxantelas para su nutrición.

Agradecimientos

Este libro es una sorpresa tanto para mí como para muchos de ustedes. Por eso tengo que dar las gracias a Peter Buckman, de Ampersand Agency Ltd, por haber visto uno de mis artículos cortos en *Oxford Today* y estar convencido (y convencerme) de que podía convertirse en un libro. También debo expresar mi gratitud a Alex Clarke, de Headline/Wildfire, que captó inmediatamente la visión de *Misterios de las profundidades* y tuvo la suficiente fe en mí como para encargarme su escritura. Otros tres héroes de esta historia son Celine Kelly, Shoaib Rokadiya y Julia Bruce, que se esforzaron mucho por reunir mi prosa vaga y errante en algo parecido a un libro coherente. Muchas gracias a todos vosotros y a todos los de Wildfire, que también han contribuido a que este proyecto llegue a buen puerto (¡también me encanta la portada!). También hay muchas, muchas personas que, en un sentido u otro, han forjado mi pasión por el océano, mi ciencia y muchas de las opiniones expresadas en este libro. Sin ellos, esta historia no podría haber sucedido ni haber sido contada. Mi abuelo, un verdadero lobo de mar, y mi abuela, que me abrió una ventana a otro mundo, el océano, y a la extrañeza de sus muchos habitantes. Mis tíos también desempeñaron su papel, concediéndome la libertad de acompañarles en muchos días soleados de pesca. Mi madre y mi padre siempre estuvieron ahí, animándome a explorar el mundo natural y a seguir mi sueño de convertirme en biólogo marino. Siempre creyeron que podía hacer todo lo que quisiera, pero lo más importante es que me hicieron creer que también era posible. ¿Qué más puede pedir un hijo a sus padres?

Luego están mis padres científicos, dos de los cuales merecen una mención muy especial, Ray Gibson y Paul Tyler, con los que he compartido la alegría de descubrir algunas de las criaturas más extrañas de la Tierra (o debería llamar al planeta Océano) y con los que siempre estaré en deuda por inspirarme y hacerme pasar por las malas rachas, así como por las fantásticas. Hay muchos otros de los que he aprendido mucho y que han sido grandes compañeros de trabajo y de barco, algunos ya no están con nosotros: John Gage, Alan y Eve Southward, Steve Hawkins, Quentin Bone, Lisa Levin, Fred Grassle, David Billet, Andrew Clarke, John Croxall, Malcolm Clark, John Lambshead y muchos otros. También debo dar un agradecimiento especial a los exploradores Oliver Steeds, Nigel Winser y Rupert Grey, que crearon la Fundación Nekton, que ha sido pionera en una nueva ola de exploración científica del océano. Gracias a ustedes y a Lucy, Paris, Molly, Belinda y Catherine, así como a XL Catlin y Jeff Willner de Kensington Tours, entre otros, por hacer posible esa primera misión a las Bermudas. Un gran abrazo a todos mis estudiantes y posdoctorales que han compartido mi entusiasmo por el océano y que espero que tomen el testigo del conocimiento y marquen la diferencia en el océano. Algunos de vosotros aparecéis en estas páginas en algunos de mis momentos más inolvidables. También debo dar un gran grito a los que lo dan todo para luchar contra los que quieren dejar este mundo como un páramo para enriquecerse. Son una voz constante de cordura cuando la humanidad parece abocada a la autodestrucción. Mirella von Lindenfells, Sophie Hulme, Kristina Gjerde, Carl Gustav Lundin, Matt Gianni, Richard Page, Debbie Tripley, Simon Reddy, Dan Laffoley, Chris Reid, Ove Hoegh-Guldberg, Craig Downs, Duncan Currie, David Stone, David Vousden, Peter Auster y Les Watling. Habéis sido el equivalente a la muralla sajona contra las fuerzas de Mordor.

Me reservo la última palabra para mi mujer, Candida, y mis hijas, Zoe y Freya. *Misterios de las profundidades* fue escrito realmente para vosotras. Es una canción para el océano, que espero contagie a sus lectores con la alegría que siento por la vida que hay en él. Espero de todo corazón que alerte a la gente de la peligrosa situación en la que se encuentra el océano. Con nuestra acción colectiva, podemos ayudar a elegir el camino correcto y garantizar que el océano siga apoyando y llenando de asombro a las generaciones futuras por su belleza salvaje e intransigente.

Ático de los Libros le agradece la atención
dedicada a *Misterios de las profundidades,*
de Alex Rogers.
Esperamos que haya disfrutado de la lectura
y le invitamos a visitarnos
en www.aticodeloslibros.com,
donde encontrará más información
sobre nuestras publicaciones.

Si lo desea, puede también seguirnos
a través de Facebook, Twitter o Instagram
utilizando su teléfono móvil
para leer los siguientes códigos QR: